新时代公园城市建设探索与实践系列丛书

# 导向下的海绵城市规划设计与实践

“十四五”时期
国家重点出版物
出版专项规划项目

成玉宁

主编

中国城市出版社

# 新时代公园城市建设探索与实践系列丛书编委会

吴　杰　吴　剑　吴克军　吴锦华　言　华

张清彦　陈　艳　林志斌　欧阳底梅　周建华

赵御龙　饶　毅　袁　琳　袁旸洋　徐　剑

郭建梅　梁健超　董　彬　蒋凌燕　韩　笑

傅　晗　强　健　瞿　志

组织编写单位：中国城市建设研究院有限公司

中国风景园林学会

中国公园协会

# 本书编委会

主　　编：成玉宁

参编人员：袁旸洋　李奕成　王　墨　侯庆贺　樊益扬

王雪原　谈方琪

# 丛书序

2018 年 2 月，习近平总书记视察天府新区时强调“要突出公园城市特点，把生态价值考虑进去”；2020 年 1 月，习近平总书记主持召开中央财经委员会第六次会议，对推动成渝地区双城经济圈建设作出重大战略部署，明确提出“建设践行新发展理念的公园城市”；2022 年 1 月，国务院批复同意成都建设践行新发展理念的公园城市示范区；2022 年 3 月，国家发展和改革委员会、自然资源部、住房和城乡建设部发布《成都建设践行新发展理念的公园城市示范区总体方案》。

“公园城市”实际上是一个广义的城市空间新概念，是缩小了的山水自然与城市、人的有机融合与和谐共生，它包含了多个一级学科的知识和多空间尺度多专业领域的规划建设与治理经验。涉及的学科包括城乡规划、建筑学、园林学、生态学、农业学、经济学、社会学、心理学等等，这些学科的知识交织汇聚在城市公园之内，交汇在城市与公园的互相融合渗透的生命共同体内。“公园城市”的内涵是什么？可概括为人居、低碳、人文。从本质而言，公园城市是城市发展的终极目标，整个城市就是一个大公园。因此，公园城市的内涵也就是园林的内涵。“公园城市”理念是中华民族为世界提供的城市发展中国范式，这其中包含了“师法自然、天人合一”的中国园林哲学思想。对市民群众而言园林是“看得见山，望得见水，记得住乡愁”的一种空间载体，只有这么去理解园林、去理解公园城市，才能规划设计建设好“公园城市”。

有古籍记载说“园莫大于天地”，就是说园林是天地的缩小版；“画莫好于造物”，画家的绘画技能再好，也只是拷贝了自然和山水之美，只有敬畏自然，才能与自然和谐相处。“公园城市”就是要用中国人的智慧处理好人类与大自然、人与城市以及蓝（水体）绿（公园等绿色空间）灰（建筑、道路、桥梁等硬质设施）之间的关系，最终实现“人（人类）、城（城市）、园（大自然）”三元互动平衡、“蓝绿灰”阴阳互补、刚柔并济、和谐共生，实现山、水、林、田、湖、草、沙、居生命共同体世世代代、永续发展。

“公园城市”理念提出之后，各地积极响应，成都、咸宁等城市先行开展公园城市建设实践探索，四川、湖北、广西、上海、深圳、青岛等诸多省、区、市将公园城市建设纳入“十四五”战略规划统筹考虑，并开展公园城市总体规划、公园体系专项规划、“十五分钟”生活服务圈等顶层设计和试点建设部署。不少专家学者、科研院所以及学术团体都积极开展公园城市理论、标准、技术等方面的探索研究，可谓百花齐放、百家争鸣。

“新时代公园城市建设探索与实践系列丛书”以理论研究与实践案例相结合的形式阐述公园城市建设的理念逻辑、基本原则、主要内容以及实施路径，以理论为基础，以标准为行动指引，以各相关领域专业技术研发与实践应用为落地支撑，以典型案例剖析为示范展示，形成了“理论＋标准＋技术＋实践”的完整体系，可引导公园城市的规划者、建设者、管理者贯彻落实生态文明理念，切实践行以人为本、绿色发展、绿色生活，量力而行、久久为功，切实打造“人、城、园（大自然）”和谐共生的美好家园。

人民城市人民建，人民城市为人民。愿我们每个人都能理解、践行公园城市理念，积极参与公园城市规划、建设、治理方方面面，共同努力建设人与自然和谐共生的美丽城市。

仇保兴

国际欧亚科学院院士

住房和城乡建设部原副部长

# 丛书前言

习近平总书记2018年在视察成都天府新区时提出“公园城市”理念。为深入贯彻国家生态文明发展战略和新发展理念，落实习近平总书记公园城市理念，成都市率先示范，湖北咸宁、江苏扬州等城市都在积极探索，湖北、广西、上海、深圳、青岛等省、区、市都在积极探索，并将公园城市建设作为推动城市高质量发展的重要抓手。“公园城市”作为新事物和行业热点，虽然与“生态园林城市”“绿色城市”等有共同之处，但又存在本质不同。如何正确把握习近平总书记所提“公园城市”理念的核心内涵、公园城市的本质特征，如何细化和分解公园城市建设的重点内容，如何因地制宜地规范有序推进公园城市建设等，是各地城市推动公园城市建设首先关心、也是特别关注的。为此，中国城市建设研究院有限公司作为“城乡生态文明建设综合服务商”，由其城乡生态文明研究院王香春院长牵头的团队率先联合北京林业大学、中国城市规划设计研究院、四川省城乡建设研究院、成都市公园城市建设发展研究院、咸宁市国土空间规划研究院等单位，开展了习近平生态文明思想及其发展演变、公园城市指标体系的国际经验与趋势、国内城市公园城市建设实践探索、公园城市建设实施路径等系列专题研究，并编制发布了全国首部公园城市相关地方标准《公园城市建设指南》DB42/T 1520—2019和首部团体标准《公园城市评价标准》T/CHSLA 50008—2021，创造提出了“人－城－园”三元互动平衡理论，明确了公园城市的四大突出特征：美丽的公园形态与空间格局；“公”字当先，公共资源、公共服务、公共福利全民均衡共享；人与自然、社会和谐共生共荣；以居民满足感和幸福感提升为使命方向，着力提供安全舒适、健康便利的绿色公共服务。

在此基础上，中国城市建设研究院有限公司联合中国风景园林学会、中国公园协会共同组织、率先发起“新时代公园城市建设探索与实践系列丛书”（以下简称“丛书”）的编写工作，并邀请住房和城乡建设部科技与产业化发展中心（住房和城乡建设部住宅产业化促进中心）、中国城市规划设计研究院、中国城市出版社、北京市公园管理中心、上海市公园管理中心、东南大学、成都市公园城市建设发展研究院、北京市园林绿化科学研究院等多家单位以及权威专家组成丛书编写工作组共同编写。

这套丛书以生态文明思想为指导，践行习近平总书记“公园城市”理念，响应国家战略，瞄准人民需求，强化专业协同，以指导各地公园城市建设实践干什么、怎么干、如何干得好为编制初衷，力争“既能让市长、县长、局长看得懂，也能让队长、班长、组长知道怎么干”，着力突出可读性、实用性和前瞻指引性，重点回答了公园城市“是什么”、要建成公园城市需要“做什么”和“怎么做”等问题。目前本丛书已入选国家新闻出版署“十四五”时期国家重点出版物出版专项规划项目。

丛书编写作为央企领衔、国家级风景园林行业学协会通力协作的自发性公益行为，得到了相关主管部门、各级风景园林行业学协会及其成员单位、各地公园城市建设相关领域专家学者的大力支持与积极参与，汇聚了各地先行先试取得的成功实践经验、专家们多年实践积累的经验和全球视野的学习分享，为国内的城市建设管理者们提供了公园城市建设智库，以期让城市决策者、城市规划建设者、城市开发运营商等能够从中得到可借鉴、能落地的经验，推动和呼吁政府、社会、企业和老百姓对公园城市理念的认可和建设的参与，切实指导各地因地制宜、循序渐进开展公园城市建设实践，满足人民对美好生活和优美生态环境日益增长的需求。

丛书首批发布共 14 本，历时 3 年精心编写完成，以理论为基础，以标准为纲领，以各领域相关专业技术研究为支撑，以实践案例为鲜活说明。围绕生态环境优美、人居环境美好、城市绿色发展等公园城市重点建设目标与内容，以通俗、生动、形象的语言介绍公园城市建设的实施路径与优秀经验，具有典型性、示范性和实践操作指引性。丛书已完成的分册包括《公园城市理论研究》《公园城市建设标准研究》《公园城市建设中的公园体系规划与建设》《公园城市建设中的公园文化演替》《公园城市建设中的公园品质提升》《公园城市建设中的公园精细化管理》《公园城市导向下的绿色空间竖向拓展》《公园城市导向下的绿道规划与建设》《公园城市导向下的海绵城市规划设计与实践》《公园城市指引的多要素协同城市生态修复》《公园城市导向下的采煤沉陷区生态修复》《公园城市导向下的城市采石宕口生态修复》《公园城市建设中的动物多样性保护与恢复提升》和《公园城市建设实践探索——以成都市为例》。

丛书将秉承开放性原则，随着公园城市探索与各地建设实践的不断深入，将围绕社会和谐共治、城市绿色发展、城市特色鲜明、城市安全韧性等公园城市建设内容不断丰富其内容，因此诚挚欢迎更多的专家学者、实践探索者加入到丛书编写行列中来，众智众力助推各地打造“人、城、园”和谐共融、天蓝地绿水清的美丽家园，实现高质量发展。

# 前　言

中华五千年的文明史见证了城市的变迁，人类在不断探索建造宜居城市的过程中，淡化了对城市生态系统自然本底与规律的探寻。最为突出的问题之一就是由于缺乏对自然水文过程的研究，过度强调人为控制与作用，导致了人工营造的城市在传统功能优先、空间至上的规划理念下，原有的生态秩序和水文特征发生了根本性的变化，然而我们却并未构建起完整的、具有类自然属性或生态效应的城市水系统与之相适应。因此，一方面，城市的排水系统、地表水网等与建成环境之间无法协同导致城市水患频发，这已然成为困扰当代城市生活的一个重要因素，也是影响城市生活品质的一个关键难题。另一方面，与“涝”相对应的是，由于城市下垫面硬化、不完善的排水系统以及传统“依样画葫芦”的经验式设计理念，导致大量雨水资源流失与浪费，进一步加剧了城市土地的干旱。地表水资源不足，加剧了对地下水的依赖，且地下水源得不到有效补充，地下水超采严重导致地面沉降，城市则更容易内涝，形成了一个恶性循环。“两难”已然直接导致城市成为旱涝频发的重灾区。

公园城市导向下的海绵城市作为一种系统性智慧理念，不应以单一地解决洪涝或雨水利用为导向，也不是单纯地将水资源“留下来”，而是关乎城市水环境、水资源的综合性命题。需要更多地运用生态学知识，以系统思维构建城市生态体系为出发点，致力于重构城市建成条件下的水循环机制，将建成环境属性建构成具有类自然属性的生态环境。从单项因子着手，系统探索城市不同用地之间及涉水因素等的相互关系，通过恢复、改善城市水环境，提升城市韧性，最终实现对城市旱涝问题的协同治理。

海绵城市的建设不仅仅只是强调城市下垫面具有类海绵的效应，更是要针对城市建成环境特征，尤其是水文过程特征，系统研究城市的自然降水、下垫面属性、水资源的“渗、滞、蓄、净、用、排”等系列过程。因而相关的理论、方法与技术的应用具有极其重要的价值。理论上需要针对城市水环境构建系统思维，海绵城市的系统意义不在于解决单一问题，不在于对雨水的保留、净化或利用，而在于在系统的架构中满足不同的条件、不同的要求以及不同的使用诉求，实现水绿交融下的城市发展；方法上需要辩证统筹城市蓝绿灰三大基础设施系统的协同作用，以灰色骨架为城市支撑，以绿色和蓝色纽带为贯穿手段是公园城市、海绵城市的有效推进手段，各系统彼此有效整合必将产生“1+1>2”的高效能；技术上则强调科学定量，以数字技术贯穿前期的分析与评价、中期的模拟与设计、后期的监测和管控等海绵城市规划设计全过程，充分提高其客观性、科学性和精准性。

海绵城市建设既是一项系统工程，也是一项智慧工程，而因天地制宜则是海绵城市理论研究与实践的基本原则。我国各地自然条件差别较大，相关的建设策略及标准等不宜一概而论，其实践应基于既有的城市自然本底与建设状况，综合考虑各地区不同水文地质条件、气候状况、经济发展水平等。

2013 年 12 月 12 日海绵城市首次从官方途径进入公众视野，中国自 2015 年起正式以试点的形式开始部署海绵城市建设。在全国多地积极推进海绵城市建设取得一定成效的同时，也积累了一定的经验教训和启发。首先，海绵城市作为一种常态化、长时效开展的工作，需要不断探索属地化、在地化的方法技术，更多地注重技术的适宜性，强调符合自身特点，而非简单地生硬照搬高科技；其次，在建设过程中应当避免对某种单一人工措施的依赖，而应着重强调水环境韧性的系统恢复，避免单一模式的强化；最后，需要鼓励可持续、易维护的生态建设方式，优化竖向空间，加强蓝绿灰一体化的海绵城市建设，让自然做功，坚持底线思维，避免对所谓的简单高技术的依赖。只有如此，我们才能将海绵城市这样一个先进的、能够有效针对建成环境特征优化水文过程的生态智慧落到实处。

成玉宁于东南大学<br>2022 年

# 目 录

# 第1章

# 公园城市与海绵城市

2018年2月，习近平总书记视察成都时首次提出“公园城市”理念，为新时代中国城市可持续发展指明了方向。“公园城市”发展理念的提出是习近平总书记生态文明思想理念发展演进的时代必然，也是继“园林城市”“生态园林城市”城市治理与高质量发展的新目标，其强调这一阶段的城市建设的重点不止于空间形态美化与一般意义上的生态化，而是对城市生态与形态的统调，实现集约、高效、持续发展。与“园林城市”“生态园林城市”发展理念相比，三者虽都关注“绿色”，不同的是“园林城市”与“生态园林城市”均是“先空间而后生态”，通过整合自然与人为的绿地改善城市生态环境，即“园在城中”。而“公园城市”主张“先生态而后空间”，尊重自然本底，以“绿”为底色，基于城市生态系统的优化重组来生成城市空间形态，即“城在园中”（成实，成玉宁，2018）。

可以说，“公园城市”理念的提出是实现我国城市发展由“重形态”向“重生态”的跨越，是否实现城市生态与形态的有机统一成为评判公园城市建设质量的重要指标。作为绿色发展理念产物的“公园城市”，以系统论为指导，以空间正义为基础，将优化资源配置作为治理动力，顺应时代以数字智慧为技术依托，通过多元主体的广泛参与实现新时代城市的“绿色治理”路径。因此，城市生态保护与修复是实现公园城市的基本前提。

在中国快速城镇化的过程中，存在城市生态环境遭受破坏、城市基础建设与生态保护矛盾、城市生态产品功能单一低效、城市生态系统服务功能减弱等诸多问题。其中，城市的水环境问题尤为突出，呈现出“旱”“涝”双重矛盾。因而早在2012年4月的“2012低碳城市与区域发展科技论坛”上“海绵城市”概念首次提出，2013年12月12日，习近平总书记在中央城镇化工作会议上明确指出海绵城市建设需要依靠“自然”力量，提示着海绵城市规划设计的“近自然”路径（成玉宁，袁旸洋，2016）。后经广泛实践与总结发展形成低影响开发下蓝绿灰系统耦合的海绵体构建方法，并形成“因天地制宜”，“旱”“涝”兼治，“分类施策”的实践思路（成玉宁，侯庆贺，谢明坤，2019）。

对比“公园城市”与“海绵城市”理念不难看到，海绵城市亦以系统论为指导，将“以人为本”作为建设的出发点与落脚点，城市的“海绵”实践以生态治理为前提，目标在于建设韧性、集约、可持续的城市海绵系统，这些均与我国城市发展高级形态的“公园城市”理念不谋而合。

# 1.1 城市水环境问题

城市环境是基于自然本底而由人工建设而成，以满足人类生活、生产的复杂空间环境（成实，成玉宁，2020）。正是由于城市是人工－自然复合形成的新系统，其两大系统的耦合度决定了城市的宜居度（成玉宁，袁旸洋，2016）。

21 世纪以来，我国城镇化进程加快，以年均接近 3% 的速度增长，2019 年我国城镇化率为 60.6%，户籍城镇化率达 44.38%，已经步入了“城市社会”。据联合国开发计划署《2013 中国人类发展报告》预测，至 2030 年我国城镇水平将达到 70%，城市人口或将突破 10 亿。中国 30 年的快速城镇化进程带来了如经济增长、生活水平提高等各种红利外也面临诸多挑战，其中以城市的水环境为代表的环境生态问题最为凸显与复杂。放眼世界，水资源短缺、涉水灾害频繁、水污染严峻、水生态系统脆弱等城市水环境问题一直是困扰现代城市可持续发展的重要内容。而在我国，上述的城市水问题高度综合、复杂、集中，同时相较于城镇化发展的高速率与城市人口的不断积聚，城市水环境的监管能力与技术实践水平亟待提高。近些年凸显出来的城市水环境问题除了符合世界城市水环境问题的共性特征外，还具有其自身特点与规律，如缺水与内涝并存、人居水需求与水环境恶化并存、水管理滞后与多元动态需要并存等，这些问题甚至威胁到了城市居民的生命与财产安全，还严重制约了城市绿色可持续发展。

生态文明时代我国城市水战略朝着“节水优先、治污为本、科学开源、综合治涝”转型，从水资源开发利用控制、用水效率控制、水功能区限制纳污三个方面加强对水资源的管控，城市的水治理途径也迈向系统化与一体化（刘世庆，许英明，2012）。当然，只有深刻理解了中国城市水环境问题，才能意识到近年我国在城市水环境治理上各项举措出台的背景与重要意义，也就能清晰地认识到在未来城市发展过程中的各类人居涉水实践应该如何作为。

### 1.1.1 水资源短缺

从世界水资源角度看，尽管地球表面71%被海洋覆盖，含水量丰富，但人类赖以生存的淡水资源却极其稀缺，只占总水量的3%。在人口增长、经济发展与消费方式转变等因素影响下，人类对水资源的需求量正以每年1%的速度增长，因此水资源缺乏的形势越发严峻。同时，在水资源利用的过程中，还存在着管理、制度与设施建设的不足和水资源分配不公的问题，这些问题容易制造社会矛盾、国家矛盾，导致社会动荡。

据中国国家统计局2019年数据，我国水资源总量28670亿 $m^3$，人均水资源量2051.21$m^3$/人。人均水资源占有量仅为世界平均水平的28%，为13个贫水国之一。正常年份全国缺水量达500多亿 $m^3$，近2/3城市不同程度缺水。水资源贫乏的现状带来了过度开发的现象，黄河流域开发利用程度已经达到76%，海河流域更是超过了100%，已经超过承载能力，引发了一系列生态环境问题。此外，严重缺水地区还存在着过度开发地下水资源的现象，2016年《中华人民共和国水法》检查实施报告指出，全国地下水超采面积约30万 $km^2$，达170亿 $m^3$。被大量超采的深层承压水不仅难以恢复，还会带来地面沉降的灾害。

受气候影响，我国南北降水差异大，水资源分布不均，但却同样面临着水资源缺乏的问题。我国北方地区降水量较少，属于资源型缺水。因此，也是地下水开采严重的地区。如河北省，其人均水资源量为307$m^3$，仅为全国平均水平的1/7，远低于国际公认的人均500$m^3$的“极度缺水”标准。为了维持生活生产长期超量开采地下水，超采量达60亿 $m^3$，占全国地下水总超采量的35%。河北又是我国十三个粮食主产区和旱地粮食作物重要供给区之一，用水的70%来自地下水，其中地下水的70%多用于农业灌溉。首都北京平均降雨500多mm，承载量1200万人，而北京市统计局、国家统计局北京调查总队2020年3月发布的《北京市2019年国民经济和社会发展统计公报》显示，北京常住人口为2153.6万人，水量刚需大，因而即使在“南水”进京的长距离调水背景下，资源型缺水状况依旧严峻，用水依然要靠开采地下水维持。传统观念中降雨丰沛、河湖水系众多的南方地区则面临水质型缺水的窘境。贯穿香港、深圳、广州等的东江是4000万余人生产生活用水的来源，随着周边城市的发展，排污量增大，水质的显著下降加剧了水资源供需矛盾，同时在亚热带季风气候的影响下，存在季节性缺水现象，河流枯水期长。湖南、江西等“鱼米之乡”面临相同的境况，鄱阳湖枯水期提前，地下水位下降，洞庭湖一带受到周边养殖业排污的影响，饮用水的获取变得困难，水质型缺水问题加剧。

当然，快速城镇化过程导致城市规模扩大、人口聚集，城镇第二、第三产业的迅速发展使得需水量大幅增加，“供不应求”使城市水资源短缺问题更为凸显。有研究表明，1980~2010 年间，我国城镇化率每增加 1%，城市用水将新增 $17 \times 10^8$t。

### 1.1.2 旱涝灾害频发

近年来，包含洪泛、内涝（暴雨水）、干旱、滑坡等在内的水安全问题一直引发世界人居建设界的关注。

据统计，全球自然灾害经济损失中，有 30% 来自于洪涝灾害，中国更是世界上受洪涝灾害影响最严重的国家之一。在 1949 年以前，中国洪灾频次为 2 年 / 次，1998~2006 年间我国开展了大规模的防洪设施建设，投入巨大（170.6 亿元）。2011 年始，我国 4 万亿 / 年（2010 年 GDP 的 10%）用于水利工程，38% 用于防洪抗汛。尽管在设施上投入了大量的人力财力，洪水危机并没有从根源解除，在城市化快速发展的进程中，城市内涝近年来集中爆发而成为困扰城市人居安全与健康发展的难题。据统计，2008~2010 年，近六成以上城市出现过内涝，其中 50cm 以上的涝灾占七成以上，积水超过 30min 的占 4/5。去城市“看海”表达出城市百姓对于城市内涝的无奈与戏谑。内涝严重不仅给城市带来了经济损失，还威胁到城市居民的生命，例如北京“7.21”特大暴雨事件，造成多人遇难，给许多家庭带来伤痛，而灾难的背后，需要对问题来源进行反思。

内涝问题的产生一方面在于过去规划设计认知的限制与管理水平的滞后导致城市涉水基础设施建设标准偏低，历史欠账较多。如相较于发达国家，我国城市“三五年一遇”的防洪标准偏低，城市污水处理设施、雨水管网等基础设施的水平也滞后于城镇化发展水平；另一方面，快速城镇化改变了城市洪涝灾害风险的孕灾环境、致灾因子与承灾能力（刘建芬，王慧敏，张行南，2011）。城镇建设过程对自然地形地貌进行了大规模改造，这对地表径流的形成过程产生了巨大的影响：从产流过程而言，高密度的建筑空间形成，导致城市局部气候特征变化，容易形成对流性降雨，使得汛期与暴雨时“雨岛效应”显著；从汇流过程而言，大面积的不透水铺装材料被使用，阻碍了地表和地下水的连通，使地表径流的汇流过程加速，增高了洪峰值。据上海地区170多个雨量观测站点的资料显示，上海城市对降水的影响以汛期（5~9月）暴雨比较明显，在上海近30年汛期降水分布图上，城区的降水量明显高于郊区，呈现出清晰的城市雨岛，在非汛期（10月到次年4月）及年平均雨量图上则无此现象。降水强度增大、水量增多、时间延长而汇水时间短、峰值高，致使城市内涝的现象屡见不鲜。

干旱同样是全球性水安全问题，世界范围内34.9%的陆地面积处于干旱、半干旱状态。在中国，干湿分区以年降水400mm等值线为界，东南为干旱地区，大部分区域降水量不足200mm，常年干旱。西北为湿润地区，然而受季风气候影响易出现季节性干旱。据统计，全国多年平均情况下缺水500多亿$m^3$，400多座城市缺水（旱灾）。与此同时，近10年，流域面积100$km^2$以上的河流有近1/3淤积萎缩，河湖生态功能明显下降，生物多样性受到影响。全国地下水超采区面积达23万$km^2$。如2006年水利部公告，全国669座城市中有400座供水不足，110座严重缺水。在32个百万人口以上的特大城市中，有30个长期受缺水困扰。在46个重点城市中，45. 6%水质较差，14个沿海开放城市中有9个严重缺水。北京、天津、青岛、大连等城市缺水最为严重（刘世庆，许英明，2012）。2018年全国25省（自治区、直辖市）发生干旱灾害，作物受旱面积16085.87千$hm^2$，因旱受灾面积7397.21千$hm^2$，其中成灾面积3667.23千$hm^2$，全国水文干旱阶段性区域性特征明显，南方夏秋冬连旱（中华人民共和国水利部，2018）。在全世界153个有水统计的国家里，中国人均水资源量从高到低排在第121位，也是联合国认定的13个缺水国家之一。同时随着城市规模的不断扩大，工业化进程的不断推进，水资源缺乏以及水质污染问题日益突出。由此造成的水危机已经成为经济发展的重要制约因素。此背景下，如浙江省温岭市连续多年实施居民生活用水分区供水、错峰供水、隔日供水，敲响了水危机警钟。与此同时，我国水资源利用效率明显偏低，单位GDP、单位工业增加值的水耗均高于欧洲、日本等发达地区和国家，农田灌溉水有效利用系数（0.548）也远低于世界先进水平（0.7~0.8）。干旱缺水地区城市水景观工程大量上马，高耗水服务业随意取水，浪费用水现象时有发生。低效率的高耗水生产造成高排放、高污染，严重污染水体。部分地区水资源过度开发，造成河川断流、湖泊湿地萎缩以及地下水超采等严重的生态问题。

### 1.1.3 水污染严峻

伴随城市化、工业化发展，水污染情况触目惊心。水污染呈现空间扩散特征与复杂性，从支流到干流、从城镇到乡村、从地表到地下、从内陆到沿海拓展蔓延。目前我国城镇至少日均 1 亿 t 未经处理的污水排入水体。全国 1/3 水体不适合鱼类生存，1/4 水体不适合灌溉，90% 城市水域污染严重，1/2 城镇水源不符合饮用水标准，40% 水源不能饮用（刘世庆，许英明，2012）。水环境污染导致水质性缺水，南方城镇总缺水量 60%~70% 由水污染造成。而城市污水管理、垃圾无害化处理能力的滞后与水域补给水源减少是城市水环境污染的重要原因。相较于发达国家 90% 污水处理率，我国城市污水处理率 2009 年为 73%，2010 年为 75%，而城市垃圾无害化处理 2009 年为 69%、2010 年为 72%。

据相关资料显示，2014 年，全国 21.6 万 km 的河道水质状况评价为：全年Ⅰ类河占比 5.9%，Ⅱ类 43.5%，Ⅲ类 23.4%，Ⅳ类 10.8%，Ⅴ类 4.7%，劣Ⅴ类 11.7%。121 个主要湖泊 2.9 万 $km^2$，Ⅰ ~ Ⅲ类湖泊 39 个（32.2%），Ⅳ ~ Ⅴ类 57 个（47.1%），劣Ⅴ类 25 个（20.7%）。湖泊易遭受农业面源污染，如 2016 年新华社记者调查发现环洞庭湖区周边三市（岳阳、益阳、常德）密布养猪大县 20 余个。部分养殖大镇地下水氨氮超过国家标准 100 多倍。水利部监测数据则显示，我国有 27.2% 的河流、67.8% 的湖泊水质为Ⅲ类以下，无法饮用，23.1% 的湖泊处于富营养状态，尽管数据显示水功能区水质达标率为 67.9%，但其大多位于西部人迹罕至地区，而东部人口密集的地方，水污染依然严重。此外，全国废污水排放量居高不下，部分河流的污染物入量远超其纳污能力。支流污染、跨界污染等现象仍然突出；在沿海海域，2014 年赤潮 56 次，累计面积 7290$km^2$，其中东海赤潮次数最多，达 27 次。渤海赤潮面积则最大，达 4078$km^2$。

与此同时，我国地下水水质污染严重。2014 年，对主要分布在北方 17 个省（自治区、直辖市）平原区的 2071 眼水质监测井进行了监测评价，结果反馈为地下水水质总体较差。其中，水质优良的测井占评价监测井总数的 0.5%、水质良好的占 14.7%、水质较差的占 48.9%、水质极差的占 35.9%。

此外，随着城镇化发展，大量污染物（城市人口急剧增加将导致汽车尾气排放和生活垃圾的增加，以及大气沉降等）会随降水 – 径流过程流入城市管网系统，从而污染受纳水体。据研究表明，初期雨水冲刷引起的面源污染极为严重，初期 25%~30% 的降水径流将带走至少 80% 以上的污染负荷，其污染负荷浓度远远超过地表水的劣 V 类评价标准。（刘昌明，张永勇，王中根，王月玲，白鹏，2016）。

### 1.1.4 水生态系统脆弱

在快速的城镇化建设过程中，水生态系统受人类影响而逐渐退化，这意味着水体的暴露性、敏感性提高，而适应能力降低，水生态系统因此难以抵御气候变化带来的不利影响，变得脆弱不堪。

水生态系统由水环境和水生生物群落相互作用共同构成。就水环境而言，城市的扩张使河湖空间被挤占造成河湖面积萎缩、断流。据南京水利科学研究所对中国江河径流演变的调查，近 60 年来，中国主要江河的年径流量呈显著减少的趋势，黄河以北的河流减少幅度大于 25%，海河流域的减幅达到 8%。以京津冀地区为例，根据 2018 年生态环境部第三次全国生态状况变化遥感调查评估成果，该地区约 70% 的河流全年存在断流现象，13 个地级及以上城市汛期均有干涸河道分布，保定、张家口等地干涸河道长度均超过 300km。白洋淀、七里海等湿地萎缩，长期依靠生态补水维持。河湖面积的萎缩使水系连通性降低、水体河床升高。

水环境的恶化同样为依赖其生存的生物群落带来负面影响，导致鱼、鸟生境被破坏。如湖南省洞庭湖，“八百里洞庭”的广袤得益于长江与湖南境内的湘江、资江、沅江、澧江四水。湖南省水利厅提供的数据显示，长江水入湖量从 20 世纪 50 年代的年均 1331.6 亿 $m^3$ 减少到如今的 500.2 亿 $m^3$，湖面面积萎缩了 335$km^2$。湖面的萎缩致使湖区鱼、鸟等生物活动面积减少了 2/3，又如鲁马湖逐渐洲滩化，丧失了鱼类产卵场的功能，直接导致鱼苗产量与鱼类品种锐减。生物多样性影响着水生态系统的稳定性，生物群落被破坏使水体的自净能力逐步衰减、丧失，水生态格局紊乱。

不科学的工程措施是造成水生态系统脆弱的重要原因之一。部分水库、堤坝的建设，虽然在一定程度上对洪水的调蓄起作用，但也改变了原有的水文条件，如降低水系连通性、升高水体河床、堤防割裂了原有的自然水文过程。此外还有为了农业发展，围湖造田的行为，虽然增加了可利用的土地，但使水生生物的生存空间急剧压缩。

由此可见，水生态系统脆弱是一个综合性的问题，研究解决方法时不应该将水环境和水生生物分离，用单一的、不科学的工程措施进行处理。

## 1.2 “海绵”理念的历史溯源

我国海绵城市的提出是为了应对当前城市发展过程中显见的水环境问题。实际上，在我国古代城市营建过程中积累了大量的适水建设经验，这些传统适水营建智慧是海绵城市理念形成的重要源头，包含系统与协同思维，具有重要启示意义。此外，当代发达国家在城镇高速发展的过程中也同样面临城水问题，各国提出并发展了可持续涉水理念，也进行了相关实践，这为我国海绵城市理论建构与实践提供了重要参考与借鉴。

### 1.2.1 传统适水人居的智慧

#### 1. 适水而居的生存理念

在我国古代人居开发过程中，适水而居一直作为重要的生存理念被贯彻。如成都平原上的都江堰水利工程系统，是以都江堰渠首工程为核心，经历代发展而成的引水工程系统，其创设实现了“辟沫水之害”与“穿二江成都之中”的人居目标。都江堰水利渠首工程择址在平原冲积扇顶部，顺势而实现自流引水，工程主体还“巧藉”自然而成。在历史发展过程中，随人口渐长灌区人居水量的需求也日益增加，工程系统的目标由保障航运向灌溉航运并重转变，后又逐渐形成以灌溉为主要目的，对水量平衡的追求是工程不懈的方向。基于此，都江堰水利工程系统经历代发展，形成了一套科学、系统、层次结构明晰的官民共治的管治体系（李奕成，张薇，王墨，兰思仁，2018）。可以说，都江堰水利工程系统的核心价值在于其以点带面的区域联动发展意义。区域水环境深刻影响了区域城市城水关系的发展，还促成成都平原人居体系构架。此构架缘水而成，顺水而展，因水而定，成为区域人居体系与水系统协同发展的经典案例。

2. 城市理水智慧（涉水城市规划建设）

纵观古代的城市营建发现，绝大多数城邑选址于江、河、湖、泽之滨的二级台地上，《管子·乘马》总结为“凡立国都，非于大山之下，必于广川之上，高毋近旱而水用足，下毋近水而沟防省”的选址范式，在于实现安全的取水、用水等基本人居需求。《管子·度地》中还提出高低相济、建构水网系统以实现水旱皆宜的建城原则，即“故圣人之处国者，必于不倾之地，而择地形之肥饶者。乡山，左右经水若泽。内为落渠之写，因大川而注焉”。从城市运营的角度看，良好的城市水系统可以满足城市防御用水（防卫、排涝）、通行用水、生活用水（饮水、防灾用水）、美化用水（宫苑园林）、灌溉养殖等多目标需求。正是因为认识到城市水环境的重要性，古代城市建设都能利用天然水体，并根据气候特征与城市附近的地宜积极开辟水源，并结合各类水利工程综合调蓄，以满足各类城市用水需求。可以说，中国古代城市理水蕴含丰富的人居智慧，是“海绵”理念发展的重要基础。

（1）西汉长安水系

关中地区，即今西安市的西北部，古时水资源丰富，历史上多个朝代的都城均选址于此（徐卫民，2007）。早在公元前 11 世纪中叶的西周时期便有了都邑建设，文王之丰京以渭水以南流量较大的主要支流沣水为源，至武王时受灵沼限制于沣水东岸建镐京，设滈池与滈水增加其可用水源。秦代咸阳则选址于渭北阶地，后因拓展需要而跨水向南发展。秦代短祚，汉承秦制。汉长安城营建选址秦岭以北、渭水以南的“荡荡乎八川分流”的开阔平原区域。加上当时我国正处于温暖时期，气候湿润，雨量丰沛，正是如此，借潏、浐、灞水与台塬间洼地，因势利导形成“陂池交属”的水系统。其中，汉武帝时期的水环境建设最为关键，即通过扩展水源、营建枢纽、协同运营等系列措施建设了以昆明池与揭水陂为核心的一级调蓄水库，滈池、太液池、沧池等湖陂为二级调蓄库，明渠、漕渠、护城河等为分水渠系的城 – 郊水系统。汉长安城水系统的建成满足了其农业与人居生活供水需求，并且影响着城市形态格局与建设方式，其结合苑囿园林与城市绿化建设的都城营建方式改善了汉长安地区的人居环境，并成为范式影响后世都城营建（李奕成，成玉宁，刘梦兰，刘翔，2021）。

（2）汉魏洛阳城水系

洛阳盆地一带环以群山，十分险要，境内以伊、洛、瀍、涧（谷）水及其支流形成纵横水网。中国早期文明如夏、商朝都在此进行城邑建设。汉魏时期，洛阳城选址于邙山至古洛河南北达10余里的河岸高地，城市所在区域海拔高度为120~140m，是整个洛阳盆地内诸城址中占地最为平阔者，也是建都时间最长的区域（历经东汉、曹魏、西晋、北魏）。尽管有着地形优势，但其用水问题是困扰城市发展的关键难题。城西重要水源谷水、瀍水虽在入洛前河床海拔高于城市，但距城较远（达18km与10km）且穿越起伏地带，故水量较小。洛水水量虽大，距城也最近，但在此处河床海拔为120m以下，引水则存在困难。汉魏洛阳的水系建设就围绕着这些问题逐步开展：一来积极在城西地区引水，引水工程（如谷水坞）于东汉中期便开始。随着人口增长而用水需求增加，在曹魏时修筑了千金堰，并结合渠系进行分水，还加固了渠首、千金渠等工程，目的在于抬高水位，增加谷水渠道引水量，至北魏止千金堰水利系统成为城市供水核心所在且被精心维护；同时，为保障通漕水量充沛，还在城东地区筑坝引水，并修建有阳渠、阮曲等。至北魏时，除城外水系外，城内水系统建设工程已经成熟，其中有金墉城渠、斜穿城市北半部联系天渊池与翟泉的北渠系统、自西北到东南斜穿城中部联系九龙池的中渠系统、东西向南渠等，呈支分回转、均匀分布之势。吴庆洲先生考据，汉魏洛阳的333年间，历经16次水灾，其中东汉朝最为频繁，建武七年（公元31年）至熹平四年（公元174年）11次，约13年/次，北魏朝最少，都洛41年仅1次（吴庆洲，2012），表明汉魏洛阳地区的水环境在进行系统梳理与建设后发挥出显著的减灾作用。

（3）北京玉泉山水系

作为金、元、明、清的都城所在之北京地区，其水系建设一直是城市营建的重点工作。北京城市水系能够与郊野水系有效关联，不仅满足了人居用水需求，还优化了城市格局，提升了城市韧性。此过程中水利、园林、城市规划等工作统调，形成了复合化的水环境系统。其中，最具借鉴价值的便是13世纪以来西北郊玉泉水系与古城水系的关联建构。玉泉水系西起玉泉山，东入通惠河，通过泉流汇集、河湖蓄调、藉势开凿、多系疏导，在城内与城外、上游与下游间构建成了相互嵌套的水系统，同时还能够充分地利用水系营建园林，园林、水系相互依存为继，形成北京西北郊集群化的山水园林系统，并延伸至皇城内苑。

这一过程充分反映出从源头入手的系统梳理与环境协同的营建思维，展现其涓滴为用的开源与节水并重的环境观念，而水系间纵横关联、分级协同、功能复合的营建智慧成为中国古代都城建设后期蓝绿灰基础设施系统复合化建设的重要实例。可以说，玉泉水系与园林集群在不断地进行整理与建设中提高了城市的韧性。据统计，至清代的267年间，仅发生过5次水灾，复合的城市水系统则发挥着重要的防灾减灾作用（吴庆洲，2009）。

### 1.2.2 当代可持续涉水理念的发展

从全球城市发展的视角来看，发达国家较早完成城镇化过程，并在其城市快速发展过程中引发诸多“城市病”，其中城市涉水系列问题成为重要议题。随着人居学科理念与技术的不断进步，发达国家也较早关注“城水”问题，形成了涉水发展的理念，并进行了相关的实践。这些发展经验对于中国城市水环境的治理具有借鉴与启示意义。因此，回溯分析各国的可持续涉水发展理念与实践有益于我国海绵城市理念的形成与措施体系的建构。

1. 最佳管理措施（BMPs）

20世纪70年代美国提出最佳管理措施（BMPs），其最初主要用于控制城市和农村的面源污染，后发展为控制降雨径流水量和水质的生态可持续综合措施（车伍，吕放放，李俊奇，等，2009；车生泉，谢长坤，陈丹，于冰沁，2015）。BMPs通常可分为结构性与非结构性两种形式，前者依托具体技术手段与部署工程措施缓解雨洪相关问题，如渗透性工程措施、削减流量与峰值流量措施、控制径流水质与峰值流量措施、恢复性工程措施等。后者则多以政策与方法为导向操作或过程性实践，侧重于预防，如通过强调保护敏感资源、聚集式发展、减少干扰、减少不透水下垫面覆盖、源头控制等措施实现（赵晶，2012）。尽管如此，两者间并没有明显的界限，实施步骤、过程禁例、维护过程与操作流程、工地环境控制等均是BMPs所涉及的问题。正因为牵涉甚广，BMPs的实施并没有既定的全国性认定标准，其制定的差异性决定其难以突破州级范围。值得提出的是，BMPs重点关注城市雨洪管理，并未涉及城市整体水循环问题。

2. 低影响开发（LID）

20世纪90年代末期，美国东部马里兰州乔治王子县（Prince George's

County）和西北地区的西雅图（Seattle）、波特兰市（Portland）共同提出了“低影响开发”（Low Impact Development，简称 LID）的理念。其初始原理是通过分散的、小规模的源头控制机制和设计技术，规划设计模拟自然水文过程、创造功能性水文景观等手段来实现对暴雨所产生的径流和污染的控制，减少开发行为活动对场地水文状况的冲击，是一种发展中的、以生态系统为基础的、从径流源头开始的暴雨管理方法（Dietz M E，2007）。LID 认为水文恢复需要在整个积水处理环节进行介入而不是仅依赖于末端处理（如大型滞留系统）。水文恢复的目标是要达到开发前径流、渗透与蒸散耗水量间的平衡态。正是由于 LID 认可自然过程及其潜力，强调源头管控、分散控制与整体性营建，我国海绵城市建设对其多有借鉴。

学者对被称为美国雨洪管理模范的波特兰市进行调研指出，其能够基于城市降雨条件与城市环境采用如绿色街道、建筑落水阻隔、生态屋顶、雨洪公园与广场等策略控制地表与屋面径流（刘家琳，张建林，2015）。这些策略中涉及渗滤种植池、溢流种植池、植草沟、生态屋顶、人工湿地等设施的综合使用。但是其部分案例存在雨洪效益与造景美学价值间关系失衡，从而造成景观效果不佳、工程化痕迹较重等现象，其中尤以绿色街道问题最为突出。因此，应该通过监测评估与试验性研究来对绩效进行观察，分析雨洪效益、景观效果、管养难易间关系，并筛选植物种类，不断修正设计参数、技术措施与方法。

还应该认识到，LID 的产生是因为美国在 20 世纪 90 年代初期业已完成的雨洪管理工程是以基于 BMPs 的末端措施为主的，然而随着城市化的发展，该措施不再满足城市雨洪管理需要。在此背景下，关注源头控制的 LID 措施应运而生。LID 旨在解决中、小型降雨事件下场地源头管控问题，其是针对小尺度场地提出的，对于大型暴雨水径流峰值控制效果具有一定的局限性。

### 3. 绿色基础设施（GI）

1999 年，美国可持续发展委员会提出绿色基础设施理念，即空间上由网络中心、连接廊道和小型场地组成的天然与人工化绿色空间网络系统，并通过模仿自然的进程来蓄积、延滞、渗透、蒸腾并重新利用雨水径流，削减城市灰色基础设施的负荷（张园，于冰沁，车生泉，2014）。

应当指出的是，对美国雨洪管理措施应当将 BMPs、LID 与 GI 协同起来认识。BMPs 更强调末端治理，LID 是从源头进行城市水文管控，两者均偏重于雨洪技术与方法。GI 则是将其统筹起来，优化城市空间环境。

### 4. 澳大利亚水敏城市设计（WSUD）

澳大利亚四面环海，受西南季风影响全国过半地区常年干旱，淡水资源缺乏。水敏城市设计（WSUD）于1994年由西澳学者Whelans C、Maunsell H G与Thompson P提出，提出之初就已形成了城市水循环与城市设计相结合的理念（Whelans C，Maunsell H G，Thompson P，1994）。经过不断实践与发展，WSUD逐步被定义为将供水，污水、雨水、地下水管理与城市设计、环境保护相协同的城市水循环综合设计（WBM BMT，2009），是“旨在减少城市发展对周围环境水文影响的城市规划和设计的哲学方法”（Lloyd S，Wong T，Chesterfield C，2002），其强调在整个城市水循环综合框架内来考虑雨洪管理问题（Wong T H F，2006）。有学者指出水敏城市设计与中国海绵城市在内涵上具有一致性，因而具有重要参考意义（车伍，赵杨，李俊奇，王文亮，王建龙，王思思，宫永伟，2015；孙秀锋，秦华，卢雯韬，2019）。

WSUD将系列涉水技术整合于城市景观的做法是其相较于其他国家雨洪管理的重要特色。也正是如此，雨洪管控只是WSUD中的子系统，其在实现径流、节水、水质目标的同时还需要融于自然水循环这一宏观目标中，并必须权衡各种水过程与城市环境及其游憩、文化、美学等的关系（赵晶，2012）。虽然可持续雨洪管理转型在澳大利亚并没有彻底完成，但其指向的城市未来发展目标与方向已十分明晰，即尽可能提高水资源利用率成为工作的重点。

实际上，澳大利亚的水敏性城市设计完整体系的形成并非一蹴而就。其城水发展经历了萌芽、起步、跨越时期，至2011年雨洪管理体系与体制才趋于稳定（刘颂，李春晖，2016）。尽管较之英国，澳大利亚污水处理体系发展较为完善，有80%的分流管道，但传统水管理部门缺乏跨学科的合作。因此，WSUD的发展与其城市排水管理，与社会、生态环境、经济效益目标复杂性的需求的增长有关，从而形成了水供应、水量、水质、功能、环境舒适相复合的目标集。其演进过程中的制度跨越、行政推动、多学科研究、合理组织、跟踪评价、示范推广等内容对我国海绵城市建设具有重要启示意义。同时，应当注意到，相较于中国，澳大利亚城市高密度开发中心区的规模不大于较低密度的居住区是其制定实施相关政策的重要前提（白伟岚，王媛媛，2015），此外，现行的WSUD导则中较少涉及工程技术措施与标准，而是列举各州雨洪管理相关手册，以供索引。我国海绵城市建设中对此应该有所关注。

### 5. 英国可持续城市排水系统（SUDS）

SUDS 是指通过一系列管理措施与控制手段，用一种较之传统排水技术更加可持续的方法来排放地表水。其在预防、源头控制、场地控制、区域控制不同层面均有着相应技术方法（图 1-1）。SUDS 也被写为 SuDS，本质并无区别，是业界希望农村土地利用情况对等于城市的反映。

SUDS 的首要原则为地表径流利益最大化管理，即在可持续发展思路引导下通过管控地表径流来解决雨洪问题并发挥多种效应。而管控地表径流关键在于维持城市开发区的水文平衡，通过自然与人工设施促使雨水循环利用消减径流量，同时通过设施收集、过滤降解污染物避免径流所带来的扩散性污染，从而发挥多种效应（通过雨洪管理措施减少地表径流及其相关问题，解决诸如城市洪涝安全、水资源补给、绿网与绿色空间建设、生态栖息地建设等多种问题）。

设计理念上强调模拟自然水文特性与系统互联，通过源头控制、过程控制、就近管理、雨水资源化等多路径共同维持自然水循环系统平衡从而实现水量与水质风险管控。SUDS 由雨水收集系统、透水路面系统、浸润系统、输送系统、存储系统、净化系统 6 大特定功能部分组合而成，强调各系统间协同做功。

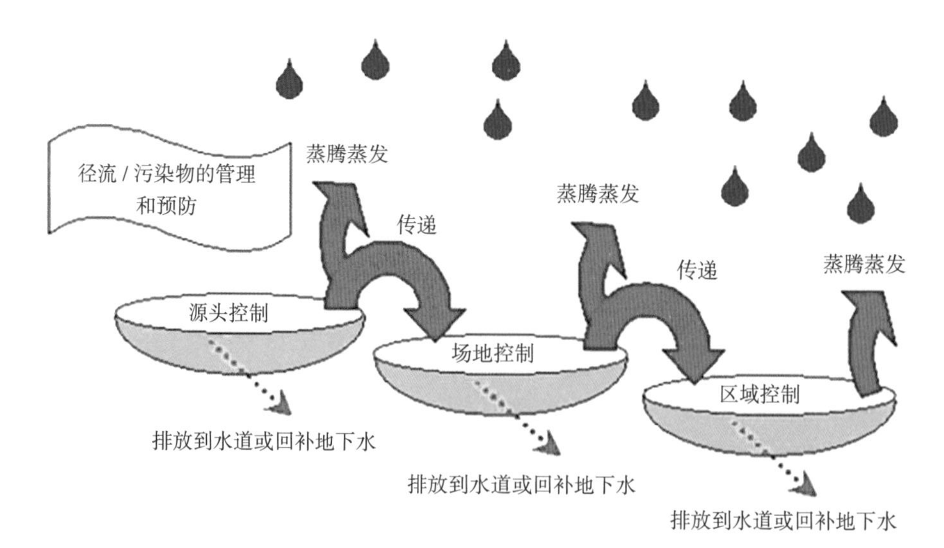


图 1-1　SUDS 管理层级

图片来源：赵晶 . 城市化背景下的可持续雨洪管理 [J]. 国际城市规划，2012，27（02）：114-119.

SUDS 设计目标围绕水量、水质、环境舒适性、生物多样性展开。其中水量设计主要以径流峰值管理与体积控制为重要目标，水质设计是以径流水质管控为主要途径进行的，涉及径流污染管控、场地受水水域水质管控，往往由于场地不同、污染类型不同采取不同的 SUDS 措施。舒适性设计是 SUDS 追求多效益的重要体现，SUDS 设计融合城市绿色基础设施共同建设，提供安全环境，加强社区凝聚力与认同感，具有弹性。生物多样性设计是在结合当地需求与场地特征的前提下，通过保护、创建多类型稳定生境及其连通性来实现的。注重栖地环境与物种多样性保护是 SUDS 较之其他国家雨洪管理策略的重要特色。

应当指出的是，英国在 20 世纪 90 年代根据美国 BMPs 建成其市政排水系统，近 70% 的排水设施合流。在城市化影响下，末端水质的处理显然难以实现。同时，英国属温带海洋气候，年均降雨量超过 1000mm，极端天气经常出现。因此，其雨洪措施中关注强降水影响下如何减轻排水管道工作负担，强调水量与水质协同治理。尽管 SUDS 设计能够管控径流峰值与体积，但支流径路汇流后总量还是较大，从流域角度看下游仍存在较大风险。此外，英国围绕水环境保护与管理还有着大量法律与文书，如《The European Union Water Framework》于 2003 年在英国立法，其为 SUDS 的实施提供了有力支撑，法案中重点关注可持续排水的污染减排与扩散问题。自 2008 年后，欧盟多个国家明确提出将 SUDS 作为其洪水风险与地表水管控的重要措施。

### 6. 新西兰低影响城市设计与开发（LIUDD）

新西兰在借鉴北美 LID 与澳大利亚 WSUD 经验后在全国开展低影响城市设计与发展计划，并尝试整合一套方法以提高城市建成环境的可持续性，避免传统城市发展的负面影响，保护水陆生态系统的完整。从其 LIUDD 体系主要原则的分级可以看出，整个体系是将流域作为管控施策的基本单元，并重点聚焦在流域范围的生态系统承载力的保证与有效利用上（van Roon，M.R.，Greenaway，A.，Dixon，J.E.，et al.，2006）。与 WSUD 一样，LIUDD 将视角投向整个水循环过程，将雨洪管理作为子项。但其不同处在于，WSUD 围绕水与城市来进行讨论，而 LIUDD 涉及面则更广，水循环是整个城市生态服务系统的一方面，是整个城市开发与设计体系的一部分（图 1–2）。

上述多样化的可持续雨洪管理理念与技术的形成反映出城镇化影响下

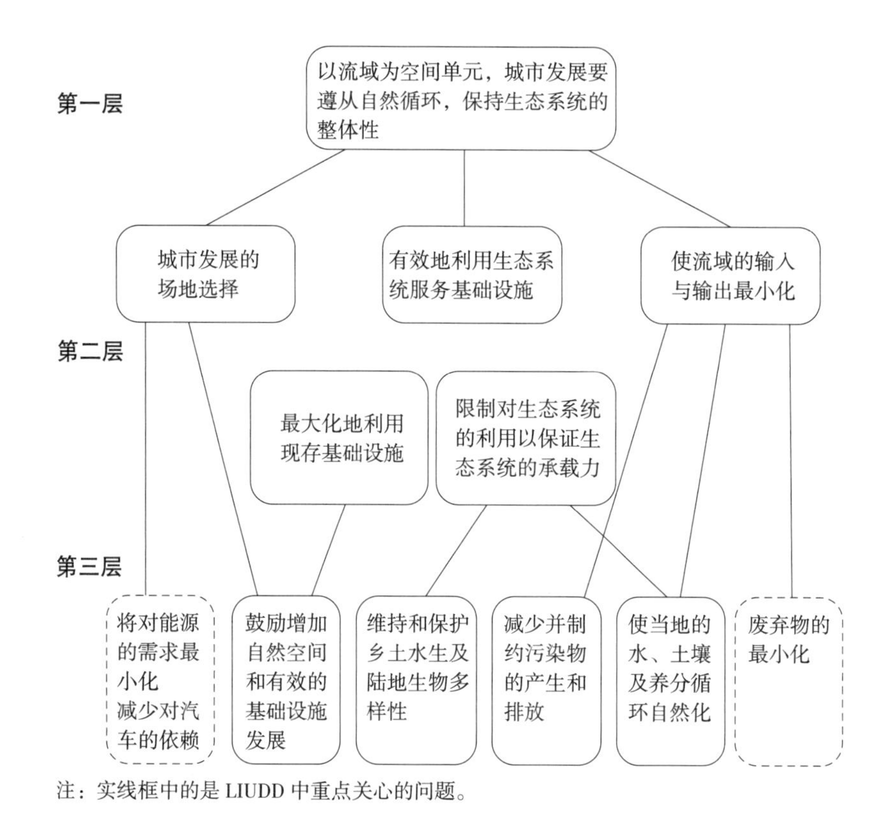


图 1-2 LIUDD 主要原则分级

图片来源：赵晶 . 城市化背景下的可持续雨洪管理 [J]. 国际城市规划，2012，27（02）：114-119.

发达国家均已意识到水问题的严峻，并进行了积极回应与探索。同时，应当注意到，上述各国的涉水理念与实践均依据其国情的不同，有针对性地进行了相关雨洪管理方法与技术的对位，具有本地特征。同时，各理念的提出与发展都关注到了自然水文过程，试图将城镇开发中的涉水环境纳入这一过程中，形成平衡，而风景园林建设则是统筹城水关系的重要媒介。

### 1.2.3 我国“海绵城市”的提出

#### 1. 提出的背景与意义

在资源与环境严重制约下，改革开放后 40 年的中国城镇化造成包含水环境在内的诸多资源与能源的高速消耗。2010 年，住房和城乡建设部对 351 个城市进行了专项调研，结果显示 2008~2010 年，有 62% 的城市

（213 个）发生过不同程度的内涝，而超过 3 次以上涝灾的城市达 137 个（致灾城市甚至扩大到干旱少雨的西安、沈阳等西部和北部城市）。在发生过内涝的城市中，内涝灾害最大积水深度超过 50mm 的城市占 74.6%，积水深度超过 15mm 的超过 90%；积水时间超过半小时的城市占 78.9%，有 57 个城市的最大积水时间超过 12h（谢映霞，2013）（表 1–1）。

**2008 年以来我国 351 个城市内涝的基本情况**　　**表 1–1**

| 内涝 | 事件数量（件） | | | 最大积水深度（mm） | | | 持续时间（h） | | | |
|---|---|---|---|---|---|---|---|---|---|---|
| | 1~2 | ≥ 3 | 合计 | 15~50 | ≥ 50 | 合计 | 0.5~1 | 1~12 | ≥ 12 | 合计 |
| 城市数量 | 76 | 137 | 213 | 58 | 262 | 320 | 20 | 200 | 57 | 277 |
| 城市比例 | 22% | 40% | 62% | 16.5% | 74.6% | 91.1% | 5.7% | 57.0% | 16.2% | 78.9% |

近 40 年来，我国汛期平均降雨量占年均降水总量的比例甚至呈现微弱减少趋势。而从国土空间视角来看，区域性极端降水情况自 2000 年波动剧烈（杜懿，王大洋，阮俞理，莫崇勋，王大刚，2020）。极端降水情况极易导致城市洪涝灾害的发生，如超大城市广州从 1990 年代起年平均降水量和极端降水天气日数呈显著增长趋势（刘睿颖，张俊玉，方舟，2012）。城市内涝引发巨大的社会经济损失与百姓人身安全伤害，如 2012 年北京“7·21”暴雨洪涝和 2021 年河南郑州发生的特大洪涝灾害，给经济社会带来了巨大损失。

在我国过去的城镇化建设中，城市排水设计是用以解决城市内涝问题的重要甚至唯一措施，城市多数采取的是依托于管道、泵站等灰色基础设施的“快排”，甚至在 2011 年以前的很长一段时间以低于 1 年重现期为设计标准。即使最新《室外排水设计标准》GB 50014—2021 普遍提高设计重现期，但还应认识到既有大量建成区的改造绝非易事。此外，我国城镇化发展过程中城市下垫面结构已发生根本性变化，因此极易引发极端气象事件。因此，再以“快排”为设计理念，势必会导致排水管网不堪重负，造价与管理成本越来越高，并大大增加了城市洪涝风险。因而，政界、学界将目光转向快速城镇化过程中的相关建设缺位，海绵城市便是为了系统地解决上述问题而产生的。

### 2. 海绵城市科学解读

结合我国城市建设发展的客观需要以及国内外在城市雨洪管理、水系规划设计、生态服务系统等方面的理论成果与实践经验，“海绵城市”于2012年被首次提出。习近平总书记在《中央城镇化工作会议》的讲话中提到的“利用自然力量”“自然存积、自然渗透、自然净化”，科学地阐明了海绵城市实现的原则与路径。2015年1月仇保兴《海绵城市（LID）的内涵、途径与展望》一文为“海绵城市”明确了定义，即城市能够像海绵一样，在适应环境变化和应对自然灾害等方面具有良好的“弹性”。下雨时吸水、蓄水、渗水、净水，需要时将蓄存的水“释放”并加以利用；提升城市生态系统功能和减少城市洪涝灾害的发生（仇保兴，2015）。

直至今日，以“自然积存、自然渗透、自然净化”为目标的科学海绵理念已被学界广泛接受，许多城市积极探索海绵城市建设的方法与实施路径，在实践过程中开始融合城市雨洪调蓄渗技术、城市规划设计、风景园林规划设计与建筑设计。

中国城市水问题的症结在于自然水文循环过程被城市开发所打破，而新的城市水循环过程与人类社会活动过程不相适应。但是还必须认识到，人们的生产生活难免会对城市的自然本底进行改造，因此问题解决的关键在于通过修补、弥合以形成可持续的城市水文循环过程，即让其与人类社会生活互适，形成良性循环，从而减少水害增加水利。其中，水量、水质与水资源是城市水问题得以解决的三个基本立足点，一切措施体系的建构都应该将其关联。

“因天地制宜”的耦合法应当是解决建构健康城市水文循环过程的重要方法，在对降水规律与下垫面具体分析后“让自然做功”，从存积、渗透、净化三个途径优化城市。我国幅员辽阔，各地气候、温度、降水、地形地貌等自然地理条件各异，海绵策略与技术应顺应各地实际条件而异，这种差异不仅反映在不同区域的城市之间的海绵措施不一，即使同一城市的不同用地类型产生的径流影响不同，其海绵化手段自然应有所差别。

从海绵城市的建设内容上看，包含城市原有涉水生态系统的识别与严格保护、受破坏的水体与涉水自然环境的恢复与修复、改造与新建项目中海绵技术的应用实践等内容。涉水生态系统的识别与严格保护是利用景观生态学原理与技术对城市生态系统进行辨识，明确涉水生态系统的保护区域与范围，划定出生态保护红线、蓝线、绿线。受破坏的水体与涉水自然环境的恢复与修复则还应该与水利部门协同，满足生态水利工法，优化河湖水系生态治理策略。改造与新建项目海绵技术应用实践务必要充分理解城市水文循环过程并明确其源头管控的重要目标，可分解为截留、促渗、调蓄三类技术，通过技术组合联动实现减缓径流形成速度、延缓径流、就地下渗净化与再利用，从而实现雨水“自然存积、自然渗透、自然净化”的海绵城市建设目标。

海绵效应的实现还有赖于城市海绵体的建设。传统城市雨洪管理过分依赖于灰色基础设施，如何协同蓝绿空间，塑造具有高韧性的海绵体系统是海绵城市建设的重要课题。从风景园林学视角来看，城市海绵体的形成一来应该充分利用自然水体、林地等自然生态空间，此外还需要将城市绿地统筹进来。值得一提的是，海绵城市建设务必秉持实事求是的精神。因为全球气候变暖，暴雨水事件的概率与雨量显著增加，当遇到远超海绵体容量的特大暴雨事件时，很有可能出现程度不一的洪涝情况。让城市建成区不到 1/3 的绿地完全承担“海绵任务”是不切实际的，近 2/3 的不透水下垫面应该积极进行“海绵化”转型。因此，对城市海绵体建设功效应有客观计算。过去城市的排水系统建设应该提高标准，并与其他海绵体协同工作。

## 1.3　基于系统思维的海绵理念

### 1.3.1　城市旱涝问题的本质

#### 1. 产、汇流过程的改变

城市下垫面产流过程深刻影响城市旱涝情况。城镇化过程中下垫面结构剧变，如人工硬化不透水下垫面（Anthropogenic Impervious Surfaces）剧增，暴雨水下渗减少，从而导致径流损失量减少，洪涝径流量增加。当然，由于下垫面中不透水面积比例的急剧增加并叠加城市中各类污染物增加，使得初期雨水中的污染物含量剧增，从而影响受纳水体的水质。而城市化造成的“雨岛效应”增加了城市暴雨概率与强度。

此外，下垫面结构的变化造成洪水汇流时间变短，径流量变大，雨水下渗减少。因而，很小的降水可致径流，使得流域径流汇流时间变短。下垫面不透水层增加，绿地减少或者分布不均衡，遇到暴雨时易形成地面积水，以致内涝。此外，径流量的变大，叠加如截弯取直等不合理改造，使得灾害的破坏力增大。

应当强调的是，我国幅员辽阔，南北气候分异明显，温度、自然降水、地形地貌等自然地理条件具有多样性，城市自然降水条件与下垫面情况差异是客观存在的。不同区域的城市、同一城市的不同下垫面，其适宜的海绵化策略与技术不尽相同。因此，城市地表覆盖差异大，不同用地类型错综复杂，产汇流类型与过程复杂多样也正是雨洪模拟技术之重难点所在（刘昌明，张永勇，王中根，王月玲，白鹏，2016）。

2. 传统城市理水缺乏有效统调

前面提到，在很长一段时期，城市洪泛、内涝等涉水问题试图依托灰色基础设施解决。各类设施的建设所设定的目标也较为单一，如传统的城市排水系统为以“快排”为建设目标的“管道系统”（小排水系统）（谢映霞，2013），对于雨水处理的方式为只排不蓄、只排不用。显然，当前城市不仅只面临洪涝问题，干旱问题也是我国城市发展亟须解决的重要问题，据统计我国的人均水资源量只有2300$m^3$，仅为世界平均水平的1/4，是全球人均水资源最贫乏的国家之一。雨水的资源化利用可以缓解城市缺水问题。

从管理角度看，部门分治仍是较为突出的问题。与城市涉水问题有关的职能部门如城市规划、城市道路、管网工程、河湖水系、园林绿化均分属不同部门，相关规划设计、设施的施工建设、后期运营维护不同步，缺乏有效的组织。这些问题都反映了我国在城市涉水问题上理念、技术与管理的缺位。而全尺度、全生命周期、定量精准地预测与评估更是没有被有效地应用并推广于城市涉水建设中。

### 1.3.2 系统协同思维引导

多系统协同与恢复能力是判断城市可持续发展潜能的主要准则之一。当前海绵系统的建设应该在系统协同思维的引导下关注规划设计的多目标系统与城市基础设施规划复合体系的建构。前者是各地海绵方针策略与具体措施形成的前提与要求，后者是对落实于形态、布局、功能等方面的海绵基础设施建设提出的总体思路与优化重点。

1. 规划设计的多目标

从目前国家层面所提出的绵海城市相关纲领性文件与现有规范上看，海绵城市规划设计需要实现修复城市水生态、涵养城市水资源、改善城市水环境、保障城市水安全、复兴城市水文化等多目标。

城市水生态修复需要耦合自然与人工水环境，协同建设单元、水域单元与生态单元，通过城市内涝、水污染、缺水问题的综合解决，建构起城市水文的良性循环过程。城市水安全问题指城市社会生存环境和经济发展过程中发生的与水有关的危害问题（如洪涝、溃坝、水量短缺、水质污染等），并由此给人类社会造成损害（如财产损失、死亡、健康状况恶化、人居环境舒适度降低、经济发展受到严重制约等）。保障城市的水安全一方面应通过建立起适水的韧性人居系统以实现“空间换时间”，从而保障百姓生命安全并减少社会经济的损失；另一方面，通过雨水的资源化利用、污染治理等途径降低因水质变化引发的健康风险。我国是一个干旱缺水严重的国家，然而因人口数量众多，我国又是世界上用水量最多的国家，如何提高当前水资源的转化率与利用率已成为我国水发展的关键问题。从海绵城市的角度看，涵养城市水资源就是要旱涝兼治，合理利用雨水资源。一方面要建立节水观念，并通过提升各类用水设施保水、节水质量，从而确保水资源更有效地利用；另一方面，在诸如城市生态用水中，要通过雨水资源化利用与再利用过程来替代过去的粗放用水策略。如通过绿色广场、绿色屋顶、人工沟渠建设实现城市雨水的滞留、存蓄、下渗。结合河边生态滤池—雨水过滤与净化等措施实现雨水的过滤与净化。那么，传统的绿地浇灌、道路清洗、景观水体补充均可通过雨水收集与再利用来实现。水文化是指以水和水事活动为载体人们创造的一切与水有关文化现象的总称，包含了水利文化的全部内容，是从全社会的视野来看待水和水利的。城市水文化的复兴以安全可靠的城市水环境为基础，不仅仅包含水形态、水工程、水工具、水环境、水景观在内的物质层面的水文化，还应该包括市民亲水护水观念的养成。上述目标的系统化实现，才能使得城市水环境得到切实的改善。

2. “蓝绿灰”复合的城市基础设施规划体系

城市基础设施建设状况是城镇化发展中水平提高的重要指标。城市基础设施也是维系地区形态格局（骨架）的关键。显然，完善的基础设施建设也会引导城市或地区的建设与开发。应该指出的是，过去城市化进程中注重大力发展灰色基础设施，较少关注“蓝绿”基础设施在城市理水中的重要意义。也没有意识到“蓝绿灰”系统的有机结合，能够形成城市生态系统，对拟自然系统发挥出的自然生态效能也缺乏关注。

我国城市绿地面积占比 1/3，其本身就带有海绵效应，绿地与其中的水体都具有积存、渗透、净化水的能力。但土壤特性（类型、饱和导水率、下渗系数）、植被类型的不同，海绵效应也不尽相同，需要进行针对性的本底梳理工作。在绿地功能的前提下，通过研究适宜绿地的低影响开发控制目标和指标、规模与布局方式、与周边汇水区有效衔接模式、植物及优化管理技术等，可以显著提高城市绿地对雨水管控能力（车生泉，谢长坤，陈丹，于冰沁，2015）。在保护城市蓝－绿自然海绵体的同时，还应系统合理地构建网络化、跨尺度的城市绿地系统与水网体系，耦合两者并增强其与周边生态基底联系。更关键的是，蓝绿系统应当与系统优化提升后的城市灰色雨洪系统相统调，通过衔接协同构建网络化城市水资源综合调控系统，整体提升城市海绵效应。

此外，“蓝绿灰”复合的城市基础设施体系还应当结合空间职能结构与目标，结合需求评价与发展适宜性评价等定量分析技术，通过多方案推导与比选来明确，通过协同布局优化其生态，尤其是海绵绩效，促使城市可持续发展（周聪惠，2019）。

### 1.3.3 解决城市旱涝问题的耦合途径

1. 建成环境的系统特征

城市系统经历较小到较大，较简单到较复杂的过程后形成复杂巨系统，是一种耗散结构。因此，相关人居策略应该因势利导，通过综合集成的方法以充分发挥系统的协同和其“自组织”作用。中国古代城市营建中就蕴含有系统思维。如《商君书・徕民篇》就有“地方百里者，山陵处什一，薮泽处什一，溪谷流水处什一，都邑蹊道处什一，恶田处什二，良田处什四，以此食作夫五万，其山陵，薮泽，溪谷可以给其材，都邑蹊道足以处其民，先王制土分民之律也”。

城市巨系统的特征使得城市运营与发展对基础设施依赖性更强，城市群化组织还促使基础设施趋向地区一体化与系统化的发展。这就要求基础设施系统的建设需要具备更强的韧性以更好地服务于城市与区域人居。就城市水问题而言，旱与涝、资源短缺与利用率低下、刚性需求与多元目标、形态布局与水供需等矛盾的化解必须在理解建成环境系统特征的基础上才能予以解决。城市理水亟待统调各色基础设施以实现系统协同建构。

#### 2. “蓝绿灰”三大系统的统筹

快速城镇化过程中我们更多地关注到灰色基础设施的建设，在一定时期内解决了城市问题，发挥了重要的人居价值。但随着城市的不断演化发展，其已不能满足城市的人居需求。随着城市生态问题的频发，逐步形成以“蓝色”和“绿色”基础设施为主，“灰色”基础设施为辅助和补充的城市“蓝绿灰”相复合的城市基础设施规划体系。

“蓝绿灰”基础设施耦合的统筹方式包含空间格局、组成结构与建设内容耦合等方面。空间格局耦合主要关注受到空间功能与生态过程影响需要调整建成区水域和绿地格局，使降水量与耗水量之间达到动态关联与平衡。组成结构耦合是指在蓝绿耦合的理念下，蓝色和绿色基础设施系统在不同层面所对应的“源头”“路径”和“末端”管理措施，会形成不同的蓝绿耦合组成结构。建设内容耦合指在现有“三色”基础设施的基础上，从系统角度出发，结合城市水文现状以蓝绿基础设施为主，以灰色基础设施为补充进行建设。

#### 3. 分类施策的思维

随着社会发展，我国经济结构、行业组合、各地区各产业结构比重有了显著变化，各城市定位也有所差异。从供水与用水角度看，不同的人居目的用水在质与量上均有所不同，不同城市各类用水占比也不尽相同。针对生产、生活、生态用水需求的不同应分类进行供水、用水的统筹。

应基于生态系统理念下考虑功能与水质的耦合、三生空间的用水平衡、适宜建设区域的分类控制、水文响应单元的统筹划定等问题（总规层面）。还应该将上述考虑落实于低影响开发控制指标设定、不同场地关联组织与各类设施集成运营等多方面（控规层面）。从而在地块开发建设下有效地进行水文模拟与计算，实现对场地的合理开发（修规层面）。

# 1.4 公园城市导向下的海绵城市规划设计与实践

公园城市建设以“人”为逻辑起点，突出人本与公平，尊重历史发展规律，强调城市抵御灾害的能力，并将重点落在“园”上。这就要求其在差别化建设的前提下，将生态环境的保护、修复与建设作为基本要义，提示着城市相关建设实践须顺应自然生态内在规律，坚持自然的底线思维。系统思维引导下的公园城市还以“统筹与融合”为基本原则，期望构建全域性绿色空间体系与生态网络，实现城市绿色、灰色空间的融合。

“公园城市”理念中所涉及的系统思维、智慧营建与近自然导向为海绵城市规划设计提出了更高的要求，即通过蓝（水体、水系等）、绿（绿色空间、绿色基础设施）、灰（硬质市政设施）系统的融合发展规划与统筹协同，实现城市海绵系统的旱涝兼治，以生态为本底的整体优化来保障城市的韧性安全，实现生态文明下的城市的高质量发展。

## 1.4.1 公园城市导向下旱涝兼治的海绵系统协同观

### 1. 重塑城市水生态系统

重塑城市的水生态系统就要深刻认识到生态环境破坏具有“不可逆性”，理解城市水生态系统的内涵，以城市水环境改善、水文过程优化与竖向设计等为手段，营建和谐的城市生境。中央提出要形成绿色发展方式和生活方式，在城市涉水营建层面，绿色发展理念应该融入水资源开发、利用、治理、配置、节约、保护各个领域。因此，“海绵”城市就是绿色发展的一种方式，“海绵”思维与意识规范了居民的生活方式，“海绵”规划设计方法便是风景园林学科的贡献。

从业者应遵从自然过程，进行低影响开发与拟自然的景观规划设计方法研究与实践，从源头、过程、末端全过程着手，通过指标、策略与方法的控制来重塑城市的水生态系统，将“旱”“涝”问题统筹起来考虑。应尽可能不干扰自然过程，将人工影响消减到最小。工程营建应协同总图、给水排水、道路、结构、电气等专业综合进行，还应针对不同场地特征设置适宜性“海绵”设施。设施选择时应考虑材料的制宜性，如道路透水垫层铺设、绿地蓄水材料填充等，提倡资源循环再利用，从而实现城市自然-人工水环境动态自平衡。

2. 基于“耦合法则”的海绵城市规划设计

古代应对旱涝问题的传统经验智慧提示着运用“耦合”思维能够有效地应对人居涉水问题。在当代科学语境下，“耦合”是物理学的基本概念，指两个或两个以上的系统或过程之间通过各种相互作用而彼此影响以至联合起来的现象，是各子系统间的良性互动下，形成的相互依赖、相互协调、相互促进的动态关联关系（黄昆，1998）。“耦合”概念包含系统、关联和动态3个方面，对于走向集约化的风景园林学科而言，基于耦合原理，通过合理的人为干预，达成对景观环境资源的优化配置，是实现科学化与多目标的有效途径（成玉宁，袁旸洋，成实，2013）。

基于“耦合法则”的海绵城市规划设计则强调全尺度、全周期、全过程的系统视角，其关键在于通过蓝绿灰基础设施系统性关联，以建构并优化城市环境与城市水文过程之间的协同关系。该规划设计方法下的适宜技术因天地而变，并与场所相对应，以规划设计目标与场所之间的互适为重要原则。目标则是强调通过对场地的最小干预实现场所资源利用的最大化。

## 1.4.2 公园城市导向下以绩效为目标的海绵技术观

“耦合”的目标在于形成系统化实践路径（袁旸洋，2016）。建构嵌套复合化海绵体系与关键技术实施路径是基于耦合法则的海绵城市规划设计的重难点所在。嵌套复合化海绵体系的形成应该统筹蓝绿灰基础设施，而其实施则需通过各关键海绵技术路径的关联协同。以“生态治理”为核心的公园城市导向下的海绵城市规划设计方法需要创新规划设计方法技术，能够依托数字智慧与技术进行定量化的预判、校验，并进行全生命周期的监控与管理。

1. 建构系统关联的嵌套复合化海绵体系

蓝绿灰基础设施系统化统筹破除了过度依赖灰色基础设施的传统城市

建设方式外，将蓝、绿基础设施耦合灰色基础设施并统筹纳入城市营建中，极大地优化城市生境，并实现人工与自然要素的协同互适。值得注意的是，这一海绵体系绝不否定灰色基础设施的重要价值，而是以集约综合的营建思维，提高城市生境的韧性，并提供多目标的生态系统服务。蓝绿灰基础设施的耦合应建立起对城市生态服务协同关系、权衡关系的识别与量化表达。落实于空间布局的蓝绿灰基础设施系统涉及蓝绿元素和灰色网络的空间结构、布局和规模的耦合优化（成玉宁，侯庆贺，谢明坤，2019）。此外，需要建构空间优化和决策系统来进行多元目标体系的评价、绩效的监测，捕获全局最优解并提供方法参照。

**2. 建构定量化全生命周期的海绵技术**

基于"耦合法则"的全尺度关联互适的海绵技术是落实海绵城市根本所在。海绵城市规划阶段的总体规划、控制性详细规划、修建性详细规划、各专项规划技术互相支持又逐层分解，形成海绵城市规划的技术框架。海绵城市设计阶段应针对不同"海绵体"，如道路、广场、建筑用地、公园绿地、地表水体进行适宜性技术适配。海绵城市工程营建阶段应关注绿色海绵技术的源头控制、中途传输与末端调控，还要重视拟自然地表理水、雨洪调蓄水体景观设计、水系生态廊道构建等蓝色海绵技术，并将蓝绿海绵技术与传统灰色设施进行关联。此外，应积极运用数字化定量技术实现海绵城市模型与测控系统的建构，从而辅助从业者更高效与精准地实现海绵城市建设目标与后期管理。

全生命周期评估（Life Cycle Assessment）是评估与某一产品（或服务）相关的环境因素和潜在影响的重要途径。全生命周期评估已广泛应用于包括水量管控措施、水处理技术和综合城市水管理系统基础设施等城市涉水工程技术相关的环境影响评估中，全生命周期评价方法适用于评价和比较蓝绿和灰色基础设施实践的环境影响，是海绵城市建设中识别环境问题的重要工具。

**3. 建构可校验与可证伪的海绵实验平台**

为更有效地进行情景模拟、数据监测、绩效评估，应依托现代科学技术搭建起海绵实验平台。该平台应能够进行协同数据采集、数据分析、辅助设计、绩效评估等。

利用数字景观技术对城市环境进行量化采集、模拟与分析是实现生态与形态协同的基础。当前，卫星遥感影像识别、三维空间数据采集技术的快速发展已能够实现多尺度的城市数据精准采集，大大提升了调研效率。通过数字智慧平台的建模与分析能够进行多尺度空间精准模拟与发展趋势预测，为规划设计提供了科学依据。而物联网与相关生态因子传感器配合，对建成环境中的植物生长、下垫面透水率等进行检测，构建实时监测系统，为评估、校验与再优化创造了有利条件。

### 1.4.3　公园城市导向下基于低影响开发的海绵实践观

**1. 以城市下垫面产汇流分析作为基础**

城市化过程也是人类对自然环境的改造过程，主要表现为城市土地利用情况的变化。城市地表硬化面积的增加显著改变了城市化地区的自然水文循环过程，产生了排水、积涝、干旱、防洪、水体污染等一系列城市水环境问题。其中城市化所引发城市下垫面产汇流机制的改变是造成内涝灾害的最本质的空间层面的原因。因此，以城市下垫面产汇流分析为基础，重构城市水文循环过程，使其更为接近自然状态是缓解内涝的核心目标。

与自然流域的产汇流过程相比，城市流域的降雨时空变异性较大、下垫面构成复杂且具有空间异质性，产汇流过程发生了较大改变，具有自身的特征。城市降雨地表径流的形成一般经过以下三个过程：降雨过程、产流过程和地面汇流。城市地表产汇流机制主要涉及产流与地面汇流过程。城市化地区的产汇流与自然下垫面地区的产汇流本质机制都相同，即都包含了产流和汇流过程，不同之处在于城市化地区产汇流过程中水力特性有所不同。

基于城市下垫面产汇流分析的海绵实践需要对降雨过程进行详细研究，包括分析年径流总量控制率对应降雨量，筛选典型年日数据过程，对不同降雨场次、雨量统计明确中小雨与大雨天数，研究短历时雨强和当地特征的雨程分配，研究 24h 降雨总量及雨型等数据的采集分析。同时，还需对城市下垫面分类研究，充分研究海绵实践地的土壤类型，不透水、透水层比例，弄清用地性质、用水目标、产汇流机制以便分类施策。基于上述分析完善规划设计流程，形成信息解译与调查地形分析 – 开发前水文评估 –

开发后地块建模评估－对比提出源头减排方案的科学路径。

2. 以渗蓄滞净用排作为实施目标

在海绵城市规划设计中应充分理解“渗、滞、蓄、净、用、排”六字方针，结合集水、蓄水和用水三大措施，把雨水回用和排放相统筹。其中，“渗、滞、蓄”目的在于削峰调蓄，控制径流量，实现雨水的资源化利用。“用、排”则在于平衡水资源利用动态关系，恢复水生态，维持水的自然循环。“净”则突出减少污染，水质改善，是循环利用的基础。

但需要指明的是，六字方针的实施有赖于蓝绿灰系统的统调，而不是仅依靠传统单一的排水工程，同时需要结合具体场地、具体目标有所侧重、分类施策。尽管当前我国城市绿地面积占建成区面积 1/3 及以上，但仍存在着空间分布不均、破碎化的问题。城市水系亦受到高密度城市建设背景下的蚕食与硬化。而传统城市灰色系统中的排水设施强调“快排”。单一排水与防洪工程改变了水文时空过程的强度与容量，在一定空间尺度内超出了水系统的自然调节能力。此类灰色基础设施缺乏“弹性”，无法承受过量荷载，还造成了流域整体的水环境胁迫。缺乏耦合的蓝绿灰系统难以发挥城市各功能系统间的协同作用，其生态后果更是转嫁给城市水环境承担。

3. 以因天地制宜的在地技术与弹性措施为导向

因天、因地制宜是海绵城市研究与实践的基本思路。因“天”指海绵城市规划设计须关注实践地的气候、降水客观条件，将其纳入海绵设施体量大小及其布局结构规划设计中。因“地”则提示须对规划设计所在地的下垫面类型、组分、结构等进行详细勘察分析，将海绵措施与城市下垫面竖向关系紧密结合，实现近自然的海绵路径。

在技术手段方面，目前我国城市排水防涝规划与 LID 评估采取的径流系数计算方法较为简单，且城市汇水分区的划定多以埋设的雨水管网为基础，形成“雨洪管控单元”，但这种以行政管理区域为系统的区划方法，忽视城市下垫面的地形特征。另一方面，单纯地应用国外模型（SWMM、STORM、MIKE-URBAN 等）或二次开发，也无法适应我国与各地区自身条件。因此，在进行研究与实践过程中首先要对各对象所处自然环境进行深度分析与评估，认识到不同地理区位的城市在气候、水文、土壤、地形地貌等方面存在显著差别。此外，要注意中国国情与各地区的情况、政策法规及社会人文需求等内容，并进行综合考虑，从而构建适应中国国情和地域性环境特征的相关研究与规划方法、技术手段及工程措施。

如青岛传统城市规划水利设施建设以“快排”为主，但青岛属于“缺水”城市，如果海绵城市规划设计能够结合青岛降水、气候条件，结合下垫面竖向信息设置复合海绵系统，发挥其“蓄、净、用”作用，可以提升青岛城市水资源的集约利用能力。另外，尤其应该警惕所谓的“通用”工程做法，如前所述不同城市、不同场地“天”“地”条件不一，即使同一城市海绵目标也是不同的，应制定在地化的海绵策略与工程措施。

# 第2章

# 因天地制宜的海绵城市原理

在全球气候变化加剧和快速城市化的大背景下，城市涉水问题已成为影响城市发展最为广泛的痛点之一，严重制约着生产生活和社会经济。海绵城市建设是基于我国基本国情所提出的关于城市涉水问题的前瞻性探索。

传统建设中，不同管理部门解决城市涉水问题的目标或方法相对单一，缺乏对城市水环境管理的多目标系统性的规划指导。如何周全地认识“天”和“地”对海绵城市建设的客观影响，进而统筹科学的“制宜”策略，是保障海绵城市建设可持续性的核心内容。多目标系统性的建设过程是保障人居环境生态品质的关键途径。在该过程中，需要以生态学和水文学原理为支撑，系统看待“天”“地”所作用于人居界面的自然机制，科学梳理海绵城市建设中的生态系统、行为环境以及空间形式之间的内在联系，并妥善调整可持续的环境模式和秩序，从而提升海绵设施的生态系统服务。

本章从“因天地制宜”的出发点提炼了海绵城市建设“系统性”“生态性”和“前瞻性”三大要点。在系统性中明晰了海绵城市建设的体系结构，在生态性中强调了城市水文过程的生态范畴，在前瞻性中提出了蓝绿灰耦合的建设思路。在海绵城市建设目标和机制研究中，梳理了包括水生态、水环境、水资源和水安全在内海绵城市建设目标，以及海绵城市建设现行的评价标准，并从“渗滞蓄净用排”和景观格局理论两个方面论述了海绵城市建设机制。最后在明确海绵城市建设的要点、目标和机制的系统原理基础上，就蓝绿灰耦合为主要途径的海绵城市建设进行了方法研究，明确了生态系统服务的内容，并从空间结构、布局和规模三个层面剖析了耦合关系，进而在空间规划中提出相应的空间优化和决策方法，可为城市蓝绿灰基础设施建设提供方法参照。

## 2.1 因天地制宜的海绵城市建设要点

研究气候降水和下垫面等地理要素和产汇流的作用机理，可为海绵城市的可持续建设提供依据。基于我国基本国情所提出的海绵城市建设是一项发展中国家对城市人居环境建设的系统性、生态性和前瞻性探索。在实践过程中，不仅会面临其他城市水管理模式所遇到的常规问题，同时还面临着快速城镇化所带来的显著风险。这也意味着对海绵城市建设在系统性、生态性和前瞻性等方面有着更高的要求。

### 2.1.1 系统性的海绵城市体系作为海绵城市建设的重要内容

#### 1. 基于系统思维的海绵城市建设模式

系统本身是由相互作用、相互依赖的若干组成部分所结合而成，并具有特定功能的有机整体。这一有机整体又是它所从属的更大系统的组成部分。城市系统是一个典型的具有复杂、开放、特殊属性的系统，而复杂性是这一系统的本质属性。

我国的城市涉水问题解决方案必须以整体性思维综合考虑城市本身的复杂性（周干峙，2009）。理想的海绵城市建设体系应当兼具封闭（保持自身特征）和开放（不中断与外界在物质信息能量领域的联系）特性。海绵城市建设的系统性，不应以实际存在的工程措施连接来体现，而应该着眼于各类措施间耦合工作的成效过程，探寻其相互依存、相互促进的不同模式，再从不同可能中找到系统的最佳稳态和有效的协同作用。

从城市涉水问题（水资源短缺、城市内涝频发、水质污染和水生态恶化等）的系统性出发（阁超成，2017），针对海绵城市建设的系统实施，需要就城区绿地和水系规划、土地开发模式、景观廊道和生态系统服务等所涉及的海绵要素进行系统分析，以流域水系为脉络，以山水林田湖草为自然基底，提出水污染控制工程、城市河道修复工程、城市内涝防治工程、绿色基础设施建设、海绵道路和社区建设等实施策略（戴丽，2016）。

在系统论引导下的海绵城市建设，利于“渗、滞、蓄、净、用、排”的海绵设施功能机制发挥作用，可响应城市发展中的生态、空间、功能、文化各层面内容，保证系统结构的整体性、连续性和动态稳定性。其强调资源均衡调配，统筹蓝绿灰基础设施建设并有效发挥子系统间的协同作用，可塑造具备弹性功能并提供多样生态系统服务的海绵城市系统（成玉宁，袁旸洋，2016；成实，成玉宁，2018）。

### 2. 海绵城市建设的系统诊断

基于系统思维的海绵城市建设，在规划和建设前期，须根据海绵城市涉水环境的基本问题进行系统诊断和识别。

#### （1）内涝积水诊断

通过调查分析城市内涝积水现状，建立城市雨洪模型，进行多种降雨情景模拟，分析不同量级暴雨情景下，特别是超标准降雨条件下城市雨洪积水的时空分布状况，模拟城市不同区域的积水深、积水历时，评价城市雨洪对城市生产生活的影响。

#### （2）产污积污诊断

通过现状调查和情景模拟，定量识别城市水污染中污染物的来源与负荷量，例如分析大气干湿沉降、合流制管网溢流、初雨冲刷等面源污染和生活、工业排污等点源污染的负荷量。

#### （3）雨水控用诊断

首先对城市缺水状态进行系统识别，分析雨水资源化利用的必要性和需求量；其次采用分布式城市水文模型进行连续模拟，得到不同年型（丰、平、枯、特枯水年）的城市雨水资源化供水潜力；最后进行不同年型城市需水量预测，分析雨水资源化供水量与需水量（社会经济和生态环境）之间的匹配性，包括时间、空间、水量和水质等方面的匹配性；分别从定性和定量两个方面识别城市对于雨水资源控制和利用的必要性及需求量。

### 3. 海绵城市建设的结构平衡

对于海绵城市建设的涉水问题，其根本解决出路在于实现片区和城市等不同尺度的结构平衡：一是涝水平衡，即水量下泄与分散滞流排放结构平衡；二是污水平衡，就是水污染物产生与削减结构平衡；三是用水平衡，指雨水资源控制与利用结构平衡（王浩 等，2017）。海绵城市建设三项结构平衡是质量守恒定律在城市水问题治理中的具体体现，它概括了城市水问题的本质特征，是进行城市水问题治理规划量化计算的基本遵循。

（1）涝水平衡

涝水平衡主要针对场次降雨尺度，指一定降雨量条件下，降雨量与内涝积水量、城市立体多层次蓄滞水量、河湖调蓄量及管网排出水量等水量之间的平衡。其数学表达式为：

$$P = S + I + L + D + E \tag{2-1}$$

式中：$P$ 为一定范围内的降雨量（$m^3$）；$S$ 为内涝积水量（$m^3$）；$I$ 为城市立体多层次蓄滞水量（含地下蓄滞）（$m^3$）；$L$ 为河湖调蓄量（$m^3$）；$D$ 为管网排出水量（$m^3$）；$E$ 为降水蒸发量（$m^3$）。

从式（2-1）可知，要减少城市雨洪内涝，就要通过有目的地提高 $I$、$L$、$D$、$E$ 四类水量，减少甚至消除 $S$ 类水量。

（2）污水平衡

污水平衡主要指城市多种途径和类型的污染物产生累积量与多种途径的减污纳污量相平衡。其数学表达式为：

$$D_w + I_w + S_w + P_w = N_C + GI_C + AT_C \tag{2-2}$$

式中：$D_w$ 为生活排污量（$m^3$）；$I_w$ 为工业排污量（$m^3$）；$S_w$ 为大气沉降污染物量（$m^3$）；$P_w$ 为降雨冲刷污染物量（$m^3$）；$N_C$ 为自然水体纳污容量（$m^3$）；$GI_C$ 为人工绿色基础设施纳污容量（$m^3$）；$AT_C$ 为人工污水处理设施净污容量（$m^3$）。式（2-2）左端各项为城市产污量，右端各项为城市纳污及净污容量。

想达到污水平衡的目的，就是要通过提高 $GI_C$、$AT_C$ 两种纳污及净污容量，使得产污量的累积始终不超过自然水体的纳污能力。产污量和净污量均可以通过产污积污诊断模拟得到，并通过设置不同量级的绿色基础设施和人工净水设施来调控整体平衡。必要时，还可以通过双向调控达到产污净污的整体平衡。

（3）用水平衡

用水平衡主要是指在城市一定区域内生态环境和社会经济用水量中的部分缺水量（能够由雨水资源化满足的部分）与城市雨水资源化控制量相平衡。其数学表达式为：

$$P_R = E_{wD} + S_{wD} \tag{2-3}$$

式中：$P_R$ 为城市雨水控制量（$m^3$）；$E_{wD}$ 为城市生态环境用水中的雨水资源需求量（$m^3$）；$S_{wD}$ 为城市社会经济用水中的雨水资源需求量（$m^3$）。式（2-3）左端为城市雨水资源化控制量，是指雨水工程控制的水量；右端为城市用水中的雨水资源需求量，是指可由雨水满足的部分水量。

要达到用水平衡，首先应对城市不同区域水资源和用水状况进行系统评价，评估城市雨水的工程可控制量，即城市雨水资源化潜力。根据对需求量和可供水量的现状与潜力的评估，通过双向调控，使城市一定区域内的雨水资源化需求量与工程控制量在时间、空间、水量和水质上相平衡。

**4. 海绵城市建设的基本途径**

海绵城市建设要实现上述三项结构平衡，应通过三条基本，分别是防涝体系建设、控污体系建设和雨水利用体系建设。海绵城市建设强调让自然做功，进行“拟自然”设计，发挥生态设施的作用，因此海绵城市建设的三条基本途径均强调生态优先原则（王浩 等，2017）。

（1）防涝体系建设

防涝体系建设遵循“源头控制、过程调节、末端排放”的总体思路。其中源头控制对应着海绵城市“六字诀”中的“渗、滞、蓄”三大类措施，即采用一系列源头控制措施将雨洪控制在源头，源头控制措施通常包括实施生态修复工程，增加自然植被对雨水的涵养能力，增设生态调蓄池、植草沟等生态调蓄设施，修复城市生态空间等，发挥自然和生态设施对雨水的调节作用，从而减少降雨径流量；过程调节则是指通过绿色基础设施、灰色基础设施和城市防洪排涝调度调节等各种方式，综合调节雨洪径流过程，错峰行洪，降低雨洪积水致灾程度；末端排放则是通过在新建城区提高排水管网设计标准，在老旧城区实施排水管网清淤改造，疏浚城市河湖水体，以及新建深隧和综合管廊调蓄等方式，整体提高城市末端排水能力，以减少地表积水深、积水历时和淹没范围。

（2）控污体系建设

控污体系建设遵循“源头减排、过程阻断、末端治理”的总体思路。具体到城市污水净化，主要有两类方法：一是自然生态系统净化，如城市各种自然水体、生态滞留池、植草沟和雨水花园等，通过植物和微生物等生理作用净化城市污水；二是人工污水处理系统净化，包括社区中水循环利用和城市集中污水处理厂处理等人工集中处理方式。在控污体系建设中，遵循生态优先的原则，在综合运用自然净化和人工净化后，使城市在整体上达到产污量和净化量的平衡，从而实现污染物的“零累积”。

（3）雨水利用体系建设

推进城市雨洪资源化利用，须建设完备的雨水利用体系，处理好雨水资源与用户需求在时间、空间、水量和水质上的匹配性；还应特别注意分质供水，按需用水，确保用水安全，提高雨水资源使用效率；雨水利用体系分为政策法规、工程设施和运维管理三方面内容。

海绵城市建设三条基本途径对应的具体措施及其关键要点或技术如表 2-1 所示。

海绵城市建设三条基本途径　　表 2-1

| 途径 | 措施 | 关键要点或技术 |
| --- | --- | --- |
| 防涝体系建设 | 源头控制 | 主要是加强“渗、滞、蓄”，源头管控降雨；关键技术措施有绿色屋顶、透水铺装、雨水花园、下沉式绿地等各种源头控制方式 |
| | 过程调节 | 主要有灰色设施调节、绿色设施调节和防洪排涝调度调节等；关键技术包括城市降雨实时预报、城市防洪排涝实时优化调度等 |
| | 末端排放 | 主要是排水能力建设，包括旧城区排水管网清淤改造、泵站设施建设，新建城区提高排水设施设计标准，以及深隧排水设施建设等方面 |
| 控污体系建设 | 源头减排 | 源头减排主要是减少污染源，包括关停并转高污染分散型小企业，改进生产工艺、调整经济结构等 |
| | 过程阻断 | 过程阻断主要是通过对污水进行集中收集、集中截污，切断污水向自然水体排放的通路，保证污水得到集中处理 |
| | 末端治理 | 末端治理主要是采用污水处理技术，对排入自然水体的污水进行处理，包括人工集中污水处理设施以及各种形式的蓝绿基础设施等 |
| 雨水利用体系建设 | 政策法规 | 包括一系列促进雨水资源收集的政策、法规、标准、体制及宣传措施等 |
| | 工程设施 | 包括一系列城市雨水资源收集装置，主要包括家庭雨水收集装置、市政雨水利用设施和城市雨水调蓄工程等 |
| | 运维管理 | 包括雨水水量水质在线监测系统、多源用水调控方法、雨水资源水价调节机制，以及高效的雨水供用管理队伍 |

## 2.1.2 生态性的城市水文过程作为海绵城市建设的关键出路

台风、暴雨、洪涝、干旱等城市涉水问题，增加了城市水文循环的压力。城市化的水文效应研究可以指导海绵城市建设水环境的保护工作，除了与城市水文学接轨，海绵城市的研究还应增加水文循环的生态性研究。从生态过程的角度出发，可以研究城市水文过程如何影响降雨径流以及河流、湖泊的洪水调节功能，从而提高水资源质量、城市的生态效益和生态系统保护功能，增强海绵城市的生态系统服务（赵银兵 等，2019）。

### 1. 强调城市水文过程的生态功能

城市水文学研究重点集中于水资源管理的问题，传统的水文调控过程使得海绵城市研究从水循环过程出发，研究水文特征关联性，探索水质演化规律，对洪涝灾害的发生进行监测和控制，制定有效的风险管理措施。强调生态水文调控方式则可填补水文分析中生态过程研究的空缺，研究生物过程和生态系统变化状况对降雨量、径流指数和蒸发量等水相关要素的影响，有助于海绵城市工程实施的科学化管理，最终实现城市淡水资源的可持续利用（表 2–2）（吕一河 等，2015）。生态水文调控与海绵城市建设的理念高度契合，可以缓解在实践中可能引发的过度工程化以及与生态系统脱节等问题，将有助于增强人居环境的生态稳定性（严登华 等，2008）。

### 2. 面向城市生态恢复的建设体系

2017 年住房和城乡建设部印发《关于加强生态修复城市修补工作的指导意见》，文件中提出了“生态修复”和“城市修补”，是指用生态的理念去修复城市中被破坏的自然环境、空间环境以及景观风貌等，最终达成治理城市病和改善人居环境质量的目的。海绵城市的建设过程可以看作是一个以最终促进城市生态结构升级和提升自我愈合能力为目的的改良、修补和更新城市环境的生态恢复过程（任海 等，2014）。城市水文过程的调节与平衡应当加大保护与恢复的比重，生态恢复尤其是生态水文恢复是一个新兴的研究热点。水文过程中受到干扰的城市生态系统具有一定的脆弱性，应首先对受影响的水环境进行恢复，再延伸至植被、土壤和生物群落的恢

**传统与生态水文调控比较**　　**表 2–2**

| 比较类型 | 传统水文调控 | 生态水文调控 |
| --- | --- | --- |
| 目标 | 维持水文循环过程，合理配置水资源，保护水敏感区域，实现水域环境的稳定和综合管理 | 达成水资源可持续利用，促进生态建设，寻找生态恢复的合理尺度，实现生物多样性、水质水量和生态系统需水的稳定关系 |
| 内容 | 研究水文特征关联性，探索水质演化规律，对洪涝灾害的发生进行监控和控制，通过模型进行下垫面分析，确定降雨量大小从而计算城市防洪和给排水管道标准 | 统筹考虑气候变化和人类活动给水文过程带来的综合效应，包括水文过程的生态机理分析，生态需水量估算、水体富营养化分析、植被覆盖情况分析、生态系统演变规律研究、土地利用和水库沉积变化分析等 |
| 途径 | 水文观测、水文预测、水文计算、水文模型等 | 水文观测、水文预测、水文计算、水 – 生态耦合模型、生态水文平衡要素测定、流域生态水文观测系统等 |

复，最后才能在技术措施排布以及人居环境规划设计上提高城市生态系统结构功能。

城市建成区是生态过程和水文过程耦合作用的敏感区域，水生态建设至关重要。城市水敏感区应该按类别实施差异化的管理措施和治理政策，有利于提升自然水的自我净化能力和城市洪水调蓄能力；应将生态修复和城市植被保护纳入现有的海绵城市规划建设中，将提高城市生态系统的抵御力与恢复力作为城市生态建设目标之一（Chidammodzi and Muhandiki，2017）；应注重城市及气候之间的关系，探索水文过程和城市生态格局之间的互馈效应，合理规划城市水文调控过程中的生态水文恢复，建立不同情景下的海绵城市技术方法，丰富城市海绵化建设的途径、单元和层次，以解决不同的现状问题。尤其是在洪水防御和调控方面，应掌握城市和区域的灾害历史和变化过程，升级研究工具和手段，总结分析多尺度的城市灾害应对经验，使城市在再次经历相同类型、相似量级的灾害时具有缓冲空间和承受能力，面对超出预计量级的灾害时具有一定修复能力，尽可能减轻社会经济损失；应构建城市不同量级和类型的海绵措施协同作用体系，保证在任一量级海绵措施受到洪涝侵袭时，城市生态系统能发挥效应实现一定程度的保留和修复。

海绵城市建设的生态恢复首先须重点关注生态保育指标，控制自然元素的空间占比。即使在土地资源紧张的高密度城市，也需要将足够的自然区域纳入生态控制线进行保育。一方面，最大限度地保护现有林地、草地、河流、湖泊、湿地、坑塘、沟渠等自然要素，尽量维持城市开发前后的水文状况；另一方面，也要科学确定生态保护红线、河道保护蓝线、公园绿地绿线、永久基本农田和城镇开发边界，形成依山傍水、林田共生、蓝绿交融的资源要素空间格局（张年国 等，2019）。通过护山、理水、造林、圩田、成湖等生态工程手段，建立通山达水的景观廊道，使得城镇开发在海绵城市建设中对环境敏感区和生态栖息地的扰动降至最低。

海绵城市应当是集水文稳定性、生态性和弹性为一体的综合发展模式，该模式扎根于国内外理论，将自然储水功能区与社会生活生产用水之间的动态取水排水过程视为完整的海绵城市系统中心，并围绕它展开各项技术措施开发、雨水资源化、水文过程模拟和水文保护与调控（图 2-1）。城市水资源管理以平衡蓄水和排水为目标，通过人工设置的各集水设施进行汇流运输自然水源，挖掘生态水文效应和生态潜力。为促进城市生态系统的

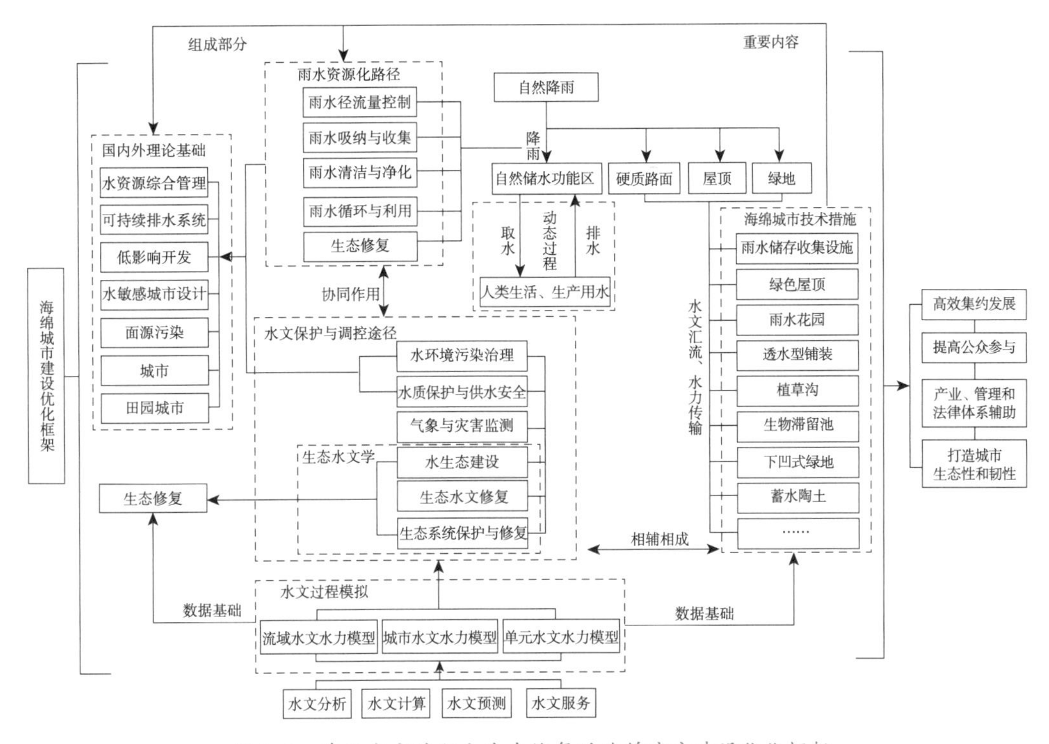


图 2-1　基于水文过程和生态恢复的海绵城市建设优化框架

保护和功能提升，需要以生态恢复作为重要的建设途径，以低影响开发核心理念契合各项技术性设施建设，以合理调控水文过程来实现水安全、水环境、水资源和水生态等关键目标，逐步完善流域生态恢复、植被生态恢复、生态系统修复等内容。

## 2.1.3　前瞻性的蓝绿灰耦合方法作为海绵城市建设有效途径

### 1. 蓝绿灰耦合的科学概念

城市基础设施是用于保证城市社会经济活动正常进行的公共服务体系，是维持城市生态系统功能稳定和发展的纽带，是社会赖以生存发展的一般物质条件。灰色和蓝绿基础设施是城市基础设施的不同表现形式。灰色基础设施是指传统意义上的市政基础设施，是以单一功能的市政工程为主导，由道路、桥梁、铁路、管道以及其他确保工业化经济正常运作所必需的公共设施所组成的网络。蓝绿基础设施是指一个相互联系的生态空间网络，由各种开敞空间和自然区域组成，包括绿道、湿地、雨水花园、森林、乡土植被等，这些要素组成一个相互联系、有机统一的网络系统。“网络结构”“线性连接”和“中心节点”是保障蓝绿基础设施功能发挥的基本结构特征；而多用途、多功能，包括游憩功能、环境功能、经济社会影响等，是蓝绿基础设施功能产生的影响结果（关洁茹，2018）。

城市生态耦合理论认为，耦合系统是一种依靠互相反馈完成正常功能的组织活动（黄光宇，陈勇，2002）。当两个或两个以上的子系统具有相似或相近的性质和功能时，那么在理论上子系统间具有或强或弱的互补趋势。协同灰色和蓝绿基础设施的“蓝绿灰耦合”的建设思路符合上述耦合特点。

“蓝绿灰耦合”是指蓝色、绿色和灰色基础设施进行协同建设的总括术语。虽然“蓝绿灰耦合”使用频率较低，但它在基础设施规划中结合了绿色（包括蓝色）网络和生态网络的概念。作为一个较新的术语，“蓝绿灰耦合”一般用于描述城市建成区水文过程的可持续性这一目标，以及围绕海绵城市建设所规划的蓝色、绿色和灰色基础设施网络的建设工作。

海绵城市建设与城市水文过程之间的关系不应当是简单地促进或削弱，而更应侧重于考虑灰色和蓝绿基础设施的系统性关联。而在蓝绿灰耦合过程中，应当侧重于蓝绿和灰色基础设施间耦合联动的沟通情况和动态机制，不能仅仅期待人工设施和自然组分在雨水管理领域作用的简单叠加。

### 2. 蓝绿灰耦合的建设表现

蓝绿灰耦合的建设应在以城市生态系统服务的核心目标基础上，协调城市建成区中绿地系统布局与水文效益，统筹城市水文响应单元，实现蓝绿灰基础设施系统管理。现阶段蓝绿灰耦合的海绵城市建设主要体现在以下方面：（1）保留本底、蓝绿加密；（2）蓄泄兼筹、防避结合；（3）水敏开发、弹性建设。

#### （1）保留本底、蓝绿加密

城市在开发建设初期主要以农业用地、林地、水域空间等生态用地为主，拥有天然“流域海绵”，水文调节能力良好。由于建设用地的急剧扩张，大量能够弹性应对暴雨事件的支流和坑塘被填埋，而保留下来的河道则被改造成下切的深渠，河流从易于亲近到人水疏远。“蓝绿灰耦合”的建设方法有助于实现土地利用、水环境、水循环的协调发展。城市水面率、河网密度和城市绿量直接关系城市安全与宜居程度，而高强度开发下往往使得上述指标较低，应结合生态保护区和城市绿地进行城市水系节点建设，对重点水域实施保育恢复。在有条件的区域可以通过水源工程、水系工程、景观水体工程、雨水设施工程、街区浅表排水工程来尽可能地提升城市蓝绿基础设施指标数值。

（2）蓄泄兼筹、防避结合

根据流域上、中、下游的不同水情，统筹构建蓄泄兼筹、防避结合的防御系统，以满足城市防洪、防潮、防涝等目标。在上游山区利用水库实现调蓄洪水、削减洪峰；在人口密集的中游区域采取防御工程与避险管理手段相结合的思路保障居民生命财产安全；在下游区域保证河道宽度及通畅度（Li 等，2019）。此外，还需针对基底情况各异的新旧城区采取不同的应对策略。在旧城区采取以防为主的传统围合式防御系统，加固原有堤防，通过泵站将内涝强排；在新城区强调弹性设计，采用开放的水网系统，构建自然本底的海绵体系，以进行水量滞蓄，实现排水和净化雨水的统一。同时采用雨污分流的排水体系，高标准建设雨水管网，合理布局行泄通道，使排水管渠可满足相关要求。加强水系连通性，建设由干水、支水、水库、湖泊、湿地所构成的“点、线、面”结合的区域水系网络，提高雨水调蓄能力。

（3）水敏开发、弹性建设

从土地开发模式来看，对水资源的调蓄和雨水径流的控制应上升到海绵城市建设的系统组成，包括用地空间立体建设、浅表流雨水排放设计、河滩地综合利用与弹性建设等建设思路上。在河滩地综合利用上，应识别和保留主干滩涂地，按照防洪规划要求构建行洪滩区，并构建可被淹没的亲水空间，供非行洪时段使用。新建城区通过优化地块竖向设计和堤路结合来满足防洪需求；老城区则通过河岸微地形塑造，打造隐形防洪堤。湖库保留和坑塘拓展是重要方式。河流沿线分布着大量与其相连的湖库，它们在拦截洪水、减轻洪水影响方面发挥着重要作用，应予以保留。同时，考虑到城市发展的需要，可在湖库保留区域内设置教育、文化等低排污公共设施，形成立体布局，保证空间复合利用与土地集约化发展。此外，在零散分布的公园绿地中拓展坑塘湿地等蓝绿基础设施，使其不仅能作为休闲游憩场地，还兼具雨水收集、调蓄、净化等功能，同时提升片区的水面率。此外，将新开的水道串联成为网络，可形成更为系统的区域海绵系统。

然而在实践过程中，现实情况的差异使得各类海绵城市建设所对应的措施及目标有所不同。平原、山地、高原的城市应当区别对待，结合各自地理状况和洪涝灾害历史合理解决城市雨洪灾害和雨水利用问题。对处于不同地理区位的城市在规划初期就应注意空间布局和功能协调，根据城市所在地区的地形地貌特征，分析用地性质，设置合理的技术措施，避免无序扩张。干旱地区重点需要保证饮用水水源保护区安全，加强水质监测，并将单一的工程治水转变为与生态治水相结合的方式。降雨充沛的洪涝频发地区应强化城市排水系统，实现高水高排及生态补水目标，提高城区的蓄洪和排洪能力。受水环境污染较严重的城市，重点解决面源污染问题，改善生态环境。生态本底良好的城市，可以构建水系廊道和生态廊道等自然生态空间格局（赵银兵 等，2019）。

## 2.2 海绵城市建设的目标和机制

在早期，海绵城市建设是依据低影响开发的概念进行推动的，但它并不仅仅只是对传统雨水管理的修正。海绵城市建设更多地受到各种城市水问题（如洪水泛滥和缺水）的影响，而不单只是受灰色基础设施涉及的问题所制约。随着海绵城市理念在地方层面的逐步实施，国务院协调三部委就相关建设，不断更新和完善具体的规划发展指导意见。住房和城乡建设部负责设计和发布相关指南和标准，以协助海绵城市建设项目的交付；财政部负责项目投资的分配和管理；水利部负责监测和指导实施项目；国家发展和改革委员会负责在区域和地方范围内解释国家政策和交付标准，并批准和评估相关建设的发展情况。

### 2.2.1 海绵城市建设的多元目标

《海绵城市建设指南》（以下简称《指南》）包含了规划控制、设计方法、工程标准、风险管理和维护制度等方面内容，所描述的海绵设施类型涵盖了雨水控制系统、道路排水系统、绿地空间等。此外，《指南》

还指出，海绵城市建设的地表径流排放还应遵循《室外排水设计标准》GB 50014—2021 的相关要求。其他相关的规范还包括《城市排水工程规划规范》GB 50318—2017、《城市防洪工程设计规范》GB/T 50805—2012。随着设计降雨标准的提升，新的城镇和开发区的防洪排涝能力将更接近于亚洲其他发达城市，如日本东京等。

为科学、全面表征海绵城市的理念和内涵，突出海绵城市的核心内容和主要构建途径，引导海绵城市建设实践，须明确海绵城市建设的关键性指标，合理制订相应目标值。2015 年 7 月住房和城乡建设部发布了《海绵城市建设绩效评价与考核办法（试行）》，该办法以《指南》为主要基础，共提出了六大类、18 项指标，包括水生态、水环境、水资源、水安全等方面，其中的主要指标包括：年径流总量控制率、污水再生利用率、城市暴雨内涝灾害防治率、雨水资源利用率、生态岸线恢复、地下水位等。

1. 水生态

考察海绵城市的本质内涵，应从城市涉水生态的基本问题出发，认识到海绵城市以水为核心的城市水生态综合治理理念，其具有多学科、多层次和多维度属性。基于该观点，针对城市内涝、城市水污染和城市缺水三类基本城市水生态问题，将海绵城市的本质内涵归结为 3 个方面。

（1）水量削峰

城市内涝的自然属性是大量降雨径流难以排除导致积水，社会属性是积水对生产生活产生影响而致灾。因此，要减少城市洪涝灾害影响，核心就是要减少城市内涝积水，削减洪峰流量，延缓雨洪过程，降低短时高速洪峰流量对人们生产生活造成的灾害性影响。

（2）水质污染

城市水污染是社会水循环与自然水循环不匹配而导致二者关系失衡的一种具体表现，即社会水循环中的产污量及产污速率超过了自然水循环中水体的纳污能力和净污速率，海绵城市通过对二者关系的双向系统调控促进城市水污染的减少。

（3）雨水利用

城市缺水是制约我国经济社会发展的重要瓶颈，海绵城市改变过去“快速排干”理念，将雨水视为资源，尽可能把更多的雨水留在当地，促进多种形式的雨水资源化利用，补充生态环境用水和社会经济用水。

上述 3 点海绵城市的本质内涵，是着眼于可操作层面的狭义上的内涵，包含海绵城市的主要表征特征。实质上，除以上 3 点以外，海绵城市实际上还应包含城市水生态修复与改善城市微气候等诸多方面，但这些方面基本可以隐式地包含或者伴随在以上 3 点中，城市水生态修复既是海绵城市建设的重要手段和原则，又是海绵城市建设的目标之一。

### 2. 水环境

解决城市水环境问题，要在合理的城市水功能区划的基础上实施污染源控制和污染水体修复两种方案。污染源控制是从减少污染物进入水体的角度来保障水生态系统的环境净化，主要包括工业点源治理、生活污水处理、初期降雨径流及其他面源污染物的收集控制等。污染水体修复技术大体可分为生态工程措施和生物工程措施。生态工程措施则包括 3 个方面：通过化学方法，向水体中投加化学药剂，杀灭藻类等易于引起富营养化的污染物；利用物理方法，通过机械除藻、清除底泥、引水稀释等方式降低水中污染物的浓度；应用生态方法建设生态岸坡、恢复河湖自然形态，以修复良性循环的水生态系统。生物工程措施大体可分为两类：一是种植水生植物或投放水生生物，通过生态系统的调节能力，逐渐将水生态系统恢复到未被破坏的状态；二是借助生物处理工程的作用，如生物廊道、生物模块、生物滤池、生物接触氧化、生物曝气等工艺，强化提高水生态系统的净化恢复能力。

城市水环境的保护和修复是海绵城市建设的重要目标之一。保护水环境，涉及高强度人类活动区水污染机理、水质运移规律和模拟、水污染处理、水生态修复和保护等，因此应高度重视城市水环境的研究工作，如研究海绵城市建设引起的水环境变化机理与水质模型、海绵城市建设的水环境效应、水环境调查和评价、污染物总量控制及其分配、水污染防治、水生态保护与修复、生态需水量计算与保障等。

### 3. 水资源

海绵城市建设的重要目标之一是解决城市水资源开发、利用和保护问题，涉及水资源的高效利用、有效保护等基础科学问题，因此应高度重视城市水资源的研究工作，如研究海绵城市建设引起的水资源变化规律与水系统模型、水资源高效利用途径、非常规水利用、人水和谐调控、水资源优化配置等。在海绵城市建设中须考虑水资源脆弱性的影响，结合气候适应性城市的思想，按照气候特征划分建设区域，基于区域气候风险、城市规模与功能进行分类指导，开展面向气候变化的影响评估和风险测评，并进一步针对不同领域划定指标并制定建设方案。

4. 水安全

城市水安全体系主要包括城市防洪排涝、供水及生态用水三个方面。城市防洪排涝安全体系是保障水生态系统维护和良性循环的基础，在建设防洪排涝安全体系时要充分考虑城市排水体系和内河排洪体系的耦合作用，并充分发挥洼陷结构在蓄洪调峰中的作用，以提高城市防洪排涝体系的安全性。城市供水安全体系是从城市居民生产、生活用水安全角度出发来考虑城市水生态系统稳定性的，主要包括居民生活用水安全、工业用水安全、城市公共事业用水安全等。生态用水安全体系是对城市水生态系统安全体系的季节性补充，它主要考虑水生态系统的最小生态需水量、内河水系需要的最低生态流速等，以保证枯水期城市的水生态系统也能维持良性循环。这三个体系构成了城市水安全体系。

### 2.2.2 海绵城市建设的评价标准

2018 年 12 月，住房和城乡建设部发布了《海绵城市建设评价标准》GB/T 51345—2018（以下简称《评价标准》），自 2019 年 8 月 1 日起实施。《评价标准》有助于指导海绵城市建设整体成效的评价工作，推动“蓝绿灰耦合”等绿色发展和生态文明理念的落地实施。海绵城市建设的评价应以城市建成区为评价对象，对建成区范围内的源头减排项目、排水分区及建成区整体的海绵效应进行评价。

海绵城市建设评价应对典型项目、管网、城市水体等进行监测，以不少于 1 年的连续监测数据为基础，结合现场检查、资料查阅和模型模拟进行综合评价。该评价标准从雨水年径流总量控制率及其径流体积控制、路面积水控制与内涝防治、城市水体环境质量、项目实施有效性、自然生态格局管控与城市水体生态岸线保护、地下水埋深变化趋势，以及城市热岛效应缓解等方面构建了评价指标体系。该标准的推出得以解决住房和城乡建设部在早期指导意见中遗漏的问题，例如，确定新建基础设施在雨水控制方面的有效性基准；提出了改进生态系统服务和生态保护的指导意见；强调了地下水环境的影响；减少城市热岛效应等。

1. 年径流总量控制率及径流体积控制

年径流总量控制率是指通过自然与人工强化的渗透、滞蓄、净化等方式控制城市下垫面的降雨径流，得到控制的年均降雨量与年均降雨总量的比值。设施径流体积控制规模核算应根据年径流总量控制率所对应的设计降雨量及汇水面积，采用“容积法”计算得到渗透、滞蓄、净化设施所需控制的径流体积。

《评价标准》中年径流总量控制率的考核要求与以往出台的技术规范基本保持一致，主要参照“我国年径流总量控制率分区图”；与以往不同的是，对于新建项目和改扩建项目在执行严格程度上区别对待，总体上对新建项目的要求严于改扩建项目。正常情况下要求新建项目及条件许可的改扩建项目不低于“我国年径流总量控制率分区图”所在区域规定下限值。对场地空间和竖向条件不具备、建设难度和投资较高的部分新建或改扩建项目，可根据具体项目条件，经技术经济分析综合后，确定项目的年径流控制目标；或依据海绵城市专项规划、控制性详细规划等确定。

年径流总量控制率可采用设施径流体积控制规模核算法、监测法、模型模拟法等进行评价。其中，设施径流体积控制规模核算法的计算较简便，无需对建设项目进行长时间监测或构建水力模型进行模拟计算，是最常用的评价方法。

设施径流体积控制规模核算法采用建设项目内各设施、无设施控制的各下垫面的年径流总量控制率，按包括设施自身面积在内的设施汇水面积、无设施控制的下垫面的占地面积加权平均。

$$\alpha=\frac{\Sigma\alpha_i\cdot A_i+\Sigma\alpha_j\cdot A_j}{\Sigma A_i+\Sigma A_j}\tag{2-4}$$

式中：$\alpha$ 为项目年径流总量控制率（%）；$\alpha_i$ 为有设施控制的下垫面 $i$ 的年径流总量控制率（%）；$\alpha_j$ 为无设施控制的下垫面 $j$ 的年径流总量控制率（%）；$A_i$ 为有设施控制的下垫面 $i$ 的面积（含设施面积）（$m^2$）；$\alpha_j$ 为无设施控制的下垫面 $j$ 的面积（$m^2$）。

对于无设施控制的不透水下垫面，其年径流总量控制率应为0；对于无设施控制的透水下垫面，应按设计降雨量为其初损后损值（即植物截留、洼蓄量、降雨过程中入渗量之和）获取年径流总量控制率，或按式（2–5）估算其年径流总量控制率：

$$\alpha=(1-\varphi)\times100\%\tag{2-5}$$

式中：$\alpha$ 为项目年径流总量控制率（%）；$\varphi$ 为径流系数。径流系数指年均外排总径流量与年均降雨总量的比值，即年径流系数。该数据缺乏时，可按国家标准《建筑与小区雨水控制及利用工程技术规范》GB 50400—2016 对不同下垫面类型的雨量径流系数的规定进行取值。

渗透、渗滤及滞蓄设施的径流体积控制规模应按下列公式计算：

$$V_{in} = V_s + W_{in} \quad (2\text{-}6)$$

$$W_{in} = KJAt_s \quad (2\text{-}7)$$

式中：$V_{in}$ 指渗透、渗滤及滞蓄设施的径流体积控制规模（$m^3$）；$V_s$ 指设施有效滞蓄容积（$m^3$）；$W_{in}$ 指渗透于渗滤设施降雨过程中的入渗量（$m^3$）；$K$ 为土壤或人工介质的饱和渗透系数（m/h）；$J$ 为水力坡度，一般取 1；$A$ 为有效渗透面积（$m^2$）；$t_s$ 为降雨过程中的入渗历时（h）。

延时调节设施的径流体积控制规模按下列公式计算：

$$V_{ed} = V_s + W_{ed} \quad (2\text{-}8)$$

$$W_{ed} = (V_s/T_d)\ t_p \quad (2\text{-}9)$$

式中：$V_{ed}$ 指延时调节设施的径流体积控制规模（$m^3$）；$W_{ed}$ 为延时调节设施降雨过程中的排放量（$m^3$）；$T_d$ 为设计排空时间（h），根据设计悬浮物（SS）去除能力所需停留时间确定；$t_p$ 为降雨过程的排放历时（h）。

### 2. 源头减排项目实施有效性

源头减排项目实施有效性主要针对城市建成区中的建筑小区，道路、停车场及广场，公园与防护绿地三类源头管理项目。

#### （1）建筑小区

建筑小区项目实施有效性评价涉及四项指标：年径流总量控制率及径流体积控制、径流污染控制、径流峰值控制、硬化地面率。

径流污染控制的考核要求与以往出台的技术规范相比更明确和清晰，明确以悬浮物作为年径流污染控制的计算指标，并提出具体的年径流污染物总量削减率的数值要求。由于降雨径流污染的成分较复杂，而悬浮物往往与其他污染物指标具有一定的相关性，故可用悬浮物作为径流污染物控制指标。

悬浮物总量削减率与下垫面降雨径流的悬浮物浓度本底值、初期冲刷（初期雨水）现象是否显著、设施悬浮物浓度去除能力等相关。我国降雨径流的悬浮物浓度普遍较高，且源头下垫面的初期冲刷现象往往较管网末端明显，初期雨水中携带的悬浮物可被源头减排设施有效处理，故源头减排设施对降雨径流的年悬浮物总量削减率一般较高。《海绵城市建设技术指南——低影响开发雨水系统构建（试行）》中采用年径流总量控制率与设施悬浮物去除率的乘积粗略计算年悬浮物总量削减率，该方法未考虑初期冲刷等因素对悬浮物总量削减率的影响，计算结果较实际往往偏小。各地可通过监测获取现场降雨事件条件下城市各类用地或不同下垫面的悬浮物浓度与径流流量随降雨量的变化曲线，估算不同降雨量下悬浮物的场降雨平均浓度，进而根据径流体积控制设施的悬浮物浓度去除率，估算一定年径流总量控制率下的年悬浮物总量削减率。

径流峰值流量控制是指通过自然与人工强化的渗透、滞蓄、净化等方式控制城市建设下垫面的降雨径流及外排径流瞬间流量的最大值。传统城市开发建设模式因不透水下垫面的过度增长和依赖管网进行排水的单一做法，导致城区径流系数的明显增大和汇流时间的显著减小。因此，在相同的降水条件下，城区洪峰会出现提前和流量增加现象。通过海绵城市建设，可恢复海绵体对降雨径流的渗、滞、蓄等功能，增强海绵效应，削减外排径流峰值流量，减轻下游排水管道压力，提高城市排水防涝安全。

在雨水管渠及内涝防治设计重现期下，新建项目外排径流峰值径流不宜超过开发建设前原有径流峰值流量，改扩建项目外排径流峰值径流不得超过更新改造前原有径流峰值流量。径流峰值控制的考核要求与以往出台的技术规范相比更明确和清晰，明确了径流峰值控制的情景条件，径流峰值以雨水管渠及内涝防治设计重现期为比对情景。

（2）道路、停车场及广场

道路应按照规划设计要求进行径流污染控制，对具有防涝行泄通道功能的道路，应保障其排水行泄功能。道路、停车场及广场的硬质铺装较多，是快速形成降雨径流，导致排水集中、内涝和径流污染的重要区域。因此应通过海绵城市建设措施控制径流体积、峰值流量和径流污染，减轻对城市生态和环境的影响。对于新建项目，应采用物理、生态处理等多种方式控制道路、停车场及广场降雨径流，对于改扩建项目，可参考新建项目要求控制降雨径流。尽管径流污染控制和径流峰值控制标准同建筑小区一致，但道路、停车场等径流污染相对严重的不透水下垫面等是径流污染控制的重点。当通过控制径流体积难以控制径流污染时，可采取除砂、土工织物截污等方式控制径流污染。

（3）公园与防护绿地

新建、改扩建公园与防护绿地项目的规划设计，在不损害或降低绿地的休憩、应急避难等主体功能的基础上，通过接纳周边客水，协同解决区域积水和洪涝、径流污染和合流制溢流污染等问题，发挥公园与防护绿地的径流控制、蓄洪滞洪等功能。实践中，公园与防护绿地的规模、竖向条件、主体功能等差异较大，难以全面要求其接纳周边客水，故提出应按照规划设计要求接纳周边区域降雨径流。

### 3. 路面积水控制与内涝防治

通过源头减排能够达到削减降雨径流峰值流量和错峰的效果，以缓解城市排水防涝压力，同时可利用山水林田湖草格局管控、竖向控制、超标降雨径流控制系统构建的协同作用缓解内涝压力。

通过海绵城市建设、蓝绿和灰色基础设施的系统措施手段，城市雨水排放及内涝防治工程系统可达到现行国家标准《室外排水设计标准》GB 50014—2021 与《城镇内涝防治技术规范》GB 51222—2017 的规定要求，有效应对城市积水防涝问题。

### 4. 城市水体环境质量

雨水径流污染、分流制雨污混接污染及合流制溢流污染是城市水体污染的主要污染源之一。通过海绵城市建设措施控制降雨径流，一方面可以缓解径流污染、分流制雨污混接污染、合流制溢流污染控制的压力，另一方面也有利于从源头解决混接、合流管网雨污分流难的问题。

黑臭水体治理的技术路线：控源截污、内源治理、生态修复、活水保质。海绵城市建设在控制径流污染与溢流污染、岸线生态修复与末端水质净化、活水保质等方面都能发挥其应有的作用。

雨天分流制雨污混接排放口和合流制溢流排放口的年溢流体积控制率指多年通过混接改造、截留、调蓄、处理等措施削减或收集处理的雨天溢流雨污水体积与总溢流体积的比值。其中，调蓄设施包括生物滞留设施、雨水塘、调蓄池等；处理设施指末端污染污水处理厂和溢流处理站，处理工艺包括“一级处理 + 消毒”“一级处理 + 过滤 + 消毒”“沉淀 + 人工湿地”以及污水处理厂全过程处理等。

### 5. 自然生态格局管控与水体生态岸线保护

按照现行国家标准《城市水系规划规范（2016 年版）》GB 50513—2009 的规定，生态性岸线指为保护生态环境而保留的自然岸线或经过生态修复后具备自然特征的岸线。水体生态修复包括生态基流恢复、生物多样性恢复及其生境营造等复杂的内容，是水体生态修复中的重要内容之一。

### 6. 地下水埋深变化

城市不透水铺装切断了雨水入渗通道，雨水下渗量减少，地下水补给减少，导致地下水位下降。海绵城市建设可使径流雨水充分回补地下或经处理后回补河道，维系河道基流。

7. 城市热岛环境效益

城市热岛效应形成的主要因素包括城市硬化下垫面的增加与自然植被的减少、机动车尾气排放等人类活动产生的热排放、区域气候变化的影响等。海绵城市建设通过增加可渗透地面与自然植被等径流控制措施，修复自然水文循环，对缓解城市热岛效应有重要作用。尽管海绵城市建设引导在城市开发过程中更好地保护了自然植被，增加了可渗透下垫面，可有效缓解城市热岛效应，但仍受到其他因素的综合影响。

### 2.2.3 海绵城市建设的机制

《国务院办公厅关于推进海绵城市建设的指导意见》(国办发〔2015〕75 号以下简称《指导意见》) 指出海绵城市建设是通过加强城市规划建设管理，充分发挥建筑、道路和绿地、水系等生态系统对雨水的吸纳和滞蓄作用，有效控制雨水径流，实现自然积存、自然渗透、自然净化的城市发展方式。主要建设思路为保护城市原有的河流、湖泊、湿地、坑塘、沟渠等生态敏感区，发挥其海绵功能，利用天然植被、土壤、微生物等治理水环境，再结合蓝绿基础设施和低影响开发技术，逐步恢复被破坏的城市生态系统。主要技术以“渗、滞、蓄、净、用、排”等六大要素来实现，分收集水、蓄水和用水三大措施。涉水环境的保护与修复措施包括从宏观尺度开始，识别生态斑块，构建生态廊道，加强斑块之间的联系，形成网络化，并划定蓝线与绿线，进行水生态环境修复；对微观的城市道路、城市绿地、城市水系，居住区及具体建筑，要采取强制性手段保护生态斑块，维持其自身的调蓄能力，加强源头控制，形成不同尺度的生态海绵措施（成玉宁，谢明坤，2017）。这些过程是在城市总体规划、控制性详细规划和专项规划等不同层次的城市规划区海绵城市建设中实现的。

1. 渗、滞、蓄、净、用、排

《指导意见》中提出“综合采取‘渗、滞、蓄、净、用、排’等措施，最大限度地减少城市开发建设对生态环境的影响，将 70% 的降雨就地消纳和利用。到 2020 年，城市建成区 20% 以上的面积达到目标要求；到 2030 年，城市建成区 80% 以上的面积达到目标要求”。

“渗”措施，包括透水铺装、绿色屋顶、下沉式绿地、生物滞留池、渗透塘等，既可减少地表径流，也可涵养地下水、缓解面源污染和改善城市微气候。根据“渗”措施的技术特征，地下水位及土壤渗透性直接影响着“渗”措施的应用。城市建设条件、建设阶段和建设密度影响着措施落实的难易，绿地要素反映了地块中可采用“渗”措施的空间，场地坡度较小有利于“渗”措施的效能发挥，地块下垫面情况影响着该地块“渗”措施适宜应用的比例，区域水体环境较差建议采用“渗”措施对雨水水质进行净化后排入水体。

“滞、蓄”措施，包括湿塘、雨水湿地、蓄水池、雨水罐、调节塘等，通过微地形调节，使降雨得到自然散落，用空间换时间，达到调蓄和错峰的目的。根据“滞、蓄”措施的技术特征，绿地要素影响措施的布置应用及规模；建设密度反映了地块对“滞、蓄”措施的应用需求和空间问题；建设阶段影响着海绵化改造的难易程度；“滞、蓄”措施具有初期雨水净化功能，区域水体水质污染情况影响着措施的使用倾向；海绵措施在建设过程会进行结构层的改造，所以地下水水位和土壤渗透性影响较小；另外，海绵方案设计时会对场地进行竖向设计，所以场地坡度对该措施的影响较小。

“净”措施，包括植被缓冲带、初期弃流装置、人工土壤渗滤等，通过生物滞留池、雨水湿地等的设计，强化对地块内雨水的净化作用。“净”措施的应用，改建区域应以区域水环境问题为导向，新建区以目标为导向。当然，根据“净”措施的技术特征，还可结合“滞、蓄”措施进行布设，达到雨水净化的作用，与绿地要素和下垫面具有相关性。区域水体水质情况直接影响着水环境目标与需求；建设密度影响地块“净”措施的应用需求和空间；建设阶段影响海绵化改造的难易程度；同样，海绵措施在建设过程中会带有结构层的改造以及竖向调整，所以地下水水位、土壤渗透性和场地坡度对“净”措施方式的选择影响不大。

“用、排”措施要求对来自不同下垫面的雨水进行分级处理，通过检测其污染物含量以制定相应的雨水利用策略。例如，来自屋顶的雨水污染物含量相对较少，可通过简单的沉淀处理之后用于马桶冲洗和植物灌溉；来自机动车道的雨水则需要集中的污水处理单元分级处理。净化后的雨水可用于绿地灌溉、补充河湖水系、回灌地下水等。优化海绵城市水资源管理系统的目的在于提高城市对于极端天气的适应能力和水资源利用率。良好的水资源管理系统可以分担城市防洪排涝的工作压力，提高城市适应环境的能力。对于降雨集中且量大的城市，为避免出现严重的内涝问题，必须要做好水资源管理的系统设计，在提高径流传输有效性的同时，确保水资源的有效供给。城市蓝绿系统有着良好的自我调节与适应能力，可作为海绵城市的重要传递中枢，实现旱涝兼治的功能，使城市水文过程保持良好的运作模式。

海绵城市建设强调综合目标的实现，注重通过机制建设、规划统领、设计落实、建设运行管理等全过程、多专业协调与管控，利用城市绿地、水系等自然空间，优先通过绿色雨水基础设施，并结合灰色雨水基础设施，统筹应用“渗、蓄、滞、净、用、排”等手段，实现多重径流雨水控制目标，恢复城市良性水文循环（王文亮 等，2015）。

**2. 基于景观格局的海绵城市建设途径**

（1）景观格局和过程

基于景观生态学的格局和过程的概念，从空间与时间相结合的角度，提出海绵城市建设体系的构成要素。生态学中的“过程”是指生态事件或现象的发生过程，强调过程中的动态特征。“格局”是指空间格局，包括生态景观组成单元的类型、数目以及空间分布与配置。从过程与格局的概念向海绵城市建设延伸，系统整合城市生态安全格局和蓝绿基础设施格局，是基于景观格局的海绵城市建设思路。

从过程的角度探索海绵城市建设的水文体系完整性和健康性，应尊重自然水文循环中的过程关系。然而当前城镇化进程对水循环过程造成了大幅改变，因此，模拟自然水文循环过程的比重是海绵城市建设的关键。

海绵城市的景观格局涉及大规模水源、水资源保护区、主干河流水库及湿地、地质灾害敏感区、水土流失高敏地区、自然保护区、基本农田集中区、维护生态系统完整性的生态廊道和隔离绿地、森林公园、郊野公园、坡度大的山地和其他水生态敏感区域等。以景观生态学中的“斑块—廊道—基质”系统作为理论基础，将景观格局中相关要素按照功能关系进行分类，形成完整有效的海绵城市建设思路。一般而言，基质中的雨水经由源头管理的蓝绿基础设施吸收后经由廊道排入调蓄斑块中，各斑块也通过廊道相互连接，形成海绵网络，增加雨水调蓄设施的区域协调作用（图 2-2）。各个类型的雨水调蓄设施也应按照作用大小进行等级划分，并与相关功能匹配。

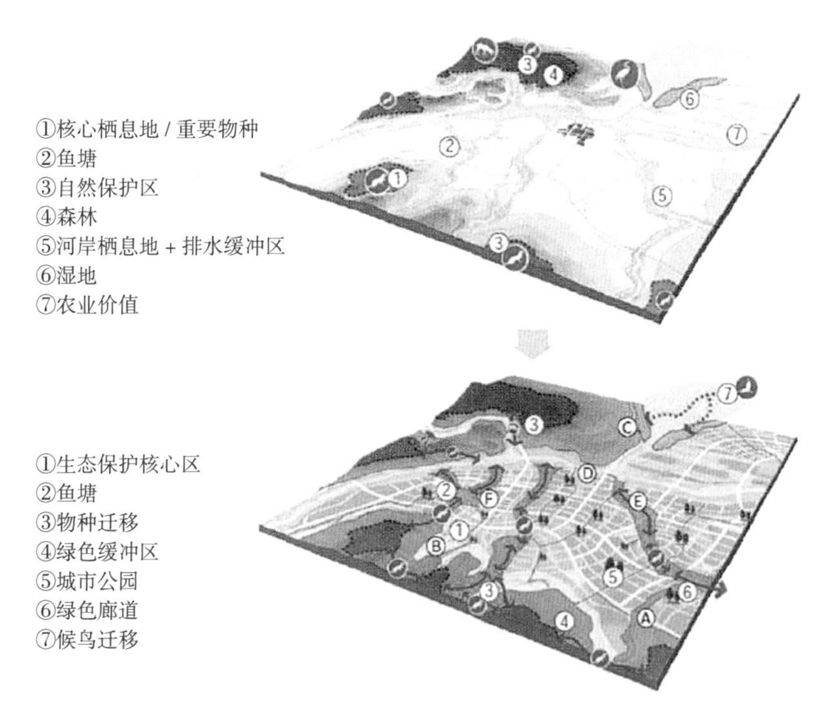


图 2-2　海绵城市景观格局规划

图片来源：仇保兴 . 海绵城市（LID）的内涵、途径与展望 [J]. 建设科技，2015（7）：11-18.

（2）斑块、廊道、基质

1）斑块

斑块是景观格局的基本组成单元，是指不同于周围背景的、相对均质的非线性区域。自然界各种等级系统都普遍存在时间和空间的斑块化。它反映了系统内部和系统间的相似性或相异性。不同斑块的大小、形状、边界性质以及斑块的距离等空间分布特征构成了不同的生态带，形成了生态系统的差异，调节着生态过程。

点状分布的湿地和水源涵养区是调蓄雨水流量、涵养水源的重要生态单元。湿地作为城市水文系统蓄水、净水的主要实体，承担蓄滞洪水、调节水量、改善城市气候的重要作用，应将水体与周边绿地结合形成调蓄能力强的湿地公园，采用适应本地水文条件的生物物种，增强湿地的生态系统服务功能。除湿地以外，城市中还能起到调蓄作用的斑块包括绿地、林地，以及城郊的农田原野、水源涵养区等。按照功能类型，大型的绿色斑块可以分为自然保护区、重要的生物栖息地、自然遗产及景观资源分布区、风景名胜区、水资源保护区等。这些斑块同时也具备生态学斑块的性质，内部并不是单一均质的类型，而是呈多功能混合交融的状态。对地表水文状态能够产生重大影响的斑块均须纳入海绵网络的斑块体系，需要加以识别并严格保护。

2）廊道

景观生态学中的廊道是指不同于周围景观基质的线状或带状景观要素。城市景观廊道可作为城市生态系统的骨架，以保证城乡自然景观的完整和连续，强化绿地与水系的纽带作用，增强了自然景观对城市生态健康的维护力。城市景观廊道的建设与蓝绿基础设施体系可高度融合，即将生态学中的结构与功能关系同地理学中的人地关系相互作用有机融合。

城市景观廊道的建构或是以河流为自然生态骨架的河流廊道，或是以道路为城市空间骨架的绿道。相较于绿道，河流廊道通过水系串联形成绿网，并参与城市地表径流调蓄的过程中，以强化自然积存、渗透与净化。对生态廊道的保护首先应划定蓝线与绿线，保护重要的河流水系及其绿化缓冲带，维持其雨水输送功能。同时，加强河流生态环境的修复，通过截污、底泥疏浚、生态砌岸和培育水生物种等技术手段，增强河流的通行能力和水质自净能力，形成功能完整的蓝绿系统。基于景观廊道的海绵城市建设在城市生态网络构建中可发挥更为多样的生态系统服务，同时也比单一的绿道或水系建设在应对极端暴雨事件中表现出更大的弹性。

3）基质

基质是景观生态中出现得最广泛的部分，而各种廊道和斑块镶嵌于其中。因此，基质通常具有比斑块和廊道更高的连续性，许多生态体系的总体动态常常受基质支配。

完整合理的水文生态格局要求城市建设用地采用低影响模式进行开发，须提出各地块的低影响开发控制指标，将水量、水质控制的相关要求落实到每一个地块。采用雨水花园、绿化屋顶、下沉式绿地等低影响设施将雨水截留在地块内部，不对外部雨水管网产生额外压力，从而构建水敏感的城市建设用地基质，缓解城市内涝灾害。

（3）景观格局分析

景观生态学中主要对景观的格局、功能和动态三大特征进行研究，其中景观空间格局研究是基础内容，景观空间格局分析方法可以用来进行景观空间结构和组成特征研究，并对空间配置关系进行分析，它不仅含有较为传统的统计学方法，而且也具有一些解决特定空间分析问题的新方法（唐强，闫红伟，2012）。一般又通过以下几个步骤对景观空间格局进行分析：①收集和处理相关数据（如野外测量和遥感图像分析等）；②景观特征数字化操作，并选用适当的景观格局分析方法进行分析；③对分析结果加以解释和综合评价（邬建国，2000）。其中，景观格局分析方法分为景观格局模型分析和景观空间格局指数分析这两类，主要的统计分析工具有Fragstats辅助软件、各类景观模型以及生态学、地统计学公式等。为建立景观空间结构与生态功能发挥过程的相互作用关系，这些数量统计和分析研究方法为景观格局变化预测提供了有效的辅助作用。

景观格局指数是反映景观结构组成和空间配置特征的定量指标，可用于描述景观格局对生态过程的影响。景观格局指数主要分为两类，即景观单元特征指数以及景观整体特征指数。景观单元特征指数是用于描述单一类型要素斑块特征的指标，包括面积、周长和数量等特征；景观整体特征指数则是对总体景观要素或单一景观要素的总体特征进行描述的指数，分为4种类型：多样性指数（Diversity Index）、距离指数（Distance Index）、镶嵌度指数（Patchiness Index）以及生境破碎化指数（Habitat Fragmentation Index）。通过这些景观指数，可以定量地对景观空间格局进行描述和判断，研究不同景观类型的空间结构、生态功能和物质能量流动过程的异同。此外，景观格局指数的分析尺度分为3种，即斑块尺度（Patch Metrics）、类型尺度（Class Metrics）和景观整体尺度（Landscape Metrics），各类景观格局指标均可在不同尺度中进行计算，所表达出的景观生态意义也有所区别（关洁茹，2018）。

随着景观生态学理论和应用的不断发展，景观格局指数的种类数量庞大，表达的生态含义也丰富多样。在本研究中，针对城市绿色基础设施网络结构的分析目标，选取斑块数量指数、斑块面积指数、斑块平均面积指数、均匀度指数和连接度指数这5类指数进行计算、统计和分析：

1）斑块数量指数（Number of Patches）：从图形上直接计算统计得出，包括了单一景观要素类型的斑块数量和整体景观的斑块数量，可以解释各类景观要素和整体景观被分割的程度，斑块数量越大说明景观被分割的程度越高。

2）斑块面积指数（Patch Area）：从图形上直接统计计算得出，揭示景观的完整性，最大和最小面积的景观生态类型分别表示了不同的生态意义。

3）斑块平均面积（Average Patch Area）：这个指标在一定意义上揭示了景观的破碎化程度。整体或单一类型的斑块平均面积越大，代表破碎化程度越低。就城市绿色基础设施雨洪管理功能发挥而言，斑块平均面积越大，破碎度越低，雨洪管理功能的发挥的整体性和连贯性越好。

4）均匀度指数（Shannon's Evenness Index）：该指数描述景观中各景观要素类型的分配均匀程度，计算是在各斑块类型中，每一个斑块类型的比例的丰度乘以这个比例，再除以斑块的数量的对数，取值在 0 至 1 之间，取值越接近 1，表明景观中该斑块类型的分配越均匀。该指数计算的具体数值没有解释意义，是用于不同景观要素类型的比较。就城市绿色基础设施雨洪管理功能发挥而言，斑块均匀度指数越高，表示雨洪管理功能的平衡性越好，产生积极效益的影响区域越大。

5）连接度指数（Connectance Index）：该指数属于距离指数的一种，在类型或景观尺度中用来描述景观中同类要素的斑块联系程度。指数值等于相同类型所有斑块之间的功能连接，除以总的相同类型所有斑块之间可能的功能连接，指数值为 0~100%，当指数等于 0，表明在某一个斑块的搜索半径内没有其他斑块相联系；当取值大于 0 且数值越大时，表明景观中斑块类型的联系程度和聚集程度越高，生态功能的发挥越连贯集中。该指数计算的具体数值没有解释意义，是用于不同景观要素类型进行比较。就城市绿色基础设施雨洪管理功能发挥而言，斑块连接度指数值越大，功能的发挥越连贯和高效。基于景观格局理论的海绵城市建设重点在于蓝绿基础设计的结构特性，包括完整性、连贯性和平衡性等。通过对城市蓝绿基础设施的用地类型进行“廊道—斑块—基质”的景观生态学定义和识别，并且选取相应的景观空间格局指标进行计算，能够建立海绵城市的景观空间格局特征与城市水文过程的可持续性联系。

（4）基于景观格局的规划思路

基于景观格局的海绵城市建设规划思路重点关注水敏感和风险地区的保护。景观格局理论可为海绵城市建设提供方法参照（图 2–3）。

①海绵基底识别

识别城市山、水、林、田、湖等生态本底条件，研究核心生态资源的生态价值、空间分布和保护需求。景观格局是反映景观结构组成和空间配置特征的定量指标。海绵基底的结构关系与作用机制可依据相应的空间格局分析方法进行相关分析。通过利用高分辨率遥感影像图，结合土地权属、土地审批等信息，识别对水源保护、洪涝调蓄和水质管理等功能至关重要的景观要素和空间位置，借助景观指数法及空间统计法分析海绵系统的组成、类型、空间分布总体特征。

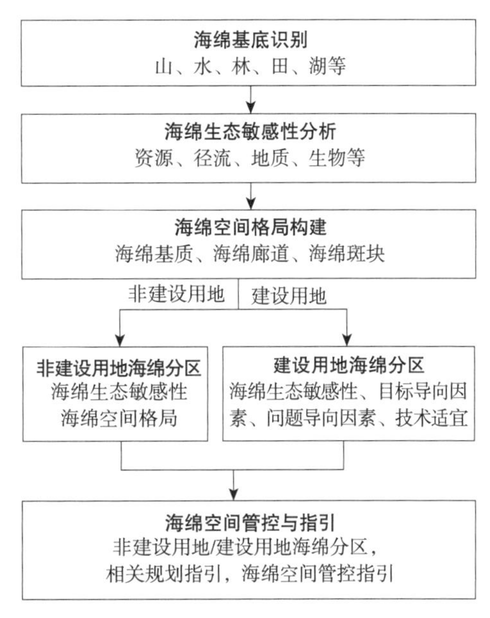

图 2-3　基于景观格局的海绵城市建设规划流程

②海绵生态敏感性分析

海绵生态敏感性是区域生态中与水紧密相关的生态要素综合作用下的结果，涉及河流湖泊、森林绿地等现有资源的保护、潜在径流路径和蓄水地区管控、洪涝和地质灾害等风险预防、生物栖息及环境服务等功能的修复等。具体的因子可包括：河流、湿地、水源地、易涝区、径流路径、排水分区、高程、坡度和各类地质灾害分布、植被分布、土地利用类型、生物栖息地分布及迁徙廊道等。

在海绵生态敏感性分析中，采用层次分析法和专家打分法，给各敏感因子赋权重，通过地理信息系统进行空间叠加，得到海绵生态敏感性综合评价结果；并将其划分为高敏感区、较高敏感区、一般敏感区、较低敏感区和低敏感区。

此外，在基底数据与水文模型相结合的模型基础上，分析两者的相互关系和所产生的水文效益，对海绵措施进行生态环境承载力、生态服务功能和生态安全格局综合评估。

③海绵空间格局构建

运用景观生态学的“斑块—廊道—基质”的景观结构分析法，结合城市海绵生态安全格局、水系格局和绿地格局，构建“海绵基质—海绵斑块—海绵廊道”的空间结构。海绵基质是以区域大面积自然生态空间为核心的山水基质，在城市生态系统中承担着重要的生态涵养功能，是整个城市和区域的海绵主体和城市的生态底线。海绵斑块由城市绿地和湿地组成，对城市微气候和水环境的改善有一定作用。海绵廊道包括水系廊道和绿色生态廊道，是主要的雨水行泄通道，起到控制水土流失、保障水质、消除噪声、净化空气等环境服务功能，同时提供游憩休闲场所。

海绵空间的格局应按照“生态优先、系统完整、分级保护、动态优化”的原则，与区域水生态安全格局控制相协调，强化对自然山林、水体和湿地等水生态空间的保护与管控，明确城市水生态安全底线区域，形成界限清晰、结构合理、网络布局、永久保持的蓝绿和灰色基础设施系统，切实保障城市水生态安全。

④海绵城市建设技术的用地适宜性评价

综合考虑地下水位、土壤渗透性、地质风险等因素，基于经济可行、技术合理的原则，评价适用于城市的海绵技术库。可将规划区分为海绵城市建设技术普适区、海绵城市建设技术有条件适用区、海绵城市建设技术限定条件使用区等，其中海绵城市建设技术普适区可以采用所有海绵城市建设技术，海绵城市建设技术有条件适用区有部分技术不适用，海绵城市建设技术限定条件使用区仅考虑特定的一种技术或不适宜采取任何一种技术。

⑤海绵城市建设分区与指引

规划加强区域水安全的统筹能力，协调上游地区经济发展与水生态环境保护的关系，对威胁水生态安全的企业进行严格控制，严防上游地区水源的污染影响下游地区用水安全；结合蓝绿基础设施推进绿色生态水系工程建设，突破传统以截洪沟、截洪隧洞建设为主的快排模式，开展流域综合治理。针对受山洪威胁、集雨面积大的上游地区，建设水库、山塘等滞蓄设施，实现雨水自然积存，中下游地区利用湖泊、湿地等调蓄来水，实现对雨洪资源的利用；重视河湖水域与周边生态系统的有机联系，通过逐步改造渠化河道、恢复已覆盖的水体开展生态修复，建立丰富的物种群落，提高生物多样性。

根据城市总体规划对于建设用地、非建设用地的划分，将海绵建设分区分为非建设用地分区和建设用地分区两大类。在非建设用地海绵分区中，综合考虑城市海绵生态敏感性和空间格局，采用预先占有土地的方法将其在空间上进行叠加，根据海绵生态敏感性的高低、基质—斑块—廊道的重要性逐步叠入非建设用地，一直到综合显示所有非建设用地海绵生态的价值。在建设用地海绵分区中，综合考虑城市海绵生态敏感性、目标导向因素（新建/更新地区、重点地区等）、问题导向因素（黑臭水体涉及流域、内涝风险区、地下水漏斗区等）和海绵技术适宜性，采用预先占有土地的方法将其在空间上进行逐步叠加，一直到形成综合显示所有海绵建设的可行性、紧迫性等建设价值的分区。根据非建设用地海绵分区、建设用地海绵分区的特点及相关规划、相关空间管制的要求等，制订各海绵分区的管控指引。

# 2.3　蓝绿灰耦合的海绵城市规划设计方法

海绵城市建设中的“蓝绿灰耦合”的建设思路源于应对中国城市发展进程中土地利用的快速转型和气候变化的不良影响，其概念的出现反映了从传统方法到水资源管理的认识转变，强调自然景观的保留和塑造，以提供具有弹性的城市空间和适应性措施。

“蓝绿灰耦合”的建设理念降低了对灰色基础设施的高度依赖。因此，“蓝绿灰耦合”的空间规划与传统规划明显不同。传统规划过去高度依赖于灰色基础设施，如街道、污水和排水系统以及公用事业管线。“蓝绿灰耦合”强调将蓝色和绿色基础设施纳入现有土地使用中统筹考虑，从而有效地减少不透水表面，在人工和自然元素间达到动态平衡。“蓝绿灰耦合”正在发展成为一种更加综合的体系，力图去耦合更多类型的生态系统并提供更为多样的生态系统服务。这是一种从相对简单的“土地利用观”转向认识到基于生态系统服务的更为灵活的解决方案。该解决方案不仅包括蓝色、绿色和灰色元素及其相互作用过程，同时还应考虑潜在的人为干预。这有助于更全面地认识规划或设计的城市空间对环境扰动的敏感性，以挖掘更全面的生态系统服务。

## 2.3.1　蓝绿灰耦合的生态系统服务

### 1. 城市生态系统服务的概念和特征

城市生态系统服务是维持和提高人类福祉的基本物质条件，也是促进城市可持续发展的重要渠道。城市生态系统服务具体可理解为以植被和水体为载体的蓝绿基础设施所提供的生态、环境、经济、社会与文化福利。

虽然生态系统服务的涵义可以追溯到19世纪的一些论著，但该词的使用和其现代定义是20世纪70年代才出现的。在20世纪90年代，生态系统服务研究得以迅速发展。然而，城市生态系统服务的研究直到21世纪初才得到重视。生态系统服务是指人类从生态系统中所获取的利益。相应地，城市生态系统服务则指人类从城市生态系统中获取的利益。当然，作为人口集中、资源消耗巨大的城市，其所需的生态系统服务大多来源于周边或远地的其他生态系统。

城市生态系统服务可分为四类：①支持服务：提供生物生境、生物多样性、生物地球化学循环以及传粉与能量传播；②供给服务：食物供给、水源供给、木材供给与基因资源供给；③调节服务：气候调节、水质净化、噪声调节、极端气候调节、径流调节与废弃物处理；④文化服务：休闲旅游、文化教育、礼仪美学及精神需求。在城市生态系统服务中，支持服务仍旧是其他服务的基础与源泉，供给服务所占的比重较小，调节服务与文化服务占据较大的比重，对提高人类福祉有着重要作用。相较于其他生态系统服务，城市生态系统服务具有人为主导性、发展需求量、空间异质性、多功能性、动态性以及社会经济属性等特征（毛齐正 等，2015）。

生态系统服务与生物多样性、生态系统功能以及人类福祉紧密联系（图2-4）。生物多样性包括遗传多样性、物种多样性、系统多样性以及景观

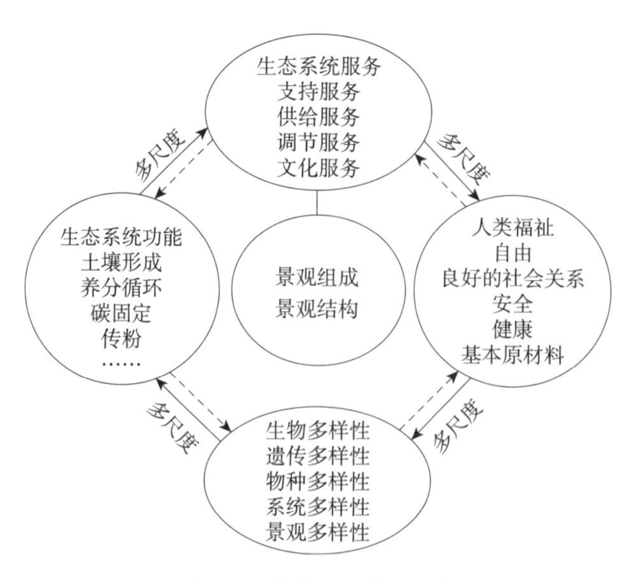

图2-4 城市生态系统服务

多样性，是生态系统功能与生态系统服务的基础。生态系统功能包括初级生产力、土壤形成、土壤养分循环与对抗干扰的弹性等，是生态系统服务的前提与来源。

影响城市生态系统服务的主要因素有气候变化、土地利用转变、社会经济与管理决策、景观格局。景观格局包括景观组成与景观结构，是影响城市生态系统功能和服务的重要机制，是提高人类福祉的重要渠道。诸多研究表明，景观格局与城市生物多样性、生物地球化学循环、气候调节、空气净化与社会文化等生态系统功能和服务紧密相关。在土地及其有限的城市区域，合理地规划蓝绿和灰色基础设施能够为城市建成区提供长期而稳定的生态系统服务。

尽管大量研究表明蓝绿基础设施有着生态系统服务方面的显著优势，但在蓝绿基础设施建设方面仍有着一些障碍（O'Donnell 等，2017）。从技术角度来看，灰色基础设施的建设具有成熟的技术支持和决策工具，但蓝绿基础设施仍缺乏足够的技术参考和指南（Qiao 等，2018），特别是评估和量化蓝绿基础设施的生态系统服务的效益方面仍然不足（IPCC，2012）。另一个重要的障碍是与灰色基础设施相比，蓝绿基础设施的长期绩效和成本效益有着更大的不确定性。因此，需要深入研究并强调蓝绿基础设施所提供的生态系统服务（Kabisch 等，2017）。

### 2. 城市生态系统服务的关系和评估

#### （1）协同关系

协同关系指不同生态系统服务之间的正相关关系。与一般生态系统服务类似，在城市生态系统中，协同关系普遍存在于支持服务与调节服务之间。例如，城市植物生物量的增加可增加土壤碳库；生物多样性的增加不仅促进了地上与地下碳库的累积，而且有效调节了城市小气候；城市植被的初级生产力与水质存在显著的正相关关系；城市绿地面积的增加不仅保护了城市生物多样性，而且可以有效地缓解城市热岛效应、净化空气与水质、调节径流、降低噪声。此外，城市中大面积的各类公园以及湿地一般具有较高的生物多样性，不仅有效缓解了城市局域小气候，同时也具有较高的社会、文化、教育与美学价值。这些协同关系可促进城市生态系统同时提供多种生态系统服务。

#### （2）权衡关系

权衡关系指一类生态系统服务的增加会造成另外一种服务的降低。如供给服务的增加往往以调节服务、文化服务和生物多样性的损失为代价。城市生态系统中，供给服务所占比例较少，生态系统服务的权衡关系主要表现在支持服务与文化服务之间，以及调节服务与文化服务之间。

城市绿地在提供文化服务的同时，也会给生态系统带来压力。这时，文化服务与支持服务存在权衡关系。随着城市湿地游客数量的增加，湿地的生境、生物多样性以及水质都会遭到一定破坏。城市公园游人踩踏不仅会降低公园土壤有机碳与含水量，而且会降低枯落物的生物量、破坏自然的植被结构。城市大面积的草坪提供调节服务和文化服务，能够调节温度，也是居民休憩、散步、打球、放风筝的理想场所，但草坪的日常维护需要大量用水和农药，不仅增加了资源和经济负担，也增加了污染地表径流的潜在风险。

城市生态系统的调节服务与文化服务也存在权衡（毛齐正 等，2015）。例如，城市内部密集的植被虽然在降温增湿中发挥着重要作用，但同时可能增加夜间城市的犯罪率，影响城市居民安全。城市森林是一类重要的生态系统类型，对调节气候、净化空气、涵养水源均有着重要作用，但缺乏灌木与草地的单调的森林景观往往会降低其美学与休闲娱乐价值。此外，为增加城市公园游憩与娱乐功能而铺设的不透水表面会降低植被调节地表径流的能力。

（3）评估方法

与其他生态系统服务的研究相似，如何准确量化与表达城市不同生态系统服务间关系也是当前城市生态学研究的热点与难点，主要有四种方法：构建模型、现状评价、情景模拟和多准则分析（毛齐正 等，2015）。

深入理解生态系统的过程与功能是分析不同生态系统服务间关系的前提，据此构建生态系统间关系模型以待进一步验证与应用。在城市生态系统中，人对生态系统的主动干预可削弱原本两种生态系统服务的线性负相关，转而形成非线性的负相关，如在构建游乐场的同时，可尽可能保留大面积的绿地并增加娱乐设施，降低文化服务与支持服务以及调节服务间的尖锐矛盾，这对优化城市多种生态系统服务有积极意义。现状评价是基于当前城市不同生态系统服务的评价结果探讨生态系统服务间关系的一类方法。情景模拟则是基于影响不同生态系统服务的机制（如土地利用变化、景观格局、政府决策、气候变化），构建不同目标情景并预测未来生态系统服务间关系变化的一类方法。多准则分析则是综合多个群体或利益相关者，权衡多种生态系统服务间关系的一类方法。

构建模型与现状评价是情景预测以及多目标分析的基础，而情景模拟和多准则分析是构建模型与现状评价的进一步应用，是将生态系统服务间关系直接应用到城市规划与管理的渠道与手段。

## 2.3.2　蓝绿灰耦合的空间关系

海绵城市建设的蓝绿灰系统空间布局涉及蓝绿元素和灰色网络的空间结构、布局和规模的耦合优化，这是一个多目标系统性的决策过程。蓝绿灰系统各生态过程在不同结构、布局和规模上作用的结果，也是蓝绿灰色系统空间异质性的具体体现。在“蓝绿灰耦合”的实施建设中应统筹考虑不同层级的空间关系：特定场地要素、联系、网络和连通性以及区域尺度的景观要素。尤其在受制于经济和用地条件限制的高密度的城市环境中，更须着眼于多元复合的“蓝绿灰耦合”建设。不同层级的“蓝绿灰耦合”又可主要分为三个层面（图 2–5）：（1）空间结构耦合；（2）空间布局耦合；（3）空间规模耦合（成玉宁 等，2019）。

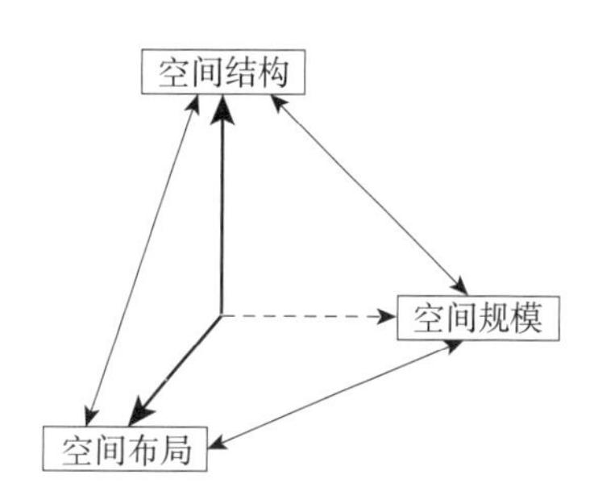

图 2–5　蓝绿灰空间耦合关系

### 1. 空间结构耦合

蓝绿和灰色基础设施的空间结构是指不同设施的类型、分布和建设规划的组合方式。空间结构的耦合是根据当地自然地理条件、水文地质特点、水资源禀赋状况、降雨规律、水环境保护及内涝防治要求等，研究城市水文在区域中的空间格局，把握区域水生态特征，维护区域水循环过程，构建区域生态安全格局，建设大型防洪设施，完善海绵城市建设所涉及的水源保护、洪涝调蓄及水质管理等功能，维系城市水文过程的生态性、完整性和稳定性。

下垫面组成、土壤类型及深度、绿地植被类型与配置、灰色系统的建设情况、水体形态等物理要素都会显著影响蓝绿灰耦合的空间结构。空间结构耦合是指在一个特定的领域中不同类型的措施系统性组合的综合结果。蓝绿和灰色基础设施的组合方式决定了空间结构的内容，主要关联蓝绿和灰色基础设施潜在的分布区域和工程类型。在蓝绿灰耦合的理念下，蓝色、绿色和灰色系统在不同层面所对应的“源头（控制、减排）”、“过程（调节、阻断）”和“末端（排放、治理）”管理措施，会形成不同的蓝绿灰耦合的空间结构。不同的空间组合方式会产生不同的水环境效应。灵活的组合措施在协调不同类型用地所涉及问题的处理机制有着广泛应用。例如，以渗透主导的透水路面和渗透渠可与蓄水为主的生物滞留池和人工湿地协同工作，可提供灵活的空间选址方案来达到不同的径流管理目标。

因此，针对不同区域、目标和空间条件的项目，应对选择不同类型的蓝绿耦合工程措施组合。例如，一些区域侧重于减少总污染物负荷和改善整体水质状况，宜选择植草缓冲带和人工湿地作为蓝绿耦合实践方式。在小型城市集水区的项目中，则更倾向于以源头管理为核心的低影响开发措施（例如，生物滞留池和多孔路面）。具体的场地特征也会影响工程方案的选择。例如，透水路面可选择在以路面为主的场地（即停车场和人行道），用于处理来自周围区域降雨径流的生物置留池则更适合于有明显外部排水区域的低洼地区。

2. 空间布局耦合

蓝绿灰耦合的空间布局是指蓝绿和灰色基础设施的实施分布方式。实际上，相关工程措施实施在高度不透水性且集水面积大的地区时，对区域的水文状况产生的影响也相应更大。此外，在土壤良好的区域强化蓝绿基础设施的建设也有利于植被生长和栖息地保护。然而，陡峭的地形和低渗透性的土壤往往易产生更快的径流速率，携带的污染物浓度也相对较高，通常不利于蓝绿基础设施的建设。相应地，对在该场地条件下进行海绵城市建设也有着更高的要求。

蓝绿灰耦合建设的相对位置（例如上游与下游、源头区域与管道末端、或靠近或远离受纳水域）会产生不同的影响。但理想的布置方式可能存在不同的观点。图 2–6 在概念上说明了不同措施在不同位置实践（上游与下游）的水文效应。由于源头控制所涉及的流域面积较小，在上游进行基础设施建设所承担的降雨径流负荷较小，并可减轻下游排水系统和末端滞留工程的负担。然而，其他一些研究表明，在下游区域强化蓝绿灰耦合可表现出更好的绩效。位于下游区域的基础设施建设可更好地降低峰值流量，但位于上游区域的耦合建设可以显著地降低整体的洪泛持续时间。此外，在靠近受纳水体的位置进行耦合建设，可以更好地防止土壤侵蚀，但也可能会增加下游区域污染物聚集的风险。显然，“最佳”的实践区域需因具体情况而异，高度依赖于区域地理、气候和水文特征和海绵城市建设目标等。

聚合和分布式结构是指蓝绿灰耦合的潜在分布区域和建设规模的空间呈现形式（图 2-6）。蓝绿和灰色基础设施的聚合结构通常侧重于末端管理，实施区域较集中且工程规模较大。蓝色和绿色基础设施在聚合结构下往往可以增强局地的地下水量。尽管补给地下水也是建设的重要目标之一，但在地下水较浅的区域中则有可能会限制该方面的工程实施。分布式结构则是以源头管理为核心，通常实践规模较小，但数量较多且呈离散状，往往有着良好的网络联系。因此，与聚合结构的实践方式相比，分布式结构之间会产生更稳定的流量关系，从而形成更丰富的水文路径，降低峰值流量和延长集流时间。然而，将污染防控和生态保护作为管理目标时，关于聚合和分布结构的结论会有所不同。相关研究发现，在小型降雨事件中，分布式结构所产生的径流和携带的沉积物相较于聚合结构要少。然而，在极端暴雨事件所观测到的差异并不明显。反而由于聚集结构有着更好的完整性，更利于生态栖息地的保育和生物多样性的维持，而分布式结构尽管有着良好的网络联系，但由于规模较小，往往易受到人为干扰。

### 3. 空间规模耦合

蓝绿灰耦合的空间规模耦合涉及具体工程措施的设计参数。因而，空间规模是响应区域特征条件和管理目标的。例如，在降雨特性和不透水性不同的集水区中，需要选择合适的介质深度和土壤类型来处理特定的降雨

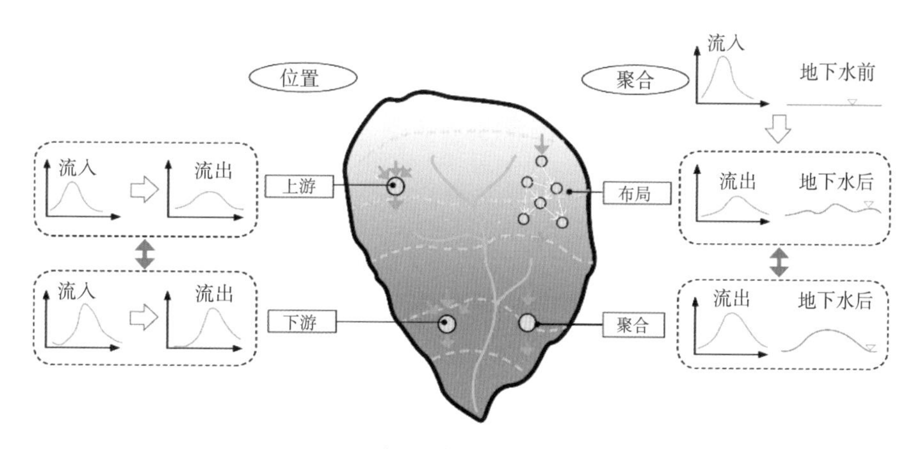


图 2-6　蓝绿灰耦合的空间布局影响

图片来源：Zhang，K.，Chui，T.F.M. A comprehensive review of spatial allocation of LID-BMP-GI practices：Strategies and optimization tools[J]. Sci Total Environ. 2017，621：915-929.

径流负荷。对于渗透性较低的土壤，应妥善考虑溢流外联设施，以防止工程在滞留能力饱和的情况下出现内涝。而在地下水较浅的地区，都应谨慎考虑土壤的选择还有底部排水的设计，以实现在地表径流管理和地下水补给之间的平衡。

蓝绿和灰色基础设施的空间规模应该根据承载力和目标性能来确定。以生物滞留池为例，通常建议生物滞留池的实施规模占管理面积的比例为8%~25%，蓄水深度为50~120cm。由于不同的土地利用、降雨模式、管理目标的影响，相应的设计参数会有所不同。成本效益也是影响建设规模的一个重要约束条件。基于相关措施成本绩效的研究，在大范围进行工程建设的情况下，生物滞留池和透水路面应当以扩大建设面积而不是增加结构深度为导向；而绿色屋顶则建议增加结构深度，而不是扩大应用面积。

### 2.3.3 空间优化和决策系统

#### 1. 系统组成

空间优化和决策工具一般建立在空间分配模型和规划支持系统的基础上。空间分配模型的发展来源于土地开发评价。现阶段空间分配模型在包括水资源管理等其他领域也有着广泛应用，可通过与水文或面源污染模型进行整合，以评估土地利用变化对水文过程或区域污染物分布的影响。规划支持系统则依靠兼容地理信息系统的特性，通过空间数据的组织、分析和可视化来促进决策过程的交互协作，提高对问题和解决方案的集体理解，已越来越多地用于城市雨水管理和海绵城市建设。

蓝绿灰耦合的空间优化和决策系统主要由两部分组成，即参数生成器和决策工具（图 2-7）。参数生成器可随机或进化地生成参数，并将参数输送到计算引擎中。决策工具则可根据计算引擎的结果对目标函数进行评估，确定是否达到计算的停止指令。

通常可将海绵城市的多元目标体系所对应的指标用于定义目标函数，将蓝绿灰耦合的基础设施建设所涉及的生命周期成本和空间规模作为优化过程中常用的约束条件。当满足目标函数条件时，即可产生决策方案（即空间分布方式）；否则，则产生新的参数集进行迭代。搜索算法是优化工具的关键技术。目前进化算法（例如，通用遗传算法和粒子群优化）是应用最广泛的搜索算法。尽管进化算法通常意味着高负荷的计算量，但这些

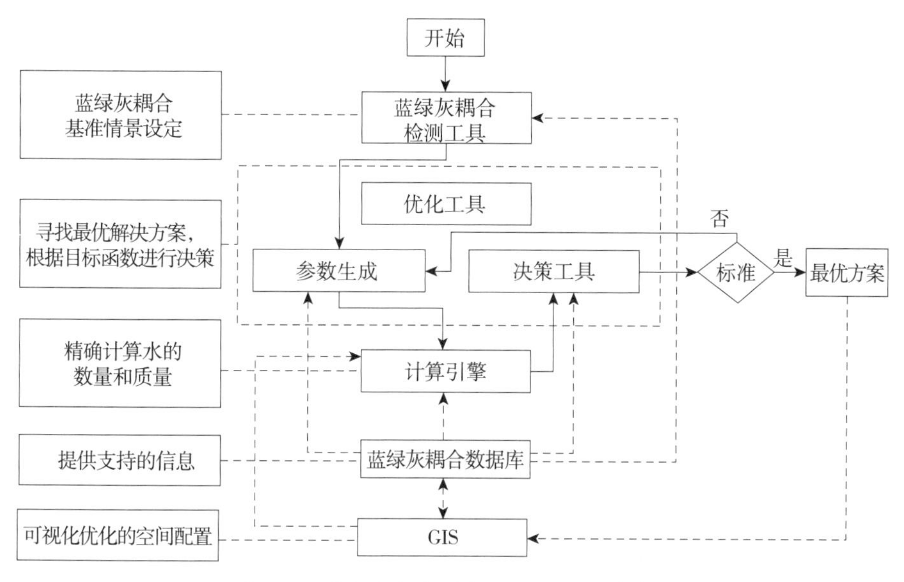


图 2-7　蓝绿灰耦合的空间优化和决策系统

算法为复杂系统的决策提供了非常有用的工具，尤其是在水资源管理方面（Nicklow 等，2010；Maier 等，2014）。进化算法本身也在不断改进当中（例如，通过将元启发式搜索和惩罚函数纳入基本进化算法），以加快捕获全局最优解。

### 2. 水文水动量耦合模型

城市是一个高度发展的区域，各类建筑物密集，地下工程多，城市空间结构及下垫面条件高度异构和复杂。随着高分辨率空间数据可用性和水文观测技术的发展，城市暴雨产汇流及洪水淹没研究由水文学机制研究、水动力学机制研究过渡到水文水动力学耦合机制研究（宋利祥，徐宗学，2019），水文水动力耦合模型也得到快速发展。

#### （1）水文水动力模型耦合机制

模型耦合是指不同的模型（或模块）在时间和空间上进行计算交互的过程，包括耦合机制和耦合算法两个方面。要实现模型的耦合，首先需要明确模型的耦合机制，即模型不同模块间如何连接、连接后如何实现计算数据的交互，前者为结构耦合机制，后者为过程耦合机制。

1）结构耦合机制

在已有的城市水文水动力耦合模型中，水文模块与水动力模块的耦合方式可以分为以下两种（喻海军，2015）：

A. 降雨产流过程和地表坡面汇流过程采用水文学方法，管网和河道采用一维水动力方法模拟，水流从管网或河道中溢出时采用二维水动力方法模拟。

B. 降雨产流过程采用水文学方法模拟，地表坡面汇流过程采用二维水动力方法模拟，管网和河道采用一维水动力方法模拟，水流从管网或河道中溢出时采用与坡面汇流相同的二维水动力方法模拟。

实际上，上述两种方法反映了建模者对城市雨洪过程认识的不同，方法（A）是将地表产流和坡面汇流过程都采用水文学方法，水文学方法的优势是计算速度较快，采用该耦合方式的一个重要优点是模型运算效率较高，缺点是无法获得地表产汇流过程在较小空间分辨率上的模拟结果；方法（B）实际上只有下渗产流的过程与水动力过程进行了耦合，将时间步长内的下渗量作为水动力模型连续性方程的源项扣除，其余过程全部采用水动力学方法模拟，采用该耦合方式的优点是模型的物理机制明确，需要的经验性参数较少，可以得到地表汇流在逐网格上的模拟结果，缺点是因采用水动力学方法模拟导致大规模模拟时计算效率较低，而且对于城市复杂地表单元产流的水文学机制考虑不足。

2）过程耦合机制

模型的过程耦合机制根据耦合时是否有数据的双向交流可以分为两种：

A. 松散耦合机制。如图 2–8（a）所示，以一个模块模型的输出作为另一个模块的输入，作为被输入方的模块无反馈。这种耦合机制可以在时间上不进行实时同步，只需要在空间上对应，前者模拟完成后，将输出的时间序列作为后者相应位置上的输入，但也可以同步输入（曾志强 等，2017）。

B. 紧密耦合机制。如图 2–8（b）所示，以一项模型与另一项模型进行实时、动态、双向的数据交流。这种耦合机制在时间上同步、在空间上对应，需要两项模型在每一个时间步长内对所有空间耦合位置上的数据进行双向交流（王磊，2010）。

对于城市水文水动力耦合模型而言，水文模块关注的是产汇流量的准确性，更多地关注水量，水动力过程关注的是汇流和淹没状态的准确性，更多地关注水流过程。因此，对于水文过程与水动力过程耦合，本文采用松散耦合的方式，以水文模块的实时输出作为水动力模块的实时输入；对于一维与二维水动力过程之间的耦合，本书采用紧密耦合方式，即实现两

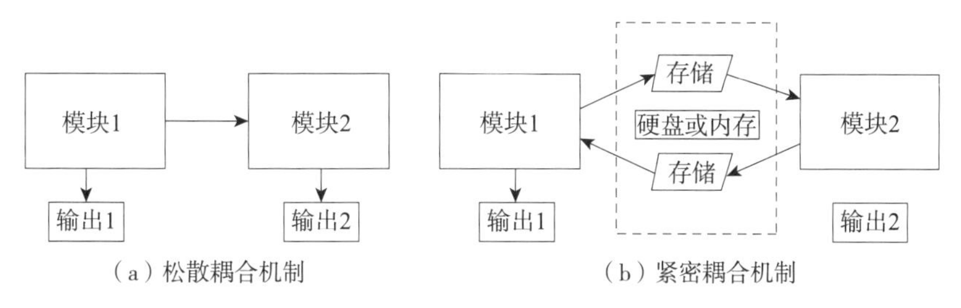


图 2-8　松散和紧密耦合机制

项水动力过程间实时、动态、双向的数据交互，该交互在时间上实时同步、在空间上严格对应水文模型可作为模拟地表径流、入渗、地下水补给、蒸散等水环境过程以及其他化学运移和生物物理过程的计算引擎。计算引擎基于参数生成器中的输入参数，将结果传递给决策工具进行深入分析。

（2）城市水文水动力耦合模型关键耦合过程

1）水文过程与水动力过程耦合

模型的水文过程模拟统一建立在城市水文响应单元之上，降雨在每个城市水文响应单元产流后汇流到响应单元出口，从出口进入到相应的管网节点进行管网汇流并最终进入河道。水流从水文响应单元流出进入管网进行一维水动力模拟的过程即水文过程与水动力过程的耦合，关键是时空耦合，在时间上耦合的实现可以通过设置统一的模拟步长和起始时间控制二者在时间上同步，而在空间上的关键则是需要找到与每一个城市水文响应单元一一对应的一维节点，该对应关系在模型构建时即指定，在模拟时不再变化。

2）一维与二维水动力过程耦合

一维与二维水动力过程耦合应从时空耦合、垂向耦合和侧向耦合三个维度进行展开。一维水动力过程与二维水动力过程之间紧密耦合，实时、动态、双向地交互数据，需要两个过程在时间上同步、空间上对应，因此需要对模型的时间和空间耦合过程分别进行设计。由于城市排水管网排水不畅致使雨水从排水管网检查井中溢出在地表积水是导致城市地表淹没积水的原因之一，在模型中要实现对该过程的模型即实现一维水动力过程与二维水动力过程在垂向上的耦合。在城市水文水动力耦合模型中，一、二维水动力模拟的侧向耦合是指一维模块与二维模块在侧向上同步动态发生水流交换的过程，该耦合模拟的是河道洪水水位超过堤防高程后，向城市区域漫溢及回流的现象。

3）城市水文水动力耦合模型结构和参数

城市水文水动力耦合模型的基本结构如图 2-9 所示，模型包含降雨产流过程、坡面汇流过程、管网汇流过程、河道汇流过程和地表淹没过程等五项基本过程，模型以水流在空间上的运行方向为基本依据，遵循“降雨—产流—汇流—淹没”的基本思路进行设计和组织，符合人对现实情景中城市雨洪形成过程的基本认识。

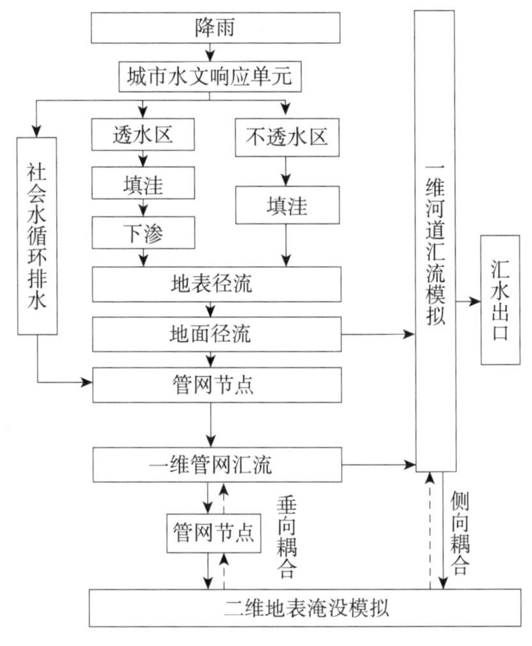


图 2-9 城市水文水动力耦合模型的基本结构

模型参数是模型运行的基础，确定模型输入数据后，对模型参数加以调整使得模拟结果与实测数据接近，即参数率定和验证的过程，模型参数确定后即视为模型构建基本完成。表 2-3 给出了城市水文水动力耦合模型的主要参数的名称、符号、单位及其取值范围，模型的参数包括水文模块参数和水动力模块参数两部分，其中水动力模块的参数主要是曼宁系数。

表 2-3 的各项参数中，平均坡度和不透水比例均为物理参数，可以通过高程和土地利用数据统计得到；透水区曼宁系数、不透水区曼宁系数、透水区的洼蓄量和不透水区的洼蓄量是与城市水文响应单元土地利用数据相关的参数，可根据土地利用情况给出初始值，并结合模拟结果进行调整；初始下渗率、稳定下渗率和下渗能力衰减系数是与相应的城市水文响应单元土地利用、土壤类型密切相关的参数，可根据土地利用、土壤类型进给出初始值，结合模拟结果调整确定；用水参数和排水系数与城市社会经济状况和用水行业密切相关，应基于当地排水统计数据率定；一维水动力模块中的曼宁系数与河道或管道的材质相关，可结合材质根据经验赋初值并调整确定，二维水动力模块中的地表曼宁系数一般根据网格的土地利用类型赋值。

目前有着大量模型可用作计算引擎（例如，经验模型与物理模型、确

**城市水文水动力耦合模型主要参数**　　**表 2-3**

| 模块 | | 名称 | 符号 | 单位 | 取值范围 |
| --- | --- | --- | --- | --- | --- |
| 水文模块 | 自然 | 特征宽度 | W | m | >0 |
| | | 平均坡度 | S | % | 0~100 |
| | | 不透水比例 | Pimp | % | 0~100 |
| | | 透水区曼宁系数 | Nper | — | 0~100 |
| | | 不透水区曼宁系数 | Nimp | — | 0~1 |
| | | 透水区蓄洼量 | Dper | mm | >0 |
| | | 不透水区蓄洼量 | Dimp | mm | >0 |
| | | 最小下渗能力 | | mm/h | >0 |
| | | 最大下渗能力 | | mm/h | >0 |
| | | 下渗能力衰减系数 | *K* | $h^{-1}$ | >0 |
| | 社会 | 用水参数 | *Q* | — | >0 |
| | | 排水系数 | *w* | — | 0~1 |
| 水动力模块 | 一维 | 河道曼宁系数 | *Nr* | — | 0~1 |
| | | 管道曼宁系数 | *Np* | — | 0~1 |
| | 二维 | 地表曼宁系数 | *N2D* | — | 0~1 |

定性模型与随机模型）。SwMM 由于其结构简单、开源特性和成熟的低影响开发措施模块，是海绵城市建设中应用最为广泛的一种水文模型。SUSTAIN、SBPAT 和 GreenPlan IT 等软件以及其他一些计算（例如，SwMM-GA、SwMM-PSO 和 SwMM-TOPSIS）都是基于 SwMM 进行构建的。这些计算引擎可以耦合灰色系统和蓝绿系统。此外，有大量计算引擎侧重于径流污染控制，通常涉及面源污染模型。其中，SwAT 由于可与地理信息系统紧密兼容，并涵盖了不同类型的绿色基础设施，其目前的应用非常广泛。尤其是新版本 SwAT-LID 模型的开发应用，能够对低影响开发措施进行更为精细的时间尺度模拟。

### 3. 全生命周期和生态系统服务评估

全生命周期评估（Life Cycle Assessment），是一项自 20 世纪 60 年代即开始发展的重要环境管理工具，生命周期是指某一产品（或服务）从取得原材料，经生产、使用直至废弃的整个过程，即从“摇篮”到“坟墓”的过程。按 ISO 14040 的定义，生命周期评估是用于评估与某一产品（或服务）相关的环境因素和潜在影响的方法，它是通过编制某一系统相关投入与产出的存量记录，评估与这些投入、产出有关的潜在环境影响，根据生命周期评估研究的目标解释存量记录和环境影响的分析结果来进行的。全生命周期评估已广泛应用于评估与城市涉水工程技术相关的环境影响，包括水量管控措施、水处理技术和综合城市水管理系统基础设施（Bonoli 等，2019；Byrne 等，2017）。全生命周期评价方法用于评价和比较蓝绿和灰色基础设施实践的环境影响。它是海绵城市建设中识别环境问题的重要工具。

基于全生命周期评价的结果，海绵城市的决策过程可根据蓝绿和灰色基础设施对环境保护的影响来提供相应的策略。生命周期评价框架应包括四个步骤（图 2-10）：①目的与范围确定：将全生命周期评估研究的目的及范围予以清楚地确定，使其与预期的应用相一致；②清单分析：编制一份与研究的产品系统有关的投入产出清单，包含资料搜集及运算，以便量化一个产品系统的相关投入与产出，这些投入与产出包括资源的使用及对空气、水体及土地的污染排放等；③生命周期影响评估：采用生命周期清单分析的结果，来评估与这些投入产出相关的潜在环境影响；④解释说明：将清单分析及影响评估所发现的与研究目的有关的结果合并在一起，形成结论与建议。

蓝绿和灰色基础设施的生态系统服务评估都理解蓝绿灰耦合的潜在绩效研究有着重要的意义。可根据城市生态系统服务的功能内容，从支持服

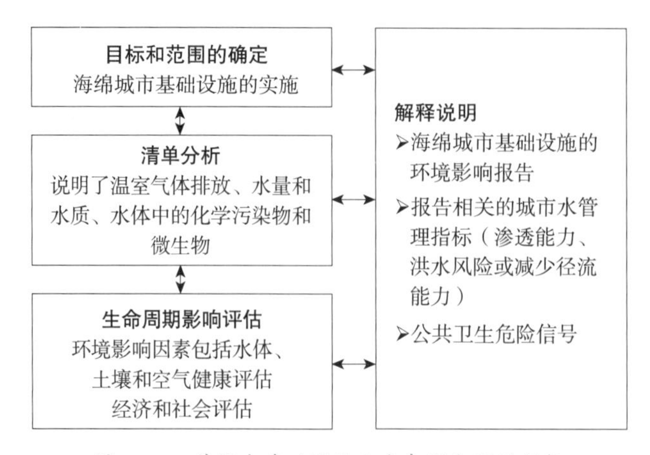


图 2-10　蓝绿灰基础设施全生命周期评估框架

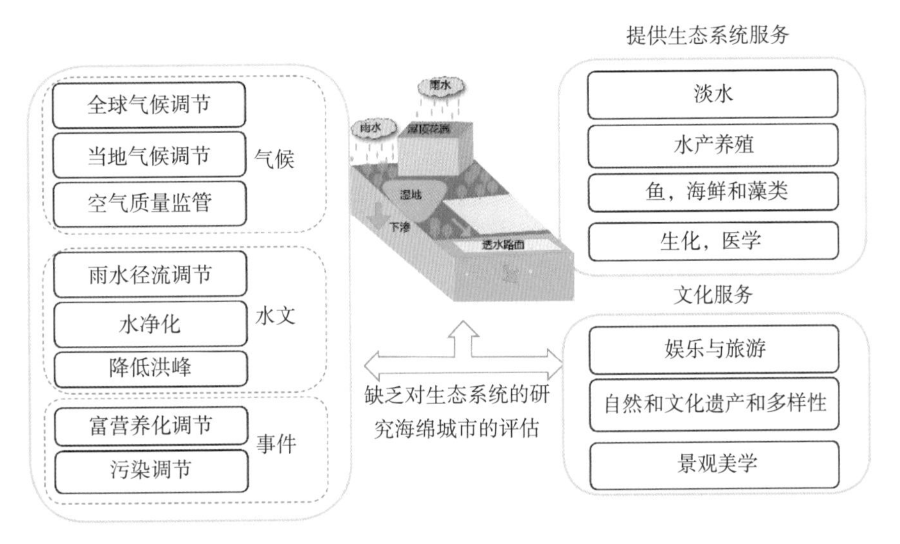


图 2-11　蓝绿灰耦合的城市生态系统服务评估

务、供给服务、调节服务、文化服务四个类别进行蓝绿和灰色基础设施的评估（图 2-11）。支持服务和供给服务分别侧重于生物生境和水源供给方面；调节服务则关注在气候调节、水质净化、极端气候调节、径流调节与废弃物处理等方面的绩效；文化服务则聚焦在休闲旅游、文化教育和景观美学等方面的价值。

**4. 多准则分析**

多准则分析（Multi-Criteria Analysis）旨在通过数学方法和信息技术，为规划和决策可能面临的多重问题选择最佳解决方案。它的目的是基于定量和定性因素来回应决策过程中的问题，并允许做出更符合逻辑和科学依据的决策。多准则分析使理论科学方法能够应用在平衡多目标问题上，可帮助在多个的方案中选择最佳策略。通常，多目标耦合途径的步骤包括确定目标体系、实现目标策略、评估目标标准、分析备选方案、做出决策并提供反馈。

多准则分析主要分为两类：第一类是非参数统计方法，例如逼近理想解排序法（Technique for Order of Preference by Similarity to Ideal Solution，TOPSIS）、有效系数法（Efficacy Coefficient）、秩和比法（Rank-Sum Ratio）和熵值法（Entropy Methods）；第二类则是多变量统计方法，例如主成分分析法（Principal Component Analysis）、因子分析法（Factor Analysis）、统计深度函数分析法（Statistical Depth Function Analysis）和聚类分析（Cluster

Analysis）。多变量统计方法往往在处理大量或清晰的数据类别时表现良好，在各种多变量统计方法中可以产生相近结论，而非参数统计方法则在处理少量数据时表现良好。

多准则分析是确定目标优先顺序和环境决策事项的重要工具。基于多样化的目标问题，有大量方法可对多目标进行优先顺序选择和排序，例如多属性价值理论（MAVT）、多属性效用理论（MAUT）、逼近理想排序法（TOPSIS）、层次分析法（AHP）和富集评价的偏好排序组织方法（PROMETHEE）等。此外，近期又研发出一些更为灵活的方法，如概率多准则可接受性分析（ProMAA）、模糊多属性价值理论（Fuzzy Multi-Attribute Value Theory）、模糊多准则可接受性分析（Fuzzy Multi-Criteria Acceptability Analysis）和 FlowSort（用于将备选方案进行不可接受、可能可接受、可接受分类）。

蓝绿灰耦合的多准则分析一般包括以下步骤：①选择可行的蓝绿灰耦合方案；②选择环境、经济和社会等评价标准；③从多准则分析评估方法中得出评价矩阵的绩效指标；④将不同单元的标准转换成相应的尺度（从 0 到 1）；⑤加权海绵城市建设的评价标准；⑥评估方案的得分或排名；⑦敏感性分析，并选择可行的方案。

### 5. 集成模型

蓝绿灰耦合的基础设施建设涉及多种过程，包括水文、水力学、污染处理、下游影响、蓄水行为、耗水量、地下水相互作用和洪水；以及不同的城市水组成部分，即水运输网络、处理厂、分散技术，接收水体和建成环境。集成建模需要考虑上述这些过程（Bach 等，2014）。集成模型基于多种模型应用，包括生命周期评估、运行和控制、风险和影响评估、社会影响、经济问题、生态影响、概念设计和战略规划。开发集成模型的一般方法有 3 种：①修改传统的集成模型；②将现有的子集成模型组合成更全面的集成模型；③创建新的集成模型。综合城市涉水模型通常是通过计算连接两个或多个说明城市水体不同组成部分的子模型来构建的（Rauch 等，2002）。

海绵城市建设中的蓝绿灰耦合集成模型应包括城市水体处理模型、城市废水收集模型、城市废水处理模型、城市降雨和地表径流模型、河流模型、城市供水模型、环境评估模型、经济评估模型和社会评估模型。集成模型可根据其功能和集成程度分为不同的类型。根据其功能，又可将集成

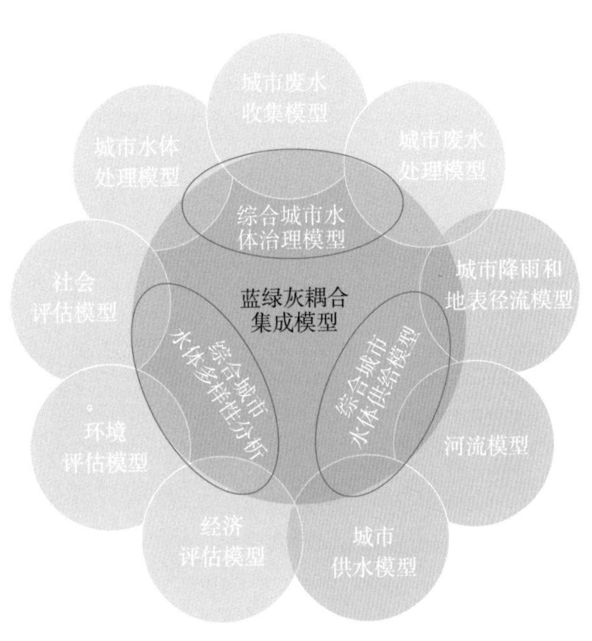


图 2-12　蓝绿灰耦合集成模组子模型组成

模型分为综合城市水体治理模型、综合城市水体多样性分析、综合城市水体供给模型，如图 2-12 所示。

周全的蓝绿灰耦合集成模型有必要综合为更全面的计算引擎，其中水文水力耦合模型、全生命周期评估、生态系统服务评估和多准则分析工具非常关键（图 2-13）。

蓝绿灰耦合的长期绩效需要考虑城市涉水基础设施、城市水脆弱性、气候变化和城市水管理技术之间的相互作用。除 4 个主要计算引擎外，还有一些子模型在集成模型开发中非常必要，诸如：①水脆弱性评估模型（Plummer 等，2012）；②用于预测时间序列天气信息的气候模型（Willuweit and O'Sullivan，2013）。蓝绿灰耦合集成模型的概念框架应当综合情景模拟（根据气候、城市发展战略和城市水脆弱性指数、现有城市基础设施和新的蓝绿和灰色基础设施创建情景）、集成数据库的构建、地理空间数据计算和可视化（Zhang 等，2017；Xu and Yu，2017；Deng 等，2018）。其中，集成数据库的建立可提供关于蓝绿灰耦合实践的各类工程信息（例如，成本、设计参数和经验性能），用于参数生成和目标函数评估。在决策之前，有效的集成的数据系统需要收集以下信息：①描述技术方法；②确定投资来源和资金分配方式；③相关规划和设计参数；④经验绩效，包括长期效度和

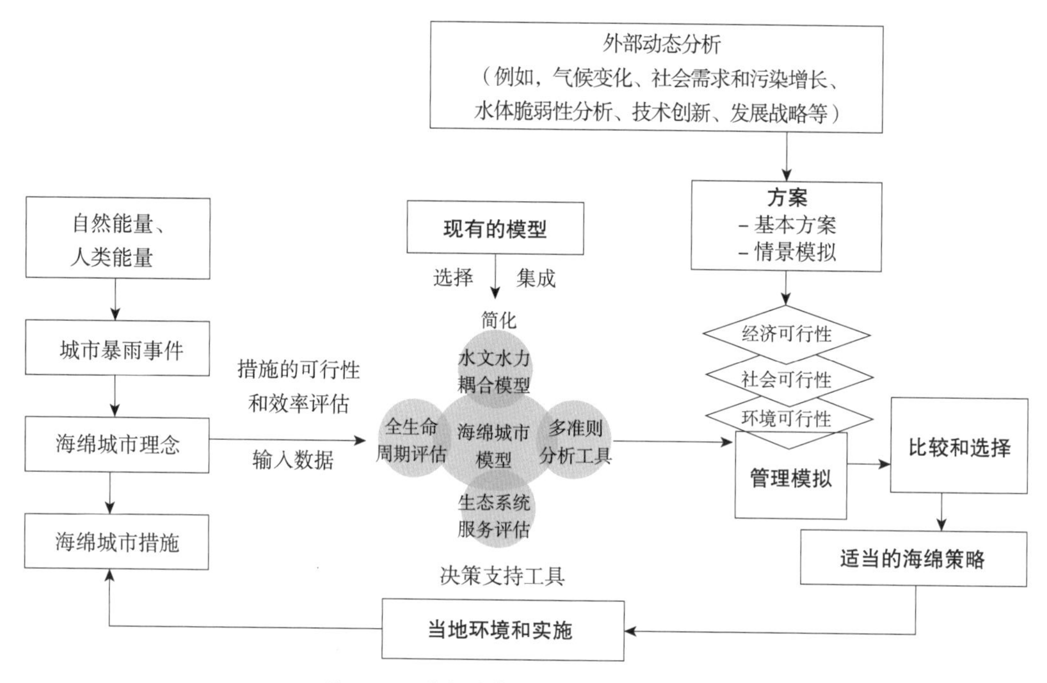


图 2-13 蓝绿灰耦合集成模型模拟流程

生命周期表现。蓝绿灰耦合的有效实施离不开系统性的监测、评估和管理过程。适当的评估结果和长期的监测过程将有助于相关措施在其他地区的建设和推广。

蓝绿灰耦合的空间结构、分布和规模是海绵城市建设空间规划的三个主要组成部分。一般来说，这三者间没有特定的顺序来确定最佳的空间优化秩序。然而，不同的项目背景、目标和利益相关者的偏好可能会有着不同的侧重。在集成模型中，空间优化和决策系统应同步考虑进行多层级优化，但这又会大大增加迭代次数和计算负载，对搜索算法和计算能力也有着更大的要求。目前，尽管空间分布的优化和决策系统有着广泛的应用，但在海绵城市建设中进行蓝绿灰耦合的空间规划还存在着一些不足。首先，现有计算引擎中在整合城市规划与可持续发展之间的联系有待提升，尤其是缺少兼容潜在的发展影响下的情景预测。其次，大多数计算引擎的优化目标区间较窄，往往容易局限关注于蓝绿灰耦合中空间结构、分布和规模里单一因子的优化，即主要回应海绵城市建设中空间规划三个问题中的一个：用什么？哪里用？用多少？然而并未系统考虑这些问题间的相互关联。在一些优化过程中，预先确定了蓝绿灰耦合的优先位置，但所确定的位置可能不是真正的“最佳”区域。因此，之后获得的类型和设计参数可能只是这个特定位置场景的局部最优方案。这种缺乏整合的情况迫使决策者在构建蓝绿灰耦合模式中在不同阶段使用不同工具，使得本已复杂的规划过程显得更加复杂，阻碍了优化和决策系统的广泛应用。

此外，在科研和实践中模拟结果难以验证也会使得集成模型的应用受到限制，尤其是工程措施的校验过程难以推进。同时，基于蓝绿和灰色基础设施的工程数据库的建立也十分重要。集成模型应强调可对蓝绿灰耦合的策略进行快速的自动化模拟。该模型不仅应当提供潜在的优化方案，同时还应系统性地探索城市蓝绿基础设施和利益相关者在偏好和约束条件下的决策多样性。

# 第3章

# 海绵城市规划设计的关键技术

海绵城市的本质是改变传统城市建设和排水防涝的理念，通过科学合理划定城市蓝绿系统的开发边界和保护区域，合理控制开发强度、预留生态空间，最大限度地保护和维持城市自然生态本底。对已经受到破坏的城市生态要素，运用相关低影响开发绿色海绵技术逐步恢复和修复其生态功能。与此同时，海绵城市规划建设须与城市规划相衔接，包括城市总体规划、控制性详细规划以及城市水系统、绿地系统、道路交通等基础设施专项规划，明确分层规划设计要求，将顶层规划与具体项目的规划设计统筹协调。

海绵城市规划设计的关键技术除了规划与设计方法、海绵城市工程技术，还包括运用了数字技术和物联网技术的海绵城市模拟技术和海绵城市测控技术。海绵城市规划建设可以与数字城市、智慧城市建设工作相结合，运用水文相关分析与模拟技术，科学、定量地协助海绵城市规划设计相关计算和方案的评估。海绵城市与物联网、云计算、大数据等信息技术手段相结合，能够实现对雨水收集、利用及排放的在线监测并实时反应，协同遥感技术对城市地表水污染总体情况进行实时监测等，系统实现海绵城市的智慧化、数字化和自动化。

本章从海绵城市专项规划、海绵城市设计、海绵城市工程技术三方面内容，系统梳理了海绵城市规划建设流程、方法及海绵城市模拟技术、测控技术的综合运用。首先从海绵城市空间格局规划、总体规划、分区管控规划等方面规划内容的视角出发，明确了海绵城市专项规划与城市规划的衔接内容与方法；将海绵城市设计划分为道路、广场、建设用地、公园绿地、地表水体五方面内容，根据场地特征系统构建了海绵城市设计与场地设计的协调和衔接方法流程；从工程技术视角分别从蓝色、绿色、灰色海绵技术的角度，论述了海绵城市作为系统工程的综合性和协同性。最后分别介绍了水文模拟技术和测控技术在海绵城市规划建设中的应用，形成了一套从规划、设计、工程技术到模拟、测控全过程数字化的海绵城市规划设计关键技术体系。

# 3.1 海绵城市专项规划

海绵城市专项规划是建设海绵城市的重要依据，是城市规划的重要组成部分，应坚持保护优先、生态为本、自然循环、因地制宜、统筹推进的原则，最大限度地减小城市开发建设对自然和生态环境的影响。首先是对城市原有生态本底的保护，在明确城市生态本底和水生态敏感区基础上，结合城市生态本底组成、海绵生态敏感性与城市组团分布、用地功能、基本农田分布、基本生态控制线范围等，明确海绵空间格局及其管控功能分区；其次，统筹海绵城市专项规划内容，将其纳入城市总体规划、控制性规划和详细规划中，针对内涝积水、面源污染、黑臭水体、河湖生态修复等问题，与城市水系统规划、城市竖向规划、绿地系统规划、城市排水防涝规划等相关规划内容相互协同和衔接，保证各个系统的完整性和良好衔接，统筹规划。最后，海绵城市专项规划应从格局落实到管控分区，明确海绵城市建设分区管控要求，划定海绵城市管控分区并提出分区建设指引和规划目标，将规划目标分解至各管控分区，系统指引海绵城市规划设计。

## 3.1.1 海绵城市空间格局规划

随着国务院机构改革方案的确定和自然资源部的组建，国土空间规划将取代土地利用规划和城乡规划，成为我国国土空间管理的主要手段，其强调“山水林田湖草沙”作为一个生命共同体的理念，同正在大力推进建设的海绵城市工作作为同样以生态立足的发展理念不谋而合。海绵城市针对城市水安全、水资源、水环境、水生态等方面存在的问题和需求，提出适宜的海绵城市系统建设方案，坚持区域、城市、地块“大、中、小”海绵相结合，从保护“山水林田湖草沙”总体格局、保护自然生态调蓄空间、构建区域防洪排涝体系、开展流域水环境综合治理、加强非常规水资源利用等方面明确海绵城市建设策略，并应用“渗、滞、蓄、净、用、排”等技术措施，构建源头削减、过程控制、末端治理的海绵城市建设系统方案。

海绵空间格局规划重点关注水敏感和水安全风险地区的保护，明确需要保护的具有水源涵养、水土保持功能的山体、丘陵、林地以及具有行洪、排水、调蓄功能的河道、湖泊、水库、湿地及滞洪区，保护“山水林田湖草沙”自然生态格局。参考国土空间规划和生态规划研究方法，海绵城市空间规划可应用以下分析思路（图3-1）。

### 1. 生态底识别

识别城市山、水、林、田、湖、草、沙等生态本底条件，研究核心生态资源的生态价值、空间分布和保护需求。一般来说，城市周边的生态斑块按地貌特征可分为3类：第一类是森林草甸；第二类是河流湖泊和湿地或者水源的涵养区；第三类是农田和原野。各斑块内的结构特征并非一定具有单一类型，大多呈混合交融的状态。按功能来划分可将其分为重要生物栖息地、珍稀动植物保护区、自然遗产及景观资源分布区、地质灾害风险识别区和水资源保护区等。凡是对地表径流量产生重大影响的自然斑块和自然水系，均可纳入水资源生态保护斑块，对水文影响最大的斑块需要严加识别和保护。

### 2. 海绵生态敏感性分析

在海绵城市规划中，一个地区在何种区域进行怎样的海绵体规划需要诸多指导依据，生态敏感性指标便是其中之一。海绵城市的生态敏感性是指在不损失或不降低环境质量的情况下，生态因子对外界压力或外界干扰

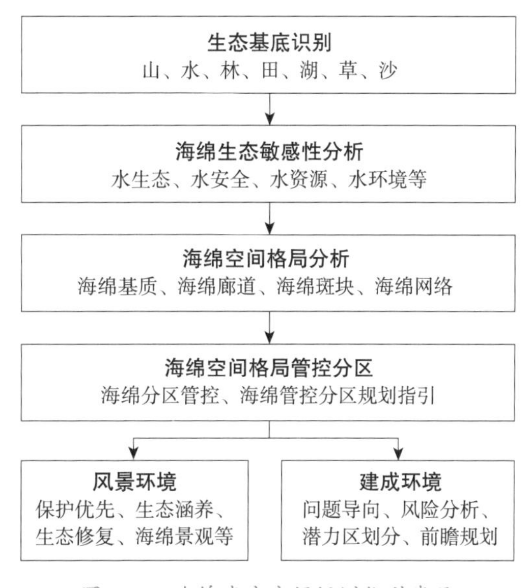


图3-1 海绵城市空间规划指引步骤

适应的能力。章林伟等提出保护城市生态格局要利用GIS对山、水、林、田、湖、草、沙进行生态敏感性分析，通过海绵生态敏感分区的空间定位制定管控策略，从而实现天然海绵体的有效保护。

海绵生态敏感性评价是分析区域与水紧密相关的生态因子的现状及分布情况，划分不同区域对外界干扰的敏感程度和适应能力，以针对不同的敏感区域制定相应的保护措施，包括河流、湖泊、森林、绿地等现有资源的保护，潜在径流路径和蓄水区的管控，洪涝和地质灾害等风险预防，水生态栖息地保护等。海绵生态敏感性分析具体过程包括：评价指标体系构建、GIS空间叠加分析、生态敏感性分析和综合结果分级。

生态敏感性分析涉及因素较多，需要构建多因子评价指标体系。针对海绵城市生态敏感性分析的特殊性，围绕水生态、水安全、水环境质量和水资源管控4个方面，从城市生态、自然生态2个方向选取指标时要以水为核心，同时充分考虑水与资源、生物、地形与地质等海绵生态敏感性因子。生态本底保护敏感性：分析河湖湿地、水源地、森林、绿地、水生态栖息地、水源地等生态本底保护地敏感性；水安全防护敏感性：分析研究区域潜在径流路径、内涝风险、地质灾害风险等水安全防护敏感性；水环境质量敏感性：分析点源和面源污染对水环境质量的影响以及水环境质量敏感性；水资源管控敏感性：分析土地利用、植被覆盖、土壤、地形、坡度等下垫面条件对水资源管控的影响。

水体是天然海绵体的重要组成部分，是城市雨水最主要的行泄通道和滞蓄空间，其周边地方生物多样且价值较高，具有重要的保护价值。选取水体分布及水体缓冲两个分析因子进行评价，水体分布分析因子根据水库、河流、小湖等不同类型要素进行评价，水体缓冲分析因子根据水面及缓冲区的范围进行评价。地形是一个评价生态敏感度的重要因子，对区域的生态环境和景观质量有着重要的影响，包括高程、坡度和地质灾害易发区等。植被是生态环境中最重要、最敏感的自然要素之一，对保护生物多样性、调节小气候、维持良好生态环境有着非常重要的作用。植物多样性越高，生态保护价值越高。

最后利用地理信息系统ArcGIS进行空间分析进而完成研究区生态敏感性分析。常用的分析方法有地图叠加法、加权叠加法和生态因子组合法等。由于加权叠加法既能够体现各因子的特性，又可以综合考量因子之间的权重关系，因此常采用加权叠加法进行分析，按照权重叠加各图层，再进行分级得到最终评价结果，并将其划分为高敏感区、较高敏感区、一般敏感区、较低敏感区和低敏感区。海绵生态敏感性分析可为海绵生态安全格局构建、海绵生态格局及海绵城市功能分区划定等提供理论支撑。

**3. 海绵空间格局分析**

（1）山水格局保护

海绵生态基质是以区域绿地为核心的山水基质，包括各类天然、人工植被以及各类水体和湿地，在城市生态系统中承担着重要的海绵生态和涵养功能，是保护和提高生物多样性的基地，同时还发挥着保持水土、固碳释氧、缓解温室效应、吸纳噪声、降尘、降解有毒物质、提供野生生物栖息地和迁徙廊道等各种生态保育作用，是整个城市和区域的海绵主体和城市的生态底线。

（2）蓝绿生态廊道构建

海绵生态斑块由湿地和城市绿地组成，呈“多点分布”的结构。海绵生态廊道是由水系廊道和绿色生态廊道组成的“蓝绿双廊”。水系廊道是指河流和河流植被所构成的区域，包括河道、河漫滩、河岸和高地区域。水系廊道在控制水土流失、净化水质、消除噪声和污染控制等方面，有着非常明显的效果，并在给居民提供更多亲近自然的机会和更多的游憩休闲场所等方面，发挥重要作用。

绿色生态廊道一方面承担大型生物通道的功能，为野生动物迁徙、筑巢、觅食、繁殖提供空间，建立山地生态系统和海岸生态系统之间的联系；另一方面是承担城市大型通风走廊的功能，通过将凉爽的海风与清新的空气引入城市，改善城市空气污染状况。绿色生态廊道包括以下用地类型：部分基本农田保护区和土壤侵蚀防护区、旅游度假区、重大基础设施隔离带、大规模的自然灾害防护绿地和公害防护绿地、自然灾害敏感区等。

基于城市海绵基底空间布局与特征，构建城市“山水机制、蓝绿廊道、多点分布”的海绵空间结构。

**4. 海绵空间格局管控分区**

结合城市生态本底组成、海绵生态敏感性与城市组团分布、用地功能、基本农田分布、基本生态控制线范围等，得出城市海绵城市功能分区，包括海绵生态保育区、海绵生态涵养区、海绵生态缓冲区、海绵建设核心区、海绵建设引导区。

海绵生态保育区在海绵城市中对水生态、水安全、水资源等极具重要作用，其包含生态价值极高的水体、山林地、基本农田、湿地等，需要进行重点保育，原则上禁止任何城镇开发建设行为，并采取最严格的海绵保护管理措施。

海绵生态涵养区是具有一定水生态、水安全、水资源环境重要性，且具备生态涵养功能的海绵生态较敏感区域。其大部分紧邻海绵生态保育区，具有较高的水资源、水环境保障功能和生态功能。在海绵生态涵养区内，除下列项目外禁止建设：重大道路交通设施、市政公用设施、旅游设施、公园，但建设此类项目应通过重大项目依法进行的可行性研究、环境影响评价及规划选址论证。开发此区域必须符合基本生态控制线及城市蓝线的管理法规和规定，并经严格的法定程序审批；对项目的开发功能和开发强度都必须进行严格的限制。

海绵生态缓冲区是连接海绵生态保育区及海绵生态涵养区与城市建设用地的地块，生态本底良好，以应用生态修复技术为主，强化廊道，恢复调蓄和自净能力。该区包括植被覆盖较好的浅山区、水库缓冲带、河流缓冲带、城市绿地等。城市建设用地需要尽量避让，如果因特殊情况需要占用，应做出相应的生态评价，在其他地块上提出补偿措施。或做出可行性、必要性研究，在不影响安全、不破坏功能的前提下可以占用。但是占用时应严格履行程序，充分利用每一寸土地，提高土地的综合利用率，同时也为了减少自然灾害和水土流失的发生，应有计划、有步骤地对该区域内包括水体、裸地、荒草地等进行生态修复。通过水体修复，加强水安全与水环境质量；通过改造人工速生林的结构，加强林地管理，优化海绵生态缓冲区的生态组分结构，提高人工速生林和已毁林地园地的生态功能，恢复和提高海绵调蓄和自净功能。

海绵建设核心区主要包括具有一般海绵生态敏感性或较低敏感性的城市建设用地。该区域具有良好的海绵建设基础，含有具有相当数量、规模的城市公园绿地、人工水体等，适合进行海绵城市建设。该区需要按照海绵城市建设的要求，结合各项技术指标，合理确定海绵开发模式和开发强度。

海绵建设引导区主要指海绵生态敏感性较低的城市已建成用地。该区现有绿地数量和规模较少，应积极通过城市更新推动海绵城市建设。在开发强度较大的区域，应促进土地资源的集约利用，引导用地结构优化，增强用地的海绵功能。

### 3.1.2 海绵城市总体规划

1. 总体规划层面

总体规划层面的海绵城市建设规划应从宏观角度，加强区域研究、城市问题研究和城市政策研究，从战略高度明确海绵城市建设战略性目标与方向，并提出战略性对策，最终将其研究成果纳入城市总体规划的相关内容中。海绵专项规划应与城市总体规划进行衔接，应结合所在地区的实际情况，开展城市总体层面的相关专题研究，在绿地率、水域面积率等相关指标基础上，增加年径流总量控制率、不透水下垫面比例等指标，纳入城市总体规划，并引导下一层面规划编制。

（1）保护水生态敏感区

将河流、湖泊、湿地、坑塘、沟渠等水生态敏感区纳入城市规划区中的非建设用地（禁建区、限建区）范围，划定城市蓝线，并与低影响开发雨水系统、城市雨水管渠系统及超标雨水径流排放系统相衔接。

（2）集约化土地利用开发

明确城市空间增长边界和城市规模，避免城市无序蔓延，提倡集约型土地开发模式，保障城市生态空间。

（3）明确海绵城市规划目标和重点建设区域

应根据城市的水文地质条件、用地性质、功能布局及近远期发展目标，综合经济发展水平等其他因素提出海绵城市规划目标及重点建设区域，明确重点建设区域的年径流总量控制率目标和规划建设策略。

（4）合理控制不透水比例

合理设定不同性质用地的绿地率、透水铺装率等指标，防止土地大面积硬化。

（5）明确排水分区，合理控制地表径流

根据地形和汇水分区特点，合理确定排水分区和排水路径，保护和修复自然径流通道，统筹蓝色、绿色、灰色基础设施。源头优先采用雨水花园、湿塘、雨水湿地等低影响开发设施控制径流雨水；中端绿色与灰色基础设施相结合，以保证地块和城市片区的雨洪安全；末端在保证城市雨洪安全的前提下，将绿色与蓝色基础设施融合，最大限度地发挥城市自然海绵效益。

### 2. 控制性详细规划层面

控制性详细规划层面的海绵城市建设规划应首先落实城市总体规划和相关专项规划等上层规划中提出的海绵城市建设目标与要求，并将指标或目标分解到城市各个片区和地块中（包括城市道路、河道）。其次，结合片区地形、水文、地质土地利用等条件，明确海绵城市建设的重点方向和重点区域，分析规划范围内海绵城市建设存在的问题，结合上位规划及相关规划，提出解决思路。最后将海绵城市相关分解目标及指标反馈至法定控制性详细规划中，并在图则中明确控制指标和海绵设施的建设设计技术内容指引，以此作为规划主管部门出具规划条件中海绵城市建设要求的主要依据。

控制性详细规划应协调多学科专业，通过土地利用空间优化等方法，分解和细化城市总体规划及相关专项规划等上层级规划中提出的低影响开发控制目标及要求。结合建筑密度、绿地率等约束性控制指标，提出各地块的单位面积控制容积、下沉式绿地率及其下沉深度、透水铺装率、绿色屋顶率等控制指标，并将其纳入地块的规划与设计要点，作为土地开发建设的规划设计条件，要点如下：

1）明确各地块的海绵城市控制指标

控制性详细规划应在城市总体规划或各专项规划确定的海绵城市控制目标（年径流总量控制率）指导下，根据城市用地分类（R 居住用地、A 公共管理与公共服务用地、B 商业服务业设施用地、M 工业用地、W 物流仓储用地、S 交通设施用地、U 公用设施用地、G 绿地）的比例和特点进行分类分解，细化各地块的海绵城市控制指标。

地块的海绵城市控制指标可按城市建设类型（已建区、新建区、改造区）、不同排水分区等分区制定。有条件的控制性详细规划也可通过水文计算与模型模拟，优化并明确地块的海绵城市控制指标。

2）合理组织地表径流

统筹协调开发场地内建筑、道路、绿地、水系等布局和竖向，使地块及道路径流有组织地汇入周边绿地系统和城市水系，并与城市雨水管渠系统和超标雨水径流排放系统相衔接，充分发挥海绵设施的作用。

3）统筹落实和衔接各类低影响开发设施

根据各地块海绵城市控制指标，合理确定地块内的海绵设施类型及其规模，做好不同地块之间和设施之间的衔接，合理布局规划区内占地面积较大的海绵设施。

3. 修建性详细规划层面

修建性详细规划应以控制性详细规划为指导，增加与海绵城市建设有关的内容，落实与分解控制性详细规划确定的海绵城市控制指标与具体的设施及相关技术要求，将海绵城市的建设技术和方法引入场地规划设计、工程规划设计、经济技术论证等方面，指导地块开发建设。

修建性详细规划应按照控制性详细规划的约束条件，绿地、建筑、排水、结构、道路等相关专业相互配合，采取有利于促进建筑与环境可持续发展的设计方案。细化、落实上位规划确定的海绵城市控制指标，落实具体的海绵设施的类型、布局、规模、建设时序、资金安排等。通过水文、水力计算或模型模拟，明确建设项目的主要控制模式、比例及量值（下渗、储存、调节及弃流排放），确保地块开发实现海绵城市控制目标，以指导地块开发建设。

4. 技术路线

三个层面的海绵城市专项规划内容互相支持、逐层分解，共同构建了海绵城市规划技术的整体框架，详见海绵城市专项规划（总规、控规、修规）技术路线（图 3–2）。

### 3.1.3　海绵城市分区管控规划

1. 建设分区划分

首先，根据城市总体规划对于建设用地、非建设用地的划分，将海绵建设分区分为非建设用地海绵分区和建设用地海绵分区两大类。

（1）非建设用地海绵分区。综合考虑城市海绵生态敏感性和空间格局，采用预先占有土地的方法将其在空间上进行叠加，根据海绵生态敏感性的高低、基质—斑块—廊道的重要性逐步叠入非建设用地，一直到综合显示所有非建设用地海绵生态的价值。

（2）建设用地海绵分区。综合考虑城市海绵生态敏感性、目标导向因素（新建 / 更新地区、重点地区等）、问题导向因素（黑臭水体涉及流域、内涝风险区、地下水漏斗区等）和海绵技术适宜性，采用预先占有土地的方法将其在空间上进行逐步叠加，一直到形成综合显示所有海绵建设的可行性、紧迫性等建设价值的分区。

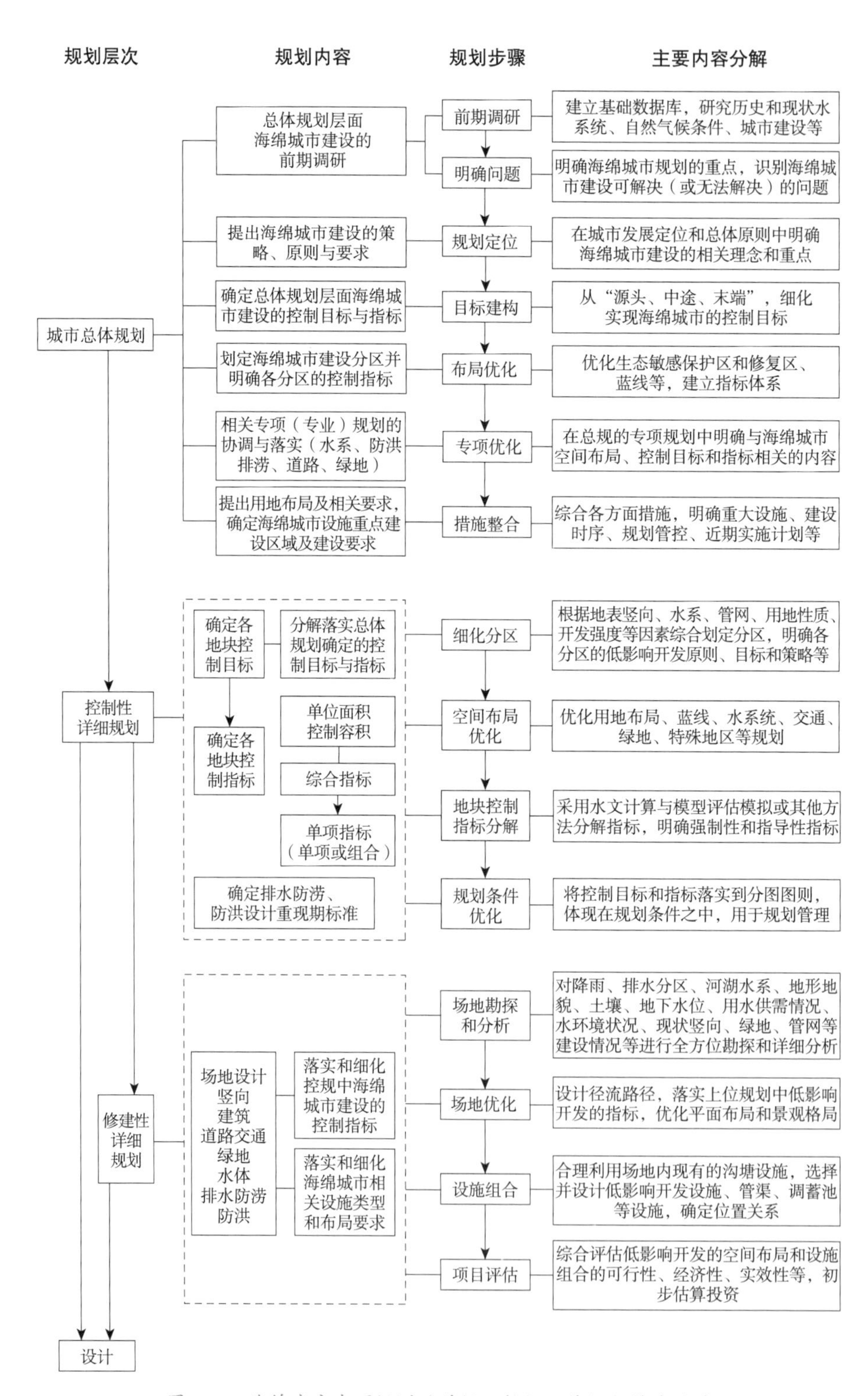


图 3-2 海绵城市专项规划（总规、控规、修规）技术路线

图片来源：《海绵城市建设实用手册》

根据非建设用地海绵分区、建设用地海绵分区的特点及相关规划、相关空间管制的要求等，制订各海绵分区的管控指引，形成海绵综合建设区、海绵改造修复区、海绵提升区、水循环利用区、大型绿地雨水径流控制与利用区、山体水源涵养区、水生态保护区等建设分区。

2. 管控分区划分

管控分区划分以流域边界、排水分区为基础，依据地貌水文特征及排水管网走向，结合行政边界与规划管理体系，划定海绵城市的分区体系（图3-3）。在划分方法上，流域排水分区和支流排水分区的划分主要基于DEM，采用GIS水文分析工具来提取水线和汇水路径，实现自然地形的自动划分。城市排水分区的划分主要以雨水管网系统和地形坡度为基础。地势平坦的地区按就近排放原则采用等分三角线法或梯形法进行划分，坡度较大的地区，按地面雨水径流水流方向进行划分。雨水管段排水分区主要采用泰森多边形工具自动划分管段或检查井的服务范围，在对地形坡度较大的位置进行人工修正。

（1）城市小流域管控分区划分：根据城市河流的位置、流向，结合地形分区、竖向规划、规划排水管网，划分流域管控分区；

（2）城市汇水、排水片区管控分区划分：根据城市支流水系流向、地表高程、规划排水管渠系统，按流域分区划分排水管控片区；

（3）场地尺度管控单元划分：根据排水分区内地块、道路、竖向、管网分布，划分管控单元。

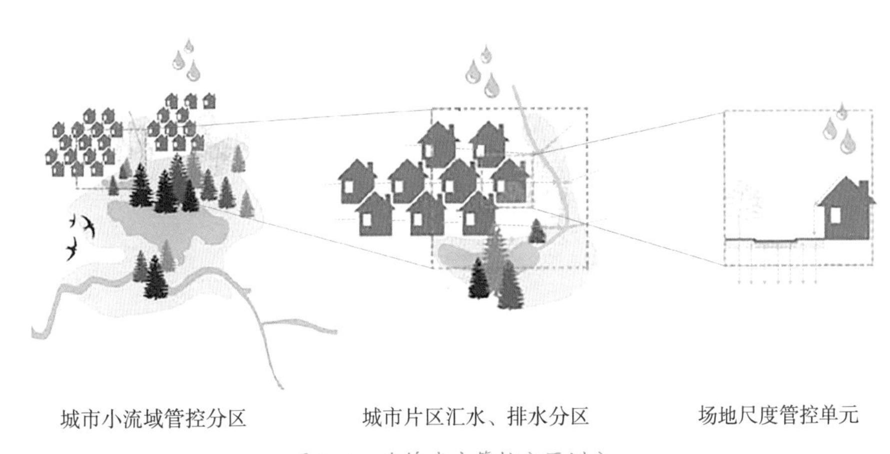


图3-3　海绵城市管控分区划分

根据城市总体海绵城市控制指标和要求，应针对每个管控单元提出响应的强制性指标和引导性指标，并提出管控策略，建立区域雨水管理排放制度，实现各分区之间指标衔接平衡。

管控单元划分应综合考虑城市排水分区和城市控规的规划用地管理单元等要素划分，应以便于管理、便于考核、便于指导为划分原则。各管控单元的平均面积宜在 2~3km$^2$，规划面积超过 100km$^2$ 的城市可采取多个层次的管控单元划分方式（一级管控单元与总规对接，二级管控单元与片区规划对接），以更好地与现有规划体系对接。

3. 管控指标计算

强制性指标：根据上层次规划中提出的海绵城市建设目标和要求，依据城市用地分类的比例和特点进行分类分解，分解细化到各地块，明确各地块的雨量控制能力。强制性指标主要包括年径流总量控制率、径流污染控制率，部分城市将控制容积、水体水环境治理达标率、防洪排涝标准列为强制性指标。

引导性指标：主要用于指导雨水“渗、滞、蓄、净、用”等海绵城市相关设施的落实，根据上述不同用地类别的低影响开发控制指标，结合地块绿地率、建筑密度等进一步细化地块下凹式绿地率、绿色屋顶率、透水铺装率、单位硬化面积雨水控制容积等指标。

（1）年径流总量控制率

年径流总量控制率与设计降雨量为一一对应关系，是根据本地区自然状况的径流系数推算而得（年径流总量控制率≈ 1~2 年均雨量径流系数）。与之相对应的设计雨强，是经过统计分析当地的多年（一般不少于 30 年）降雨资料，将日降雨量由小到大进行排序（扣除小于等于 2mm 的降雨事件），统计小于某一降雨量的降雨总量（小于该降雨量的按真实雨量计算出降雨总量，大于该降雨量的按该降雨量计算出降雨总量，两者累计总和）在总降雨量中的比率，此比率（即年径流总量控制率）对应的日降雨量即为设计降雨量（mm）。

（2）年径流污染削减率

年径流污染消减率以年 SS 总量去除率进行计算。

年 SS 总量去除率 = 年径流总量控制率 × 低影响开发设施对 SS 的平均去除率。城市或开发区域年 SS 总量去除率，可通过不同区域、地块的年 SS 总量去除率经年径流总量（年均降雨量 × 综合雨量径流系数 × 汇水面积）

加权平均计算得出。

（3）生态岸线率

生态岸线率 = 生态岸线长 / 规划生态岸线总长 ×100%。

（4）透水铺装率

透水铺装率 = 透水地表面积 / 总硬化地面面积 ×100%。其中，总硬化地面面积指区内公共地面停车场、人行道、步行街、自行车道和休闲广场、室外庭院等；市政道路透水铺装率 = 人行道透水铺装率 = 人行道透水地表面积 / 人行道总面积 ×100%。

（5）单位面积控制容积

以径流总量控制为目标时，单位汇水面积上所需低影响开发设施的有效调蓄容积（不包括雨水调节容积）= 设计降雨量 × 综合雨量径流系数。

单位面积控制容积计算时，不包括后期会缓慢排放的雨水滞流设施（含转输型植草沟、渗管 / 渠、初期雨水弃流、植被缓冲带等）容积，可包括雨水花园、湿地、塘、池、模块等具有雨水滞蓄功能的设施的调蓄容积。

透水铺装和绿色屋顶仅参与综合雨量径流系数的计算，其结构内的空隙容积一般不计入调蓄容积。

（6）未受控硬化面积

未受控硬化面积 = 总面积 – 绿色屋顶面积 – 绿地面积 – 透水铺装地面面积 – 雨水花园等设施已控制面积。

（7）绿色屋顶率

绿色屋顶率 = 绿色屋顶面积 / 建筑屋顶总面积 ×100%。

（8）下沉式绿地率

下沉式绿地率 = 广义的下沉式绿地面积 / 绿地总面积 ×100%。

广义的下沉式绿地泛指具有一定调蓄容积（在以径流总量控制为目标进行目标分解或设计计算时，不包括调节容积）的可用于调蓄径流雨水的绿地，包括生物滞留设施、渗透塘、湿塘、雨水湿地等；

下沉深度指下沉式绿地低于周边铺砌地面或道路的平均深度，下沉深度小于 100mm 的下沉式绿地面积不参与计算（受当地土壤渗透性能等条件制约，下沉深度有限的渗透设施除外），对于湿塘、雨水湿地等水面设施系指调蓄深度。

（9）雨水资源利用率

雨水资源利用率 = 年雨水利用总量 / 自来水需求总量 ×100%。

（10）污水再生利用率

污水再生利用率 = 年污水再生利用总量 / 自来水需求总量 ×100%。

**4. 分区管控指标分解**

根据海绵城市——低影响开发雨水系统构建技术框架，各地应结合当地水文特点及建设水平，构建适宜并有效衔接的海绵城市分区管控指标体系。管控指标的选择应根据建筑密度、绿地率、水域面积率等既有规划控制指标及土地利用布局、当地水文、水环境等条件合理确定。可选择单项或组合控制指标，最终落实到城市各分区用地条件或建设项目规划和设计要点中，作为土地开发的约束条件。海绵城市管控指标及分解方法如表 3–1 所示。

**海绵城市管控指标及分解方法表** **表 3–1**

| 规划层级 | 控制目标与指标 | 赋值方法 |
| --- | --- | --- |
| 城市总体规划、专项规划 | 控制目标：<br>年径流总量控制率及其对应的设计降雨量 | 年径流总量控制率目标选择详见各地区设计目标，可通过统计分析计算得到年径流控制率及其对应的设计降雨量 |
| 详细规划 | 综合指标：<br>单位面积控制容积 | 根据总体规划阶段提出的年径流总量控制率目标，结合各地块绿地率等控制指标，计算各地块的综合指标——单位面积控制容积 |
|  | 单项指标：<br>1. 下沉式绿地率及其下沉深度；<br>2. 透水铺装率；<br>3. 绿色屋顶率；<br>4. 其他 | 根据各地块的具体条件，通过技术经济分析，合理选择单项或组合控制指标，并对指标进行合理分配。指标分解方法：<br>方法 1：根据控制目标和综合指标进行试算分解；<br>方法 2：模型模拟 |

注：1. 下沉式绿地率 = 广义的下沉式绿地面积 / 绿地总面积，广义的下沉式绿地泛指具有一定调蓄容积（在以径流总量控制为目标进行目标分解或设计计算时，不包括调节容积）的可用于调蓄径流雨水的绿地，包括生物滞留设施、渗透塘、湿塘、雨水湿地等；下沉深度指下沉式绿地低于周边铺砌地面或道路的平均深度，下沉深度小于 100 mm 的下沉式绿地面积不参与计算（受当地土壤渗透性能等条件制约，下沉深度有限的渗透设施除外），对于湿塘、雨水湿地等水面设施系指调蓄深度；
2. 透水铺装率 = 透水铺装面积 / 硬化地面总面积；
3. 绿色屋顶率 = 绿色屋顶面积 / 建筑屋顶总面积

（来源：《海绵城市建设技术指南——低影响开发雨水系统构建（试行）》，下简称《指南》。）

三级分解法表　　表 3-2

| | 第一层级：城市小流域 | 第二层级：城市片区 | 第三层级：场地 |
|---|---|---|---|
| 规划阶段 | 总规或分区规划 | 专项规划或控制性详细规划 | 修建性详细规划、设计 |
| 分解条件 | 指标按照城市排水分区分解 | 指标按照城市地块分解 | 根据场地控制参数明确指标 |
| 分解方法 | 根据排水分区受纳水体容量和保护需求 | 按城市用地属性和建设情况解析 | 与《指南》一致 |

在海绵城市规划阶段（控制性详细规划层面），需要将上层次确定的年径流总量控制率逐层分解到地块。这一过程需要利用模型工具，实现城市用地分类、海绵设施选择与匹配、设施开发强度及关键参数控制、大量方案自动采样计算、可行方案自动筛选等核心功能，对选定方案进行地块级的参数调整优化，自动计算调整后的地块指标和总体控制目标。各地城市规划、建设过程中，可将年径流总量控制率目标分解为单位面积控制容积作为综合控制指标来落实径流总量控制目标。有条件的城市可通过水文、水力计算与模型模拟等方法对年径流总量控制率目标进行逐层分解；暂不具备条件的城市，可结合当地气候、水文地质等特点，汇水面种类及其构成等条件，通过加权平均的方法试算进行分解。为更好地衔接总规、控规和详规及设计阶段，可增加分解层级数，分三个层级进行指标分解（三级分解法），分别是城市小流域层级、城市片区层级和场地层级（表 3-2）。

利用地理信息系统（GIS）的空间分析功能，确定城市规划范围各地块的用地类型及面积比例，通过设置不同土地利用类型的低影响开发设施规模和开发强度指标，以城市年径流总量控制率为约束条件，采用蒙特卡洛随机抽样法，进行不同指标参数随机组合，形成百万个组合方案，按照《指南》的技术要求，基于各个地块的抽样参数自下而上地汇总计算，得到对应方案的总体控制目标，筛选出满足年径流总量控制率要求的有效方案集合，由规划设计人员通过对比，进行方案优选，并选择适宜方案对各个地块的具体指标进行调整优化，获得最终规划方案，为海绵城市建设中低影响开发设施的空间布局提供依据。控制指标的模拟分解与优化流程见图 3-4。

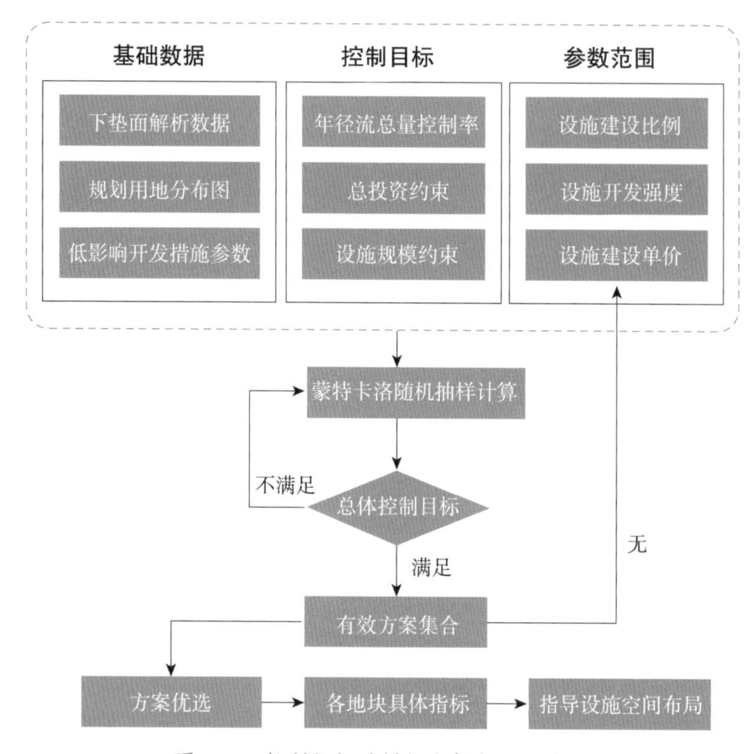


图 3-4　控制指标的模拟分解与优化流程

## 3.1.4　与其他专项规划的衔接

### 1. 与城市水系规划的衔接

城市水系是城市生态环境的重要组成部分，也是城市径流雨水自然排放的重要通道、受纳体及调蓄空间，与低影响开发雨水系统联系紧密。具体要点如下：

（1）依据城市总体规划划定城市水域、岸线、滨水区，明确水系保护范围。城市开发建设过程中应落实城市总体规划明确的水生态敏感区保护要求，划定水生态敏感区范围并加强保护，确保开发建设后的水域面积应不小于开发前，已破坏的水系应逐步恢复。

（2）保持城市水系结构的完整性，优化城市河湖水系布局，实现自然、有序排放与调蓄。城市水系规划应尽量保护与强化其对径流雨水的自然渗透、净化与调蓄功能，优化城市河道（自然排放通道）、湿地（自然净化区域）、湖泊（调蓄空间）布局与衔接，并与城市总体规划、排水防涝规划同步协调。

（3）优化水域、岸线、滨水区及周边绿地布局，明确低影响开发控制指标。城市水系规划应根据河湖水系汇水范围，同步优化、调整蓝线周边绿地系统布局及空间规模，并衔接控制性详细规划，明确水系及周边地块低影响开发控制指标。

### 2. 与城市绿地系统规划的衔接

城市绿地是建设海绵城市、构建低影响开发雨水系统的重要场地。城市绿地系统规划应明确低影响开发控制目标，在满足绿地生态、景观、游憩和其他基本功能的前提下，合理地预留或创造空间条件，对绿地自身及周边硬化区域的径流进行渗透、调蓄、净化，并与城市雨水管渠系统、超标雨水径流排放系统相衔接，要点如下：

（1）提出不同类型绿地的低影响开发控制目标和指标。根据绿地的类型和特点，明确公园绿地、附属绿地、生产绿地、防护绿地等各类绿地低影响开发规划建设目标、控制指标（如下沉式绿地率及其下沉深度等）和适用的低影响开发设施类型。

（2）合理确定城市绿地系统低影响开发设施的规模和布局。应统筹水生态敏感区、生态空间和绿地空间布局，落实低影响开发设施的规模和布局，充分发挥绿地的渗透、调蓄和净化功能。

（3）城市绿地应与周边汇水区域有效衔接。在明确周边汇水区域汇入水量，提出预处理、溢流衔接等保障措施的基础上，通过平面布局、地形控制、土壤改良等多种方式，将低影响开发设施融入绿地规划设计中，尽量满足周边雨水汇入绿地进行调蓄的要求。

（4）应符合园林植物种植及园林绿化养护管理技术要求。可通过合理设置绿地下沉深度和溢流口、局部换土或改良增强土壤渗透性能、选择适宜乡土植物和耐淹植物等方法，避免植物受到长时间浸泡而影响正常生长，影响景观效果。

（5）合理设置预处理设施。径流污染较为严重的地区，可采用初期雨水弃流、沉淀、截污等预处理措施，在径流雨水进入绿地前将部分污染物进行截流净化。

（6）充分利用多功能调蓄设施调控排放径流雨水。有条件地区可因地制宜规划占地面积较大的低影响开发设施，如湿塘、雨水湿地等，通过多功能调蓄的方式，对较大重现期的降雨进行调蓄排放。

### 3. 与城市排水防涝规划的衔接

低影响开发雨水系统是城市内涝防治综合体系的重要组成，应与城市雨水管渠系统、超标雨水径流排放系统同步规划设计。城市排水系统规划、排水防涝综合规划等相关排水规划中，应结合当地条件确定低影响开发控制目标与建设内容，并满足《城市排水工程规划规范》GB 50318—2017、《室外排水设计标准》GB 50014—2021 等相关要求，要点如下：

（1）明确低影响开发径流总量控制目标与指标。通过对排水系统总体评估、内涝风险评估等，明确低影响开发雨水系统径流总量控制目标，并与城市总体规划、详细规划中低影响开发雨水系统的控制目标相衔接，将控制目标分解为单位面积控制容积等控制指标，通过建设项目的管控制度进行落实。

（2）确定径流污染控制目标及防治方式。应通过评估、分析径流污染对城市水环境污染的贡献率，根据城市水环境的要求，结合悬浮物（SS）等径流污染物控制要求确定年径流总量控制率，同时明确径流污染控制方式并合理选择低影响开发设施。

（3）明确雨水资源化利用目标及方式。应根据当地水资源条件及雨水回用需求，确定雨水资源化利用的总量、用途、方式和设施。

（4）与城市雨水管渠系统及超标雨水径流排放系统有效衔接。应最大限度地发挥低影响开发雨水系统对径流雨水的渗透、调蓄、净化等作用，低影响开发设施的溢流应与城市雨水管渠系统或超标雨水径流排放系统衔接。城市雨水管渠系统、超标雨水径流排放系统应与低影响开发系统同步规划设计，应按照《城市排水工程规划规范》GB 50318—2017、《室外排水设计标准》GB 50014—2021 等规范相应重现期设计标准进行规划设计。

（5）优化低影响开发设施的竖向与平面布局。应利用城市绿地、广场、道路等公共开放空间，在满足各类用地主导功能的基础上合理布局低影响开发设施；其他建设用地应明确低影响开发控制目标与指标，并衔接其他内涝防治设施的平面布局与竖向，共同组成内涝防治系统。

### 4. 与城市道路交通规划的衔接

城市道路是径流及其污染物产生的主要场所之一，城市道路交通专项规划应落实低影响开发理念及控制目标，减少道路径流及污染物外排量，要点如下：

（1）提出各等级道路低影响开发控制目标。应在满足道路交通安全等基本功能的基础上，充分利用城市道路自身及周边绿地空间落实低影响开发设施，结合道路横断面和排水方向，利用不同等级道路的绿化带、车行道、人行道和停车场建设下沉式绿地、植草沟、雨水湿地、透水铺装、渗管 / 渠等低影响开发设施，通过渗透、调蓄、净化方式，实现道路低影响开发控制目标。

（2）协调道路红线内外用地空间布局与竖向。道路红线内绿化带不足，不能实现低影响开发控制目标要求时，可由政府主管部门协调道路红线内外用地布局与竖向，综合达到道路及周边地块的低影响开发控制目标。道路红线内绿地及开放空间在满足景观效果和交通安全要求的基础上，应充分考虑承接道路雨水汇入的功能，通过建设下沉式绿地、透水铺装等低影响开发设施，提高道路径流污染及总量等控制能力。

（3）道路交通规划应体现低影响开发设施。涵盖城市道路横断面、纵断面设计的专项规划，应在相应图纸中表达低影响开发设施的基本选型及布局等内容，并合理确定低影响开发雨水系统与城市道路设施的空间衔接关系。

有条件的地区应编制专门的道路低影响开发设施规划设计指引，明确各层级城市道路（快速路、主干路、次干路、支路）的低影响开发控制指标和控制要点，以指导道路低影响开发相关规划和设计。

## 3.2　海绵城市设计

海绵城市设计应遵循“规划引领、生态优先、安全为重、因地制宜、统筹建设”的原则，秉持源头减排、过程控制、系统治理的设计理念，从源头到末端，统筹蓝色、绿色与灰色，地上与地下设施协同设计。

海绵设计目标应满足城市总体规划、控制性详细规划、修建性详细规划、专项规划等相关规划提出的控制目标与指标要求，并结合气候、土壤及土地利用等条件，合理选择单项或组合的雨水渗透、储存、调节等为主要功能的海绵设施。与此同时，海绵城市设计须由给水排水、水利、园林、建筑、道路、结构、电气等专业协同完成。设计内容应包含低影响开发雨水系统、城市雨水管渠系统、超标雨水径流排放系统，综合达到相关规划提出的径流总量、径流污染、排水及内涝防治设计标准。

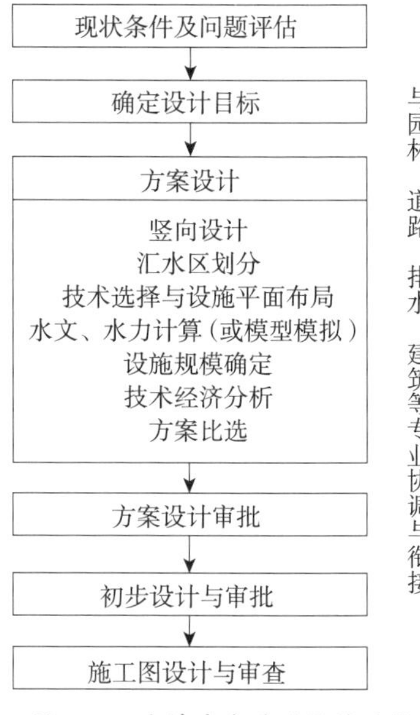


图 3-5　海绵城市系统设计流程
图片来源：《海绵城市建设技术指南——低影响开发雨水系统构建（试行）》

海绵设计各阶段均应体现低影响开发设施的平面布局、竖向、构造，及其与城市雨水管渠系统和超标雨水径流排放系统的衔接关系等内容。海绵设施的规模应根据设计目标，经水文、水力计算得出，有条件的应通过模型模拟对设计方案进行综合评估，并结合技术经济分析确定最优方案。

海绵城市设计文件的编制应符合不同阶段的设计深度要求，施工图审查应对低影响开发设施的规模、有效调蓄深度、安全距离等进行重点审查，使其达到低影响开发的单位面积控制容积控制指标与设计降雨量标准，达到排水及内涝防治的设计重现期标准。海绵城市设计与审查（规划总图审查、方案及施工图审查）应与园林绿化、道路交通、排水、建筑等专业相协调。海绵城市系统设计应遵循以下流程（图 3-5）：

（1）项目前期：了解项目属性（改造 / 新建）及项目位置；了解项目自身及和周边区域的竖向关系；了解项目及其周边的土壤特性；了解项目周边市政排水、水系、绿地系统规划与现状条件，确定项目的排水方向与下垫面可接纳最大排水量。

（2）方案设计阶段：主控专业根据控规及专项规划指标，结合总平面设计确定海绵城市相关的各项指标，包括年径流总量控制率及其设计降雨量、下沉式绿地率、透水铺装率、绿色屋顶率、生态岸线比例等。

给水排水专业按项目条件进行汇水区划分，选择雨水控制利用模式及调蓄设施类型，计算调蓄设施规模和位置，确定设施与周边场地、道路的竖向关系，表示出雨水汇集方向、调蓄设施与雨水管渠系统、水系的衔接关系等；与配合专业及其他相关专业对接设计条件及要求；根据技术经济分析进行方案比选。

（3）初步设计阶段：对方案设计阶段的内容进行深化，相关专业配合给水排水专业、水利专业进行设计优化调整。主控专业应根据相关主管部门批文进行总平面调整。

园林专业应根据相关下沉式绿地及生态岸线的要求，结合园林景观需要，合理规划设计。道路专业应调整道路横坡与纵坡坡向、道路横断面形式（如绿化带宽度与位置等）等。经济专业应计算专项工程的概算。

（4）施工图阶段：落实细化初步设计阶段的内容，总图专业落实海绵设施的标高控制，下沉式绿地、调蓄池等的位置和详图等；给水排水专业要结合总图，确定雨水管线、雨水井的具体位置和标高关系，并附纵断面图和雨水调蓄设施的位置、规模、进出水标高和构造做法详图，并提供相关计算书。景观园林专业需要根据给水排水专业提供的下沉深度等条件进行种植设计，并提供各景观设施的做法详图；道路专业提供道路雨水管道的布置图、纵断面图、雨水口布置图等。结构、电气专业应完成相应专业内容的施工图设计。

## 3.2.1　道路

### 1. 设计流程

城市道路的低影响开发设计应考虑道路高程、绿化带、道路横断面、低影响开发设施与常规排水系统衔接等内容。低影响开发设施（海绵体）的选择应以因地制宜、经济有效、方便易行为原则，在满足城市道路基本功能的前提下，达到相关规划（或上位依据）提出的低影响开发控制目标与指标要求。同时，对道路内的海绵设施应采取必要的防渗措施，防止径流雨水对道路路基和附属管道基础的强度和稳定性造成破坏。

新建道路、改扩建城市道路设计应分别落实海绵城市低影响开发建设要求。道路设计应优化道路横坡坡向、路面与道路绿化带及周边绿地的竖向关系等，优先考虑坡向海绵绿地、绿化带，便于路面径流雨水汇入低影响开发设施。不同路面结构交接带及道路外侧宜设置绿化带，便于低影响开发设施布置及路面雨水收集排放。

现状道路改造时，应对人行道、绿化带进行海绵化改造。条件许可时，宜对现状道路横断面优化设计。当城市道路（车行道）径流雨水排入道路红线内、外绿地时，在低影响开发设施前端，应设置沉淀池（井）、弃流井（管）等设施，对进入绿地内的初期雨水进行预处理或弃流，以减缓初期雨水对绿地环境及低影响开发设施的影响。

城市道路径流雨水应通过有组织的汇流与转输，经截污过滤等预处理后引入道路红线内、外绿地（绿化带）内，并通过设置在绿地内的以雨水渗透、储存、调节等为主要功能的低影响开发设施（海绵体）进行处理。城市道路海绵系统设计应遵循以下流程：

（1）整体分析：勘察建设区域现场，分析道路的交通需求、土壤透水系数、红线宽度、红线外用地条件、周边水体等相关因素。确定道路的径流流向、汇水区面积等。对接上位规划，明确该区域海绵城市控制目标。

（2）确定道路断面和竖向设计：根据道路通行能力需求及红线宽度、红线外用地条件等因素，计算车行道宽度、非机动车道宽度、人行道宽度、绿化带宽度，初步确定道路断面及竖向。

（3）内涝风险和面源污染负荷评估：利用计算或模型工具对区域内的内涝风险和面源污染负荷进行评估，提出内涝防治要求和面源污染控制要求，辅助决策后续的海绵措施选择与布局及道路的断面及竖向的确定。

（4）优化道路断面布置与竖向设计：结合内涝防治要求和面源污染控制要求，分析不同汇水区竖向、水文特征，优化道路断面布置和竖向设计。

（5）技术选择：根据优化的道路断面和竖向，因地制宜地选择海绵措施，并确定规模。

（6）初步设计：依据选择的海绵城市建设技术措施，进行道路海绵设施的平面与竖向布置，初步提出设计方案。

（7）方案设计：复核海绵城市建设技术指标和要求，并对其进行优化。明确海绵设施的平面布局、竖向、规模及与城市雨水管渠系统、超标雨水径流排放系统的衔接关系，落实内涝防治措施和控源截污措施。

（8）通过项目方案比选、技术经济分析，明确最终的设计方案。

（9）施工图设计：根据批准的设计方案进行施工图设计，施工图设计文件应能满足施工、安装、加工及编制施工图预算的要求，并据此进行工程验收；施工图设计文件通常包括海绵设施平面布置图、场地及海绵设施竖向设计图、海绵设施大样图等；明确工程量，并进行工程概算。

（10）施工图审查及备案：由有关部门进行审批，按照审批要求进行调整和完善，并备案。

### 2. 海绵系统构建

低影响开发设施的选择应因地制宜、经济有效、方便易行，如结合道路绿化带和道路红线外绿地优先设计下沉式绿地、生物滞留带、雨水湿地等。城市道路低影响开发雨水系统典型流程如图 3-6 所示。

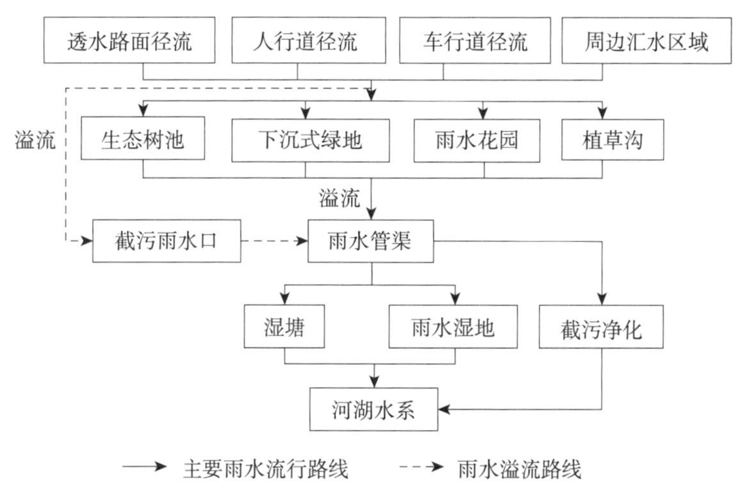


图 3-6　城市道路低影响开发雨水系统构建流程示意图

（1）城市道路应在满足道路基本功能的前提下达到相关规划提出的低影响开发控制目标与指标要求。为保障城市交通安全，在低影响开发设施的建设区域，城市雨水管渠和泵站的设计重现期、径流系数等设计参数应按《室外排水设计标准》GB 50014—2021 中的相关标准执行。

（2）道路人行道宜采用透水铺装，非机动车道和机动车道可采用透水沥青路面或透水水泥混凝土路面，透水铺装设计应满足国家有关标准规范的要求。

（3）道路横断面设计应优化道路横坡坡向、路面与道路绿化带及周边绿地的竖向关系等，便于径流雨水汇入低影响开发设施。

（4）规划作为超标雨水径流行泄通道的城市道路，其断面及竖向设计应满足相应的设计要求，并与区域整体内涝防治系统相衔接。

（5）路面排水宜采用生态排水的方式，也可利用道路及周边公共用地的地下空间设计调蓄设施。路面雨水宜首先汇入道路红线内绿化带，当红线内绿地空间不足时，可由政府主管部门协调，将道路雨水引入道路红线外城市绿地内的低影响开发设施进行消纳。当红线内绿地空间充足时，也可利用红线内低影响开发设施消纳红线外空间的径流雨水。低影响开发设施应通过溢流排放系统与城市雨水管渠系统相衔接，保证上下游排水系统的顺畅。

（6）城市道路绿化带内低影响开发设施应采取必要的防渗措施，防止径流雨水下渗对道路路面及路基的强度和稳定性造成破坏。

（7）城市道路经过或穿越水源保护区时，应在道路两侧或雨水管渠下游设计雨水应急处理及储存设施。雨水应急处理及储存设施的设置，应具有截污与防止事故情况下泄露的有毒有害化学物质进入水源保护地的功能，可采用地上式或地下式。

（8）道路径流雨水进入道路红线内外绿地内的低影响开发设施前，应利用沉淀池、前置塘等对进入绿地内的径流雨水进行预处理，防止径流雨水对绿地环境造成破坏。有降雪的城市还应采取措施对含融雪剂的融雪水进行弃流，弃流的融雪水宜经处理（如沉淀等）后排入市政污水管网。

（9）低影响开发设施内植物宜根据水分条件、径流雨水水质等进行选择，宜选择耐盐、耐淹、耐污等能力较强的乡土植物。

（10）城市道路低影响开发雨水系统的设计应满足《城市道路工程设计规范（2016年版）》CJJ 37—2012中的相关要求。

### 3.2.2 广场

随着城市化进程的快速推进，人们的生活品质日益上升，对于生活场所的功能要求也在逐渐提高，尤其是对户外功能空间的要求愈发多样化，如可游憩锻炼的活动广场或可休闲漫步的商业街区；同时，随着人口数量的增加，各类广场及商业街区的面积不断扩大，大面积硬质场地在城市中所占比重越来越大。

大面积硬质场地多为灰色基础建设，土地经过反复夯实硬化，几乎丧失了透水能力。同时，现存硬质场地内排水设施严重缺乏，连续降雨期间，场地雨水不能及时下渗或排走，导致地面积水严重，城市内涝，并产生大量径流污染。

硬质广场分为商业街区、附带地下空间（指建有地下车库等地下空间）的广场、无地下空间广场以及地下水位过高（指地下水位与地坪距离小于或等于2m）的广场等。

依据海绵城市建设理念，根据场地功能及风格增设排水沟，同时增设不同尺度的生物滞留设施与排水沟一起消纳场地径流，并尽可能保证排水沟消纳的场地径流汇入到生物滞留设施内部，与其自身承载的径流统一过滤净化，以减少径流污染；部分场地可适当增设透水铺装，增加硬质场地的下渗面积；地下水位高的场地则可通过地势变化进行调蓄。

### 1. 设计流程

广场用地主要包括商业广场、街区广场、公园广场等，大多数广场附属于商业街区或开放空间。广场用地的海绵系统设计应根据场地类型，因地制宜制定设计流程。一般应符合以下设计流程：

（1）整体分析：对广场和周边地块的下垫面、地形、地貌、地势、标高、土质、绿化情况、水体情况等进行整体分析。

（2）汇水区划分：对广场竖向排水分区进行划分，旧有广场根据现状地形进行排水分区划分，新建广场根据海绵建设目标进行竖向设计确定排水分区。

（3）内涝风险和面源污染负荷评估：利用计算或模型工具对区域内的内涝风险和面源污染负荷进行评估，提出内涝防治措施和面源污染防治措施，辅助决策后续的海绵措施选择与布局。

（4）技术选择：结合海绵城市建设目标、引导性指标及广场用地的土壤、竖向和水文情况等，因地制宜选用适合的海绵城市建设技术措施，并确定建设内容、规模和布局。

（5）初步设计：结合广场用地整体设计要求，对海绵设施进行设计，优选技术先进、经济可靠的技术措施，确定初步设计方案。

（6）方案设计：根据广场用地总平面规划、周边建筑布局和海绵城市建设措施的内容和规模，明确广场海绵设施的规模、平面布局、竖向、构造，并与城市排水系统做好衔接关系，落实内涝防治措施和控源截污措施。

（7）施工图设计：根据批准的设计方案进行施工图设计，包括海绵设施平面布置图、场地及海绵设施竖向设计图、海绵设施大样图等，明确工程量，并进行工程概算。

（8）施工图审查及备案：由有关部门进行审批，按照审批要求进行调整和完善，并备案。

### 2. 海绵系统构建

广场径流雨水应通过有组织的汇流、截流、转输后引入以雨水渗透、

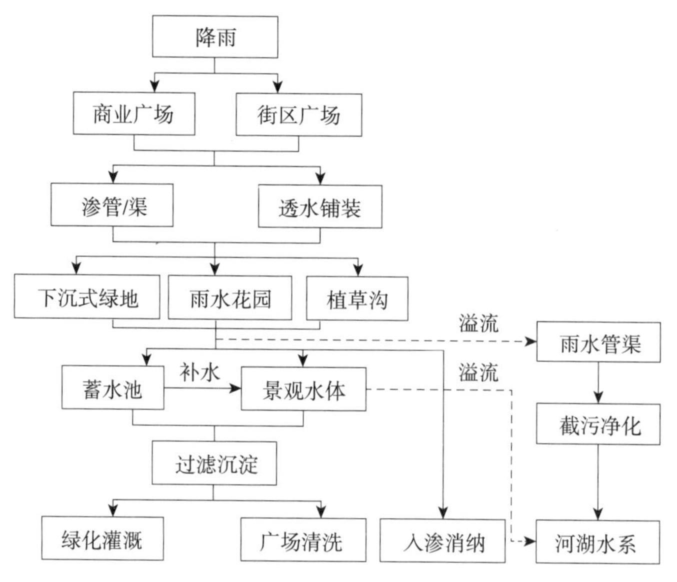

图 3-7 广场用地海绵系统构建流程示意图

储存、调节等为主要功能的低影响开发设施。低影响开发设施的选择应因地制宜、经济有效、方便易行，如结合广场和绿地优先设计透水铺装、生物滞留设施等。广场用地海绵系统构建流程如图 3-7 所示。

（1）降落在广场硬化地面的雨水，应利用可透水铺装、下沉式绿地、渗透管沟、雨水花园等设施对径流进行净化、消纳，超标准雨水可就近排入雨水管道。在雨水口宜设置截污挂篮、旋流沉沙等设施截留污染物。

（2）降落在广场的雨水经过截流和初期弃流，可优先进入下凹式绿地和雨水桶，雨水桶中雨水宜作为绿化灌溉用水和广场清洗用水。

## 3.2.3 建筑用地

### 1. 设计流程

建筑用地主要包括民用建筑（居住建筑、公共建筑）和工业建筑项目，以及这些建筑项目所在建设用地的红线范围。建筑用地的海绵系统设计，应符合以下设计流程：

（1）整体分析：对建筑地块和周边地块的地形、地貌、地势、标高、土质、绿化情况、水体情况等进行整体分析；根据建筑用地性质、容积率、绿地率等指标，对区域下垫面进行分析。

（2）汇水区划分与指标分解：依据相关规划或规定，明确地块低影响开发控制指标；结合下垫面解析和控制指标，对区域竖向排水分区进行划分，改建小区根据现状地形进行排水分区划分，新建小区根据海绵建设目标进行竖向设计确定排水分区，并按排水分区分解控制指标。

（3）内涝风险和面源污染负荷评估：利用计算或模型工具对区域内的内涝风险和面源污染负荷进行评估。

（4）初步设计：结合建筑用地海绵城市目标和建筑用地限制条件，优选技术先进、经济可靠的技术措施，确定初步的设计方案。

（5）方案设计：根据建筑用地总平面规划、建筑方案和海绵城市建设措施的内容和规模，复核海绵城市建设技术指标和要求，并对其进行优化。明确海绵设施的规模、平面布局、竖向、构造及与城市雨水管渠系统、超标雨水径流排放系统的衔接关系，落实内涝防治措施和控源截污措施。

（6）施工图设计：根据批准的设计方案进行施工图设计，施工图设计文件应能满足建筑用地施工、安装、加工及编制施工图预算的要求，并据此进行工程验收，明确工程量，并进行工程概算。

（7）施工图审查及备案：由有关部门进行审批，按照审批要求进行调整和完善，并备案。

### 2. 海绵系统构建

建筑屋面和路面径流雨水应通过有组织的汇流与转输，经截污等预处理后引入绿地内的以雨水渗透、储存、调节等为主要功能的低影响开发设施。因空间限制等原因不能满足控制目标的建筑用地，径流雨水还可通过城市雨水管渠系统引入城市绿地与广场内的低影响开发设施。低影响开发设施的选择应因地制宜、经济有效、方便易行，如结合绿地和景观水体优先设计生物滞留设施、渗井、湿塘和雨水湿地等。建筑用地低影响开发雨水系统典型流程如图 3–8 所示。

（1）降落在屋面（普通屋面和绿色屋面）的雨水经过初期弃流，可进入高位花坛和雨水桶，并溢流进入下沉式绿地，雨水桶中雨水宜作为小区绿化用水。

（2）降落在道路、广场等其他硬化地面的雨水，应利用可透水铺装、下沉式绿地、渗透管沟、雨水花园等设施对径流进行净化、消纳，超标准雨水可就近排入雨水管道。在雨水口宜设置截污挂篮、旋流沉沙等设施截留污染物。

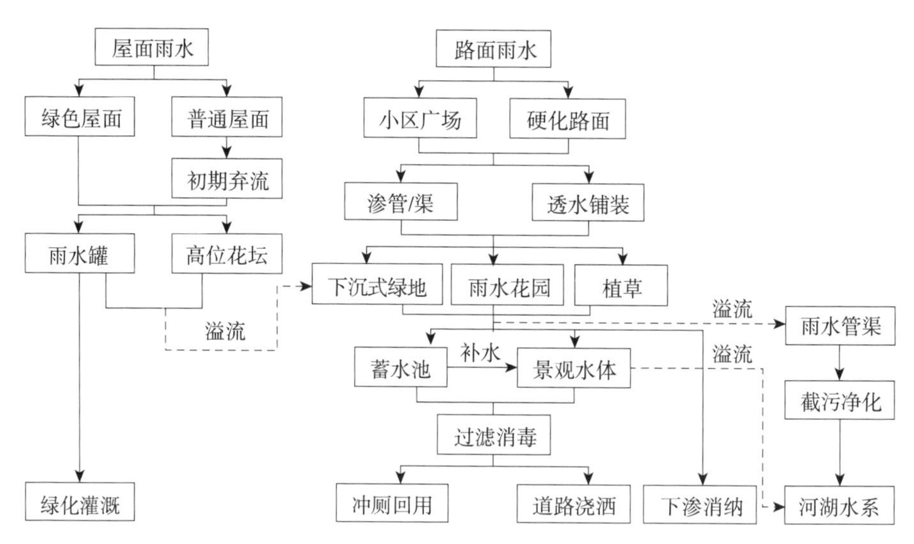


图 3-8　建筑用地低影响开发雨水系统构建流程示意图

（3）经处理后的雨水一部分可下渗或排入雨水管，进行间接利用，另一部分可进入雨水池和景观水体进行调蓄、储存，经过滤消毒后集中配水，用于绿化灌溉、景观水体补水和道路浇洒等。

## 3.2.4　公园绿地

### 1. 设计流程

城市公园绿地的低影响开发设计对象包括公园绿地及其他绿地（防护绿地、山体坡地绿地、附属绿地、生产绿地以及其他外围绿地）。城市绿地的低影响开发设计内容应考虑包括场地高程设计、下沉式绿地、透水铺装、生物滞留设施、渗井 / 渗管（渠）、水体、蓄水池、植草沟、绿色屋顶等低影响开发设施设计以及与市政排水系统的衔接设计。

海绵公园 / 绿地建设的目标以内涝防治、面源污染控制、收集利用为主，并应尽可能收集处理周边硬化表面的径流。统筹考虑绿地周边区域内涝防治需求，绿地周边汇水面（如广场、停车场、建筑与小区等）的雨水径流应通过合理竖向设计引入集中绿地。将雨水处理设施与景观设计相结合，合理确定下凹式绿地、雨水花园的布局与比例。绿地中雨水湿塘、雨水湿地等大型海绵设施应在进水口设置有效的防冲刷、预处理设施和溢流排放系统，溢流排放系统可考虑与城市雨水管渠系统或超标雨水径流排放系统相衔接，并应建设警示标识和预警系统，保证暴雨期间人员的安全撤离，避免事故的发生。构建多功能调蓄水体，在满足景观要求的同时，对雨水水质和径流量进行控制，并对雨水资源进行合理利用。城市绿地低影响开发设计应遵循以下流程：

（1）整体分析：分析建设区域绿地、水面、广场等用地类型和比例，场地的降雨特征、土壤蓄水特征、植物群落特征、径流量、污染物含量等，确定场地的径流流向和分区汇水面积等，估算现状绿地海绵体蓄水能力，确定设计方向，制定绿地目标比例、水面目标比例等。

（2）根据现有建设区域的比例、汇水区面积、不透水铺装比例等，计算建设区域的年径流总量控制率和年径流污染去除率，确定与目标年径流总量控制率和年径流污染去除率的差距。

（3）技术选择：选择相应的海绵城市建设技术措施，确定技术措施的数量和规模。核算下凹式绿地率、污染物削减率、透水铺装率等。

（4）方案设计：根据公园绿地景观规划设计方案，明确技术措施和计算的设施量，并进行总体设计和设施布置，形成设计方案。

（5）初步设计：复核海绵城市建设技术指标和要求、并对其进行优化；明确海绵设施的规模、平面布局、竖向、构造及与城市雨水管渠系统、超标雨水径流排放系统的衔接关系；明确工程量，并进行工程概算。

（6）施工图设计：根据批准的初步设计进行施工图设计，施工图设计文件应能满足施工、安装、加工及编制施工图预算的要求，并据以进行工程验收。施工图设计文件通常包括海绵设施平面布置图、场地及海绵设施竖向设计图、海绵设施大样图等。

（7）施工图审查及备案：由有关部门进行审批，按照审批要求进行调整和完善，并备案。

### 2. 海绵系统构建

城市公园绿地及周边区域径流雨水应通过有组织的汇流与转输，经截污等预处理后引入城市绿地内的以雨水渗透、储存、调节等为主要功能的低影响开发设施，消纳自身及周边区域径流雨水，并衔接区域内的雨水管渠系统和超标雨水径流排放系统，提高区域内涝防治能力。低影响开发设施的选择应因地制宜、经济有效、方便易行，如湿地公园和有景观水体的城市绿地与广场宜设计雨水湿地、湿塘等。城市公园绿地低影响开发雨水系统构建典型流程如图3-9所示。

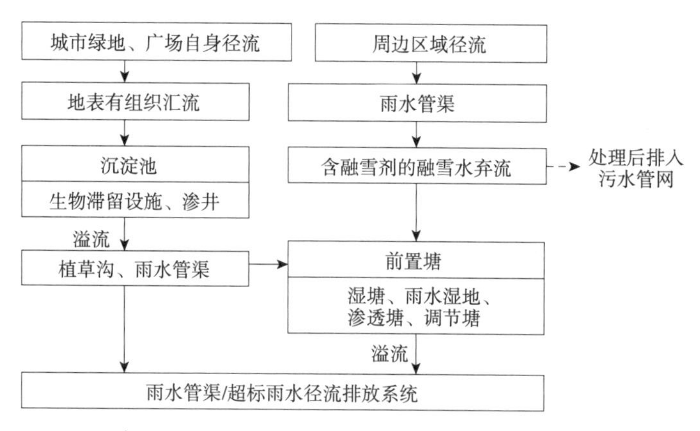

图 3-9　城市公园绿地低影响开发雨水系统构建典型流程示意图

（1）城市绿地应在满足自身功能条件下（如吸热、吸尘、降噪等生态功能，为居民提供游憩场地和美化城市等功能），达到相关规划提出的低影响开发控制目标与指标要求。

（2）城市绿地宜利用透水铺装、生物滞留设施、植草沟等小型、分散式低影响开发设施消纳自身径流雨水。

（3）城市湿地公园、城市绿地中的景观水体等宜具有雨水调蓄功能，通过雨水湿地、湿塘等集中调蓄设施，消纳自身及周边区域的径流雨水，构建多功能调蓄水体 / 湿地公园，并通过调蓄设施的溢流排放系统与城市雨水管渠系统和超标雨水径流排放系统相衔接。

（4）规划承担城市排水防涝功能的城市绿地，其总体布局、规模、竖向设计应与城市内涝防治系统相衔接。

（5）城市绿地内湿塘、雨水湿地等雨水调蓄设施应采取水质控制措施，利用雨水湿地、生态堤岸等设施提高水体的自净能力，有条件的可设计人工土壤渗滤等辅助设施对水体进行循环净化。

## 3.2.5　地表水体

### 1. 设计流程

城市地表水体海绵系统建设的目标应以防洪治涝、雨水调节、污染治理为主，并尽可能收集、控制和处理城市道路与广场、山体与绿地、建筑与小区的径流。根据城市地表水体的功能定位、水体水质等级与达标率、保护或改善水质的制约因素与有利条件、水系利用现状及存在问题等因素，合理确定城市水系的保护与改造方案，使其满足相关规划提出的海绵城市建设目标与指标要求。

首先应保护现状河流、湖泊、湿地、坑塘、沟渠等城市自然水体，充分利用自然水体设计雨水湿塘、雨水湿地等具有雨水调蓄功能的海绵设施，雨水湿塘、雨水湿地的布局、调蓄水位等应与城市上游雨水管渠系统、超标雨水径流排放系统及下游水系相衔接。

其次，充分利用城市水系滨水绿化控制线范围内的城市公共绿地，在绿地内设计雨水湿塘、雨水湿地等设施调蓄、净化径流雨水，并与城市雨水管渠的水系入口、经过或穿越水系的城市道路的排水口相衔接。

滨水绿化控制线范围内的绿化带接纳相邻城市道路等不透水面的径流雨水时，应设计为植被缓冲带，以削减径流流速和污染负荷。有条件的城市水系，其岸线应设计为生态护岸，并根据调蓄水位变化选择适宜的水生及湿生植物。城市水体低影响开发设计应遵循以下流程：

（1）资料收集：收集水文条件、水质等级、水系连通状况、水系利用状况、岸线与滨水带状况等资料。

（2）流域分析：在流域洪水风险分析、水量平衡分析、纳污能力污染分析的基础上，重点进行城市水系海绵性分析。

（3）总体布局：确定平面总体布局，重点分析水域与绿化、道路、广场、建筑物等其他配套要素的竖向关系。

（4）工程规模：根据调蓄、排水、生态、景观、航道、雨水利用等功能需求，确定工程规模，重点论证调蓄量、生态流速、污染削减量等。

（5）方案设计：进行岸线设计、排口设计、水质净化设计以及滨水带的绿化景观、临水建筑物设计等，在设计过程中应优先选用具有生态性、海绵性的措施。

（6）初步设计：复核海绵城市建设技术指标和要求、并对其进行优化。明确海绵设施的规模、平面布局、竖向、构造及工程量，并进行工程概算。

（7）施工图设计：根据批准的初步设计进行施工图设计，施工图设计文件应能满足施工、安装、加工及编制施工图预算的要求，并据此进行工程验收。施工图设计文件通常包括海绵设施平面布置图、场地及海绵设施竖向设计图、海绵设施大样图等。

（8）施工图审查及备案：由有关部门进行审批，按照审批要求进行调整和完善，并备案。

（9）目标核算及方案调整：对方案设计进行海绵性指标核算，对于不满足要求的，应进行方案调整。

2. 海绵系统构建

城市地表水体在城市排水、防涝、防洪及改善城市生态环境中发挥着重要作用，是城市水循环过程中的重要环节，湿塘、雨水湿地等低影响开发末端调蓄设施也是城市水系的重要组成部分，同时城市水系也是超标雨水径流排放系统的重要组成部分。

城市地表水体海绵系统设计应根据其功能定位、水体现状、岸线利用现状及滨水区现状等，进行合理保护、利用和改造，在满足雨洪行泄等功能条件下，实现相关规划提出的低影响开发控制目标及指标要求，并与城市雨水管渠系统和超标雨水径流排放系统有效衔接。城市地表水体低影响开发雨水系统构建典型流程如图 3-10 所示。

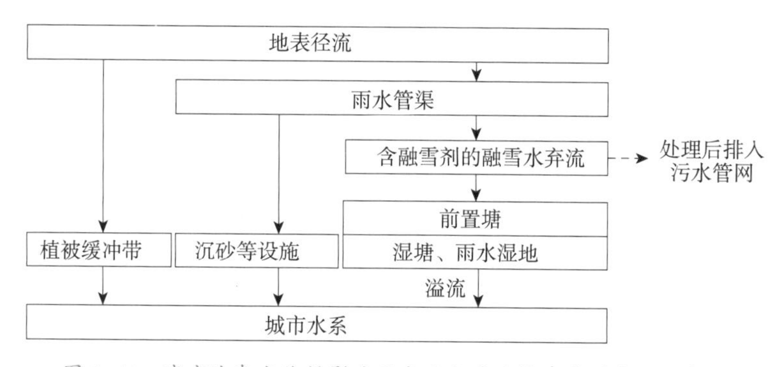


图 3-10　城市地表水体低影响开发雨水系统构建典型流程示意图

## 3.3　海绵城市工程技术

传统的城市规划在功能至上的引导下，淡化了对自然本底与规律的研究，过度强调人为控制与作用，导致面积占比 2/3 以上的城市人工下垫面失去了自然土地的海绵效应，转而单纯以灰色的管网解决雨水排放问题。海绵城市建设不应以单一的工程技术解决洪涝或雨水利用为导向，而应基于系统的观念，统筹城市蓝色系统、绿色系统、灰色系统，共同作用形成符合城市特定气候地理环境的渗、滞、蓄、净、用、排的海绵系统。

## 3.3.1　绿色海绵技术

海绵城市建设可通过渗、滞、蓄、净、用、排等多种绿色工程技术实现城市良性水文循环，提高对径流雨水的渗透、调蓄、净化、利用和排放能力，维持或恢复城市的“海绵”功能。

低影响开发设施往往具有补充地下水、集蓄利用、削减峰值流量及净化雨水等多个功能，可实现径流总量、径流峰值和径流污染等多个控制目标，因此应根据城市总规、专项规划及详规明确的控制目标，结合汇水区特征和设施的主要功能、经济性、适用性、景观效果等因素灵活选用低影响开发设施及其组合系统。低影响开发海绵设施比选如表3–3所示。

渗、滞、蓄、净、用、排绿色海绵技术根据形式不同主要划分为渗透类技术设施、储存类技术设施、调节类技术设施、净化类技术设施、传输类设施五类；根据应用过程，主要划分为源头控制技术、中途传输技术、末端调控技术三类；结合城市水文地质特点，技术设施的适用性详见表3–4。

低影响开发设施的选择应结合不同区域水文地质、水资源等特点，建筑密度、绿地率及土地利用布局等条件，根据城市总规、专项规划及详规明确的控制目标，结合汇水区特征和设施的主要功能、经济性、适用性、景观效果等因素选择效益最优的单项设施及其组合系统。组合系统的优化应遵循以下原则：

（1）组合系统中各设施的适用性应符合场地土壤渗透性、地下水位、地形等特点。在土壤渗透性能差、地下水位高、地形较陡的地区，选用渗透设施时应进行必要的技术处理，防止塌陷、地下水污染等次生灾害的发生。

（2）组合系统中各设施的主要功能应与规划控制目标相对应。缺水地区以雨水资源化利用为主要目标时，可优先选用以雨水集蓄利用为主要功能的雨水储存设施；内涝风险严重的地区以径流峰值控制为主要目标时，

**低影响开发海绵设施表** **表 3-3**

| 单项设施 | 功能 | | | | | 控制目标 | | | 处置方式 | | 经济性 | | 污染物去除率（以SS计，%） | 景观效果 |
|---|---|---|---|---|---|---|---|---|---|---|---|---|---|---|
| | 集蓄利用雨水 | 补充地下水 | 削减峰值流量 | 净化雨水 | 转输 | 径流总量 | 径流峰值 | 径流污染 | 分散 | 相对集中 | 建造费用 | 维护费用 | | |
| 透水砖铺装 | ○ | ● | ◎ | ◎ | ○ | ● | ◎ | ◎ | √ | — | 低 | 低 | 80~90 | — |
| 透水水泥混凝土 | ○ | ○ | ◎ | ◎ | ○ | ◎ | ◎ | ◎ | √ | — | 高 | 中 | 80~90 | — |
| 透水沥青混凝土 | ○ | ○ | ◎ | ◎ | ○ | ◎ | ◎ | ◎ | √ | — | 高 | 中 | 80~90 | — |
| 绿色屋顶 | ○ | ○ | ◎ | ◎ | ○ | ● | ◎ | ◎ | √ | — | 高 | 中 | 70~80 | 好 |
| 下沉式绿地 | ○ | ● | ◎ | ◎ | ○ | ● | ◎ | ◎ | √ | — | 低 | 低 | — | 一般 |
| 简易型生物滞留设施 | ○ | ● | ◎ | ◎ | ○ | ● | ◎ | ◎ | √ | — | 低 | 低 | — | 好 |
| 复杂型生物滞留设施 | ○ | ● | ◎ | ● | ○ | ● | ◎ | ● | √ | — | 中 | 低 | 70~95 | 好 |
| 渗透塘 | ○ | ● | ◎ | ◎ | ○ | ● | ◎ | ◎ | — | √ | 中 | 中 | 70~80 | 一般 |
| 渗井 | ○ | ● | ◎ | ◎ | ○ | ● | ◎ | ◎ | √ | √ | 低 | 低 | — | — |
| 湿塘 | ● | ○ | ● | ◎ | ○ | ● | ● | ◎ | — | √ | 高 | 中 | 50~80 | 好 |
| 雨水湿地 | ● | ○ | ● | ● | ○ | ● | ● | ● | √ | √ | 高 | 中 | 50~80 | 好 |
| 蓄水池 | ● | ○ | ◎ | ◎ | ○ | ● | ◎ | ◎ | — | √ | 高 | 中 | 80~90 | — |
| 雨水罐 | ● | ○ | ◎ | ◎ | ○ | ● | ◎ | ◎ | √ | — | 低 | 低 | 80~90 | — |
| 调节塘 | ○ | ○ | ● | ◎ | ○ | ○ | ● | ◎ | — | √ | 高 | 中 | — | 一般 |
| 调节池 | ○ | ○ | ● | ○ | ○ | ○ | ● | ○ | — | √ | 高 | 中 | — | — |
| 转输型植草沟 | ◎ | ○ | ○ | ◎ | ● | ◎ | ○ | ◎ | √ | — | 低 | 低 | 35~90 | 一般 |
| 干式植草沟 | ○ | ● | ○ | ◎ | ● | ● | ○ | ◎ | √ | — | 低 | 低 | 35~90 | 好 |
| 湿式植草沟 | ○ | ○ | ○ | ● | ● | ○ | ○ | ● | √ | — | 中 | 低 | — | 好 |
| 渗管/渠 | ○ | ◎ | ○ | ○ | ● | ◎ | ○ | ◎ | √ | — | 中 | 中 | 35~70 | — |
| 植被缓冲带 | ○ | ○ | ○ | ● | — | ○ | ○ | ● | √ | — | 低 | 低 | 50~75 | 一般 |
| 初期雨水弃流设施 | ◎ | ○ | ○ | ● | — | ○ | ○ | ● | √ | — | 低 | 中 | 40~60 | — |
| 人工土壤渗滤 | ● | ○ | ○ | ● | — | ○ | ○ | ◎ | — | √ | 高 | 中 | 75~95 | 好 |

来源：《海绵城市建设技术指南——低影响开发雨水系统构建（试行）》

注：1 ●——强 ◎——较强 ○——弱或很小；

2 SS去除率数据来自美国流域保护中心（Center for Watershed Protection，CWP）的研究数据。

各类用地中低影响开发设施适用性　　表 3-4

| 技术类型 | 设施 | 用地类型 | | | | |
|---|---|---|---|---|---|---|
| | | 道路 | 广场 | 建筑用地 | 绿地 | 水体 |
| 源头控制技术 | 透水砖铺装 | ● | ● | ● | ● | ◎ |
| | 透水混凝土 | ◎ | ◎ | ◎ | ◎ | ◎ |
| | 绿色屋顶 | ● | ○ | ○ | ○ | ○ |
| | 下沉式绿地 | ● | ● | ● | ● | ◎ |
| | 生物滞流设施 | ● | ● | ● | ● | ◎ |
| | 植物缓冲带 | ● | ● | ● | ● | ● |
| | 初期雨水弃流设施 | ● | ◎ | ◎ | ◎ | ○ |
| 中途传输技术 | 溪流 / 旱溪 | ○ | ○ | ○ | ● | ● |
| | 植草沟 | ● | ● | ● | ● | ◎ |
| | 渗透管 / 渠 | ● | ● | ● | ● | ◎ |
| 末端调控技术 | 生态滞流湿地 | ● | ● | ● | ● | ● |
| | 调节塘 | ● | ◎ | ● | ◎ | ◎ |
| | 蓄水模块 | ◎ | ○ | ◎ | ● | ○ |
| | 蓄水罐 | ● | ○ | ◎ | ○ | ○ |
| | 生态护岸 | ● | ● | ● | ● | ◎ |

来源：《海绵城市建设技术指南——低影响开发雨水系统构建（试行）》
注：●——宜选用 ◎——可选用 ○——不宜选用。

可优先选用峰值削减效果较优的雨水储存和调节等技术；水资源较丰富的地区以径流污染控制和径流峰值控制为主要目标时，可优先选用雨水净化和峰值削减功能较优的雨水截污净化、渗透和调节等技术。

（3）在满足控制目标的前提下，组合系统中各设施的总投资成本宜最低，并综合考虑设施的环境效益和社会效益，例如，当场地条件允许时，优先选用成本较低且景观效果较优的设施。低影响开发设施选用流程如图 3-11 所示。

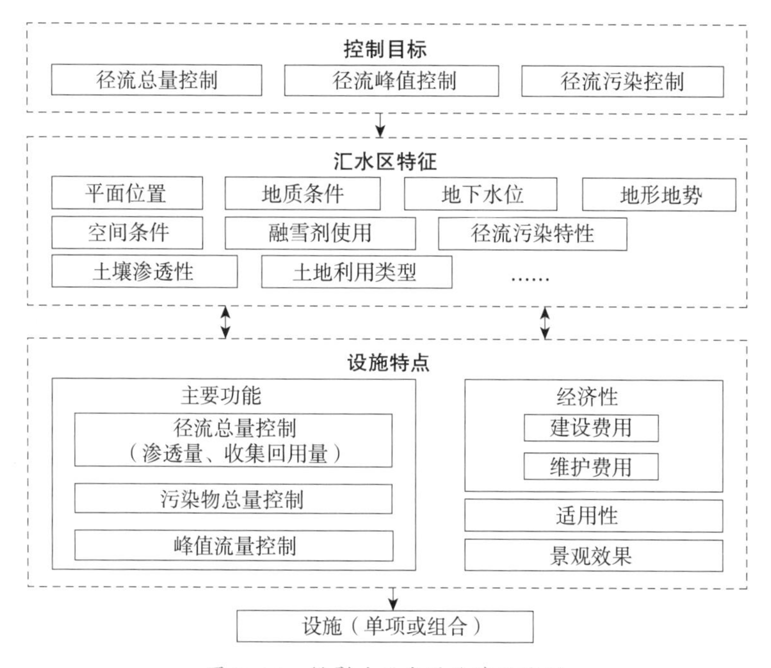


图 3-11　低影响开发设施选用流程

来源：《海绵城市建设技术指南——低影响开发雨水系统构建（试行）》

### 1. 源头控制技术

（1）透水铺装

1）基本原理

透水铺装是一种可以利用透水材料代替传统的不透水硬质路面，通过大孔隙结构层或排水渗透设施提高雨水的下渗能力，将路面的雨水渗透到路基或周边土壤中并加以储存的雨洪控制与雨水利用设施。根据透水面层的不同，透水铺装可分为透水砖、透水水泥混凝土和透水沥青混凝土三种形式（表 3-5）。图 3-12 给出了透水砖铺装典型结构示意和几种透水铺装路面示意图。

2）功能特点

透水铺装适用区域广、施工方便，可补充地下水，并具有一定的峰值流量削减和雨水净化作用。

3）适用条件

透水砖铺装和透水水泥混凝土铺装主要适用于广场、停车场、人行道以及车流量和荷载较小的道路，如建筑与小区道路、市政道路的非机动车道等。透水沥青混凝土路面还可用于机动车道。

**透水铺装类型** **表 3-5**

| 透水铺面类型 | 中间找平层材料 | 透水垫层 | 铺面图示 |
|---|---|---|---|
| 透水混凝土铺面 | 细石透水混凝土 | 透水混凝土（100~300mm） | |
| 透水沥青铺面 | 干硬型砂浆 | 砂砾料（150~300mm） | |
| 透水混凝土路面砖铺面 | 粗砂或细石（20~50mm） | 砂砾料（100~200mm）<br>透水混凝土（50~100mm） | |
| 混凝土格栅砖铺面 | 粗砂或细石（20~50mm） | 砂砾料（100~200mm）<br>透水混凝土（50~100mm） | |

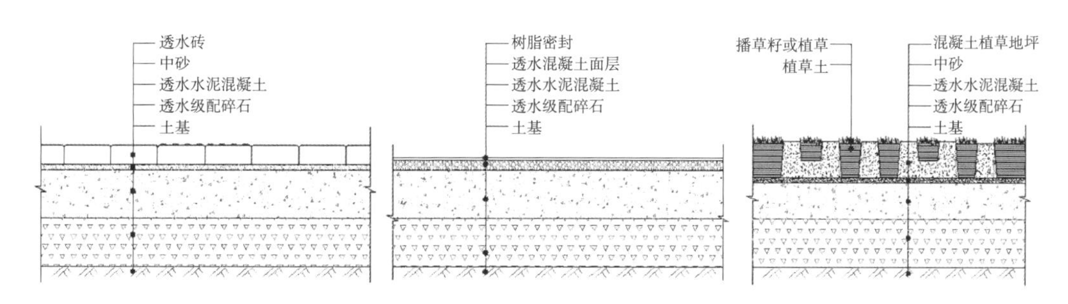


图 3-12　透水铺装结构和路面示意图

4）设计和建设要点

①根据地域性降水、土壤、地质构造、场地属性与功能等特征，选择合适的透水铺装类型和透水铺装结构；

②透水铺装应至少包括透水面层、透水找平层和透水垫层。透水铺装对道路路基强度和稳定性的潜在风险较大时，可采用半透水铺装结构；

③地下水位偏高或土壤透水能力有限时，应在透水铺装的透水基层内设置排水管或排水板。透水铺装基层不允许入渗时应设置防渗层；

④当透水铺装设置在地下室顶板上时，顶板覆土厚度不应小于 600mm，并应设置排水层。

5）维护管理要求

①面层出现破损时应及时进行修补或更换；

②出现不均匀沉降时应进行局部整修找平；

③当渗透能力大幅下降时，应采用冲洗、负压抽吸等方法及时进行清理；

④检修、疏通透水能力 2 次 / 年（雨季之前和期中）。

（2）绿色屋顶

1）基本原理

绿色屋顶也称种植屋面、屋顶绿化等，其利用种植屋面上覆盖的植物、种植土（基质层）、过滤层、排水层等组合系统，有效滞留、净化屋面雨水。根据景观复杂程度和种植基质深度，绿色屋顶又分为简单式和花园式。简单式绿色屋顶只种植草皮、花坛类植物，厚度较小（不大于 150mm），对屋顶负荷要求低，维护比较简单，其主要目的在于景观绿化、降低建筑顶层温度和暴雨管理。花园式绿色屋顶主要是用来营造屋顶花园，提供休闲场所，厚度大，对屋顶负荷要求高，种植乔木时基质深度可超过 600mm。

绿色屋顶包括植物、种植土壤层、透水土工层、排水层、保护层、防水层，典型结构如图 3-13 所示。

2）功能特点

绿色屋顶可有效延缓出流时间、降低径流污染、增加空气湿度，降低室内温度，改善空气质量，美化建筑环境；但对屋顶荷载、防水、坡度、空间条件等有严格要求。

3）适用条件

绿色屋顶适用于符合屋顶荷载、防水等条件的钢筋混凝土基板平屋面（坡度 2%~10%）、钢筋混凝土坡屋面（坡度 10%~50%）、钢基板屋面（坡度 3%~20%）。其最小坡度要求是为了排水通畅，使得雨水排水方向坡度达到要求；绿色屋顶的

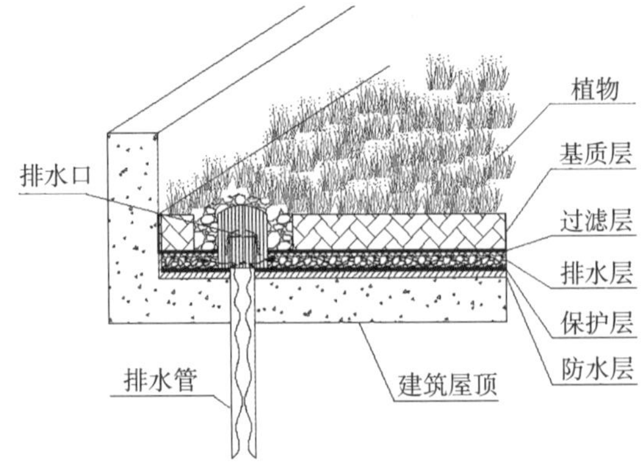


图 3-13　绿色屋顶构造图

图片来源：《海绵城市建设技术指南——低影响开发雨水系统构建（试行）》

最大坡度要求则是为了植物的稳定。既有建筑改造须对建筑结构承载能力、屋面防水层等进行评估。

4）设计和建设要点

①绿色屋顶荷载处理

屋顶绿化的形式应考虑房屋结构，把安全放在第一位，如砖木结构、钢结构屋面是不允许建屋顶花园的，混合结构的平屋面、混凝土结构的平屋面、坡屋面，则可建造屋顶花园。绿色屋顶的设计可参考《种植屋面工程技术规程》JGJ 155—2013。简单式绿色屋顶要求大于 200kg/m$^2$ 的外加荷载能力，花园式绿色屋顶要求大于 350kg/m$^2$ 的外加荷载能力，屋顶允许承载重量 > 一定厚度种植层最大湿度重量 + 一定厚度排水物质重量 + 植物重量 + 其他物质重量。

②绿色屋顶防渗处理

防渗层是屋顶绿化做法中重要的一个环节，可采用玻璃纤维、PVC、HDPE、EPDM 等防渗材料，厚度宜大于 6cm。一般采用两道防水，采用卷材防水和刚性防水结合或卷材防水和涂料防水相结合的办法。防水层施工结束后应进行 24h 蓄水检验，确保没有漏水后再继续其他环节的施工。

③绿色屋顶防根处理

保护层可以用来保护防水层，防止植物根系穿刺导致防水层破裂、漏水。保护层可采用高密度聚乙烯（HDPE）土工膜、低密度聚乙烯（LDPE）土工膜、聚氯乙烯（PVC）卷材、聚烯烃（TPO）卷材和铝合金（PSS）卷材等，厚度宜大于 3cm。

④绿色屋顶排水层

排水层利于将通过过滤层的水尽快排走，以保证植物正常生长。排水层可采用成品塑料排水板、橡胶排水板、泡沫块、塑料粒等轻质材料，降低屋面的荷载。排水层厚度根据当地降雨设计，一般厚度为 3~20cm，最大排水能力大于 4L/（m・s）。排水层施工时要注意不能损坏保护层。

⑤绿色屋顶过滤层

过滤层的功能为防止种植层土壤等流失，一般采用非编织土工布，如玻璃纤维、尼龙布、金属丝网、无纺布等，防穿刺强度大于 10kg，渗透系数大于 $1 \times 10^{-4}$m/s。

此外，在屋顶花园四周还应砌筑挡土墙，挡土墙基部留置盲沟或卵石排水沟，排水孔与建筑物的天台落水口连通，以便及时排出屋面积水，减轻屋面荷载。同时，采用高品质的排蓄水板改善基质的排水状况，吸收、排出种植基质层中渗出的降水，避免屋顶积水，也是防止屋面渗漏的关键环节。

5）植物选择

针对屋顶花园光照强、时间长、温差大、风大、土层薄、湿度小、易干旱、易受冻害和日灼等特点，必须选择具有喜光、耐干燥气候和耐旱、耐贫瘠、根系浅且水平根发达、生长缓慢、能抗风、耐寒等特性的植物品种。因此，绿色屋顶一般应选用比较低矮、根系较浅的植物，在植物类型上应以草坪、花卉为主，适当穿插点缀一些花灌木、小乔木。各类草坪、花卉、树木所占比例应在 70% 以上。植物类型使用的数量变化顺序是：草坪、花卉、地被植物、灌木、藤本、乔木。

常见的植物备选品种有：

①地被植物

草皮多用马尼拉草、台湾草、大叶草、凤尾草、马蹄蕨、绒蕨等；多年生草本植物用葱兰、韭兰、美女樱、红花酢浆草等；时令草花多用孔雀草、一串红、三色堇、金盏菊、石竹类、金鱼草、万寿菊等。

②花灌木

观叶多用红枫、红叶李、金叶女贞等，观花多选茶梅、云南黄馨、桂花；观果则选蜜桔、火棘、石榴等，观枝则用干盘槐、紫薇、垂枝榆等。

③藤本植物

多作垂直绿化用，一般常选用葡萄、炮仗花、三角梅、爬山虎、紫藤、凌霄、络石、常春藤、牵牛、茑萝、铁线莲、油麻藤等。

6）维护管理要求

①绿化养护

植物需浇水、施肥、修剪、除草和防治病虫害等管理措施。除草工作相当重要，因为外来入侵植物根系通常会破坏防水层，但应避免使用除草剂，因为化学制剂将加速防水层的老化。部分屋顶可能受到更强的光照和反射的热量，对该区域的植物应当增加浇水量，尽可能使用无污染、无异味的肥料，避免过度施肥，使得过量氮磷元素进入排水系统。许多难上人屋顶绿化面积小，管理问题不会很大，然而面积较大的可上人屋顶花园，操作难度和工作量较大，因此公共屋顶花园一般应由有园林绿化种植管理经验的专职人员承担。

②设施养护

排水设施是屋顶绿化能否正常使用的关键，排水是否顺畅，也是屋顶植物正常生长的关键。所以要定期对屋顶绿化中的排水管道、冲沟以及排水观察井等排水设施检修，定期清理以避免杂物淤积，堵塞排水口和排水通道，从而侵蚀屋顶表层，导致屋顶漏水，影响建筑以及屋顶绿化的使用寿命。另外，在冬季确保灌溉系统及时回水，防止水管冻裂。遇大雪等天气，应组织人员及时排除降雪，减轻屋顶荷载。

③维护频率

根据不同时期植物的生长需求，建议可将绿色屋顶的维护分为3个阶段：第一阶段为种植后的1~2年内，第二阶段为成熟期，持续2~3年，第三阶段为维护期。根据不同时期应当制定不同的维护计划。

④生命周期

正常情况下防水膜的寿命在40年左右，每隔40年应对防水膜进行替换或者深度的检查。因为植被层和基质层对其他功能层具有防太阳辐射等保护作用，它们的生命周期相对较长。部分养护单元的生命周期差别较大，如灌溉系统，出水口和过滤装置的使用寿命在5~15年之间，而排水管通常具有30年的使用寿命。而对于结构层，钢结构的寿命在40年左右，而混凝土可达60年。

（3）生物滞流设施

1）基本原理

生物滞流设施是一种雨水表面滞流入渗的绿地设施，被用于汇聚并吸收来自地表的雨水，雨水径流自上而下渗滤，通过植物、沙土的综合作用使雨水得到净化，并使之逐渐渗入土壤，涵养地下水。生物滞流设施分为简易型生物滞流设施和复杂型生物滞流设施（图3-14、图3-15），根据应用位置不同又称作雨水花园、生物滞流带、生态树池等。

2）功能特点

生物滞流设施上层有植物，下层有渗滤介质，污染物通过过滤、吸附以及生物吸收被截留下来，从而达到净化雨水的作用，最终达到削减面源污染，改善城市水环境的目标。同时还有滞蓄雨水、错峰缓排的作用，降低城市内涝的风险。

生物滞流设施对雨水径流中氮、磷等污染物的去除作用分为降雨期的截留作用和降雨间隔期的同化作用。径流中的固体废弃物及大颗粒物质会

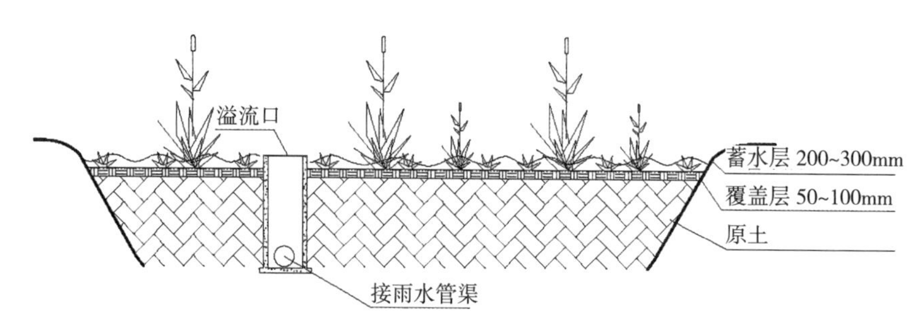


图 3-14 简易型生物滞留设施典型断面构造示意图
图片来源：《海绵城市建设技术指南——低影响开发雨水系统构建（试行）》

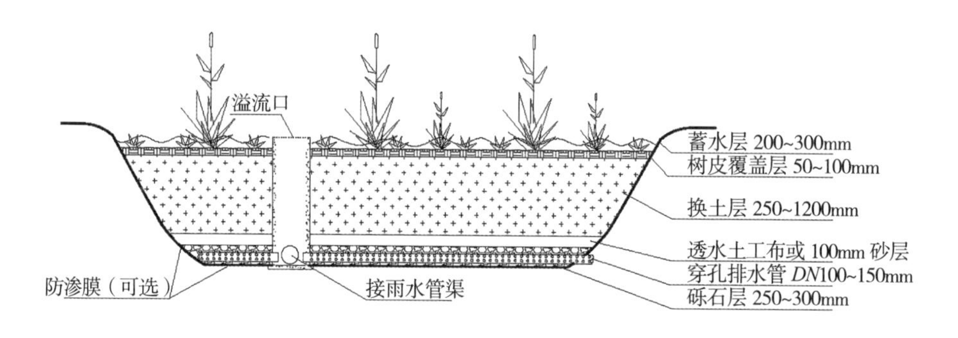


图 3-15 复杂型生物滞留设施典型断面构造示意图
图片来源：《海绵城市建设技术指南——低影响开发雨水系统构建（试行）》

吸附部分金属离子并沉淀。雨水在渗滤过程中，溶解性污染物质及固体颗粒通过植物的吸收、土壤的吸附、滤料的过滤等作用达到雨水水质净化的效果。在降雨间隔期，主要通过生物滞留池内的植物根系及填料介质的同化作用，去除降雨期截留的营养物质。同时，填料接纳的雨水一部分通过蒸发散失，另一部分被收集储存，从而达到削减地表径流量的效果。

3）适用条件

生物滞流设施可广泛应用于城市花坛、树池、道路绿化带等，对于因雨水入渗对建筑、道路存在安全隐患的，可采用非渗透型生物滞留池，设置防水层。

4）设计和建设要点

①生物滞留设施宜分散布置且规模不宜过大，生物滞流设施面积与汇水面面积之比一般为 5%~10%。雨水花园宜包括下列构造：进水设施、存水区、覆盖层、土壤层、种植物、沙滤层、地下排水层、溢流设施。当原

位土壤入渗滤小于 $4\times10^{-6}$m/s，或地下水位及不透水层深度小于 1.20m 时，不宜采用入渗型设施；地下水位及不透水层深度小于 0.7m 时，不宜采用过滤型设施。

②生物滞流设施应用于道路绿化带时，若道路纵坡大于 1%，应设置挡水堰 / 台坎，以减缓流速并增加雨水渗透量；设施靠近路基部分应进行防渗处理，防止对道路路基稳定性造成影响。

③不同区域土壤类型不同，所选用的填料组成及配比也有差异，选用时应综合考虑填料的渗透系数及其对污染物的去除效果。填料要求有一定的渗透率，当用渗滤技术处理雨水回灌地下水时，渗透系数一般不小于 $1\times10^{-6}$m/s；当用渗滤技术处理雨水回用时，渗透系数不小于 $1\times10^{-5}$m/s。

④生物滞流设施应设置配水设施，使得雨水能顺畅、均匀地流入雨水花园，防止对土壤造成冲蚀。设施内应设置溢流设施，可采用溢流竖管、盖篦溢流井或雨水口等，溢流设施顶部一般应低于汇水面 100mm。

⑤生物滞流池的蓄水层深度应根据植物耐淹性能和土壤渗透性能来确定，一般为 100~300mm；过滤介质标准渗透深度是 400~600mm，能够支持植物（匍匐类、莎草科、小灌木）生长并且保证足够除去重金属的最小深度是 300mm。砾石层起到排水作用，厚度一般为 250~300mm，可在其底部埋置管径为 100~150mm 的穿孔排水管，砾石应洗净且粒径不小于穿孔管的开孔孔径；为加强生物滞留设施的调蓄作用，在穿孔管底部可增设一定厚度的砾石调蓄层。

5）植物选择

植物的种植应保证较高的种植密度（至少 10 株 /$m^2$），以增加根系密度，提高表面孔隙度，促进水流均匀分布，增加蒸发损失，同时也能减少杂草入侵的可能性。远离进水口的植物须忍受相对干旱的环境：相反，靠近进水端的植物则需要能够忍耐高流速进水的冲击以及频繁的淹没环境。优势物种应广泛种植，根据其生长类型，种植密度控制在 8~12 株 /$m^2$；灌木和树木的种植密度结合现场景观需求应控制在不大于 1 株 /$m^2$。

6）维护管理要求

①定期检查生物滞留池的运行情况，检查不透水表面（例如油性和黏土性基底）和短时间内连续降雨所形成的水洼（包括建成后第一次较大降雨）中的累积物或者遍布的苔藓生长情况，防止淤积、冲刷、汽车的碾压破坏等；

②检查进水系统、溢流井和排水管，防止堵塞；

③定期清理预处理池的沉淀物，堵塞时应当进一步检查维护。

运行初期，要对植物定期浇水，直至植物能够稳定生长。及时清除覆盖植物的杂物，外来杂草植物应当适当清除。清除死掉的植株，并且重新种植大小和种类相同的植物。修剪坏死植物组织以促进植物生长；必要时，根据植物特点，进行病虫害防治。

（4）初期雨水弃流设施

1）基本原理

通过一定方法或装置将存在初期冲刷效应、污染物浓度较高的降雨初期径流弃流，以降低雨水的后续处理难度。常见的初期弃流方法包括容积法弃流、小管弃流（水流切换法）等，弃流形式包括自控弃流、渗透弃流、弃流池弃流、雨落管弃流等。初期雨水弃流设施典型构造如图 3–16 所示。

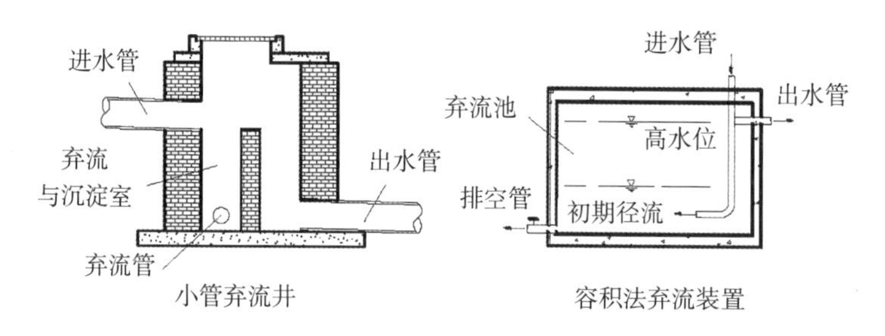


图 3–16　初期雨水弃流设施典型构造示意图

图片来源：《海绵城市建设技术指南——低影响开发雨水系统构建（试行）》

2）功能特点

初期雨水弃流设施能有效缓减初期雨水径流污染，占地面积小，建设费用低，可降低雨水储存及净化设施的维护费用。

3）适用范围

适用于屋面雨水的雨落水管末端、径流雨水的集中入口等海绵设施前段。

4）设计和建设要点

应根据所在地区的用途、地质构造、土壤特性、降雨量、降雨强度等选择合适的透水材料和透水铺装结构。

5）维护管理要求

面层出现破损时应及进行修补或更换。

（5）植被缓冲带

1）基本原理

植被缓冲带为坡度较缓的植被区，经植被拦截及土壤下渗作用减缓了地表径流流速，并去除径流中的部分污染物，植被缓冲带坡度一般为2%~6%，宽度不宜小于 2m。植被缓冲带典型构造如图 3–17 所示。

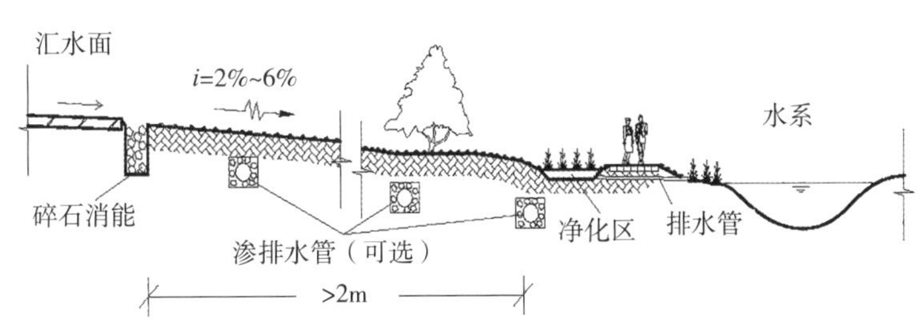


图 3–17　植被缓冲带典型构造示意图

图片来源：《海绵城市建设技术指南——低影响开发雨水系统构建（试行）》

2）适用性

植被缓冲带适用于道路等不透水面周边，可作为生物滞留设施等低影响开发设施的预处理设施，也可作为城市水系的滨水绿化带，但坡度较大（大于 6%）时其雨水净化效果较差。

3）优缺点

植被缓冲带建设与维护费用低，但对场地空间大小、坡度等条件要求较高，且径流控制效果有限。

**2. 中途传输技术**

（1）植草沟

1）基本原理

植草沟模拟自然溪流，通过重力流收集转输雨水，具有可控性、操作性强等特点，同时利用内部植被截留和土壤过滤处理雨水径流，是实现雨水的收集、转输以及过滤、净化、径流总量控制、污染物总量削减、洪峰延缓、地下水补充的重要雨洪设施。

2）功能特点

根据其功能可分为传输型草沟和入渗型草沟，传输型草沟主要是收集、转输雨水径流，入渗型草沟主要起渗透、滞蓄、净化雨水径流的作用。植草沟是生态的雨水输送途径，截留径流污染物，削减径流峰值流量，提高

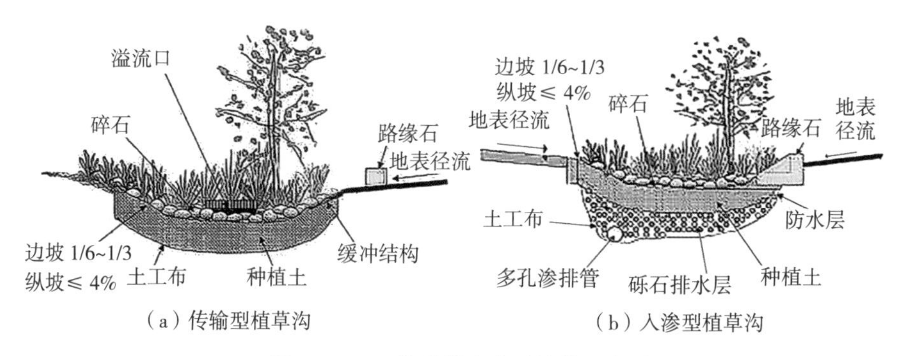

（a）传输型植草沟　　（b）入渗型植草沟

图 3-18　入渗型草沟典型结构示意图

土壤利用效率，造价低，可节约管道建设维护费用。但已建区、开发强度较大的新建城区等区域易受场地限制（图 3-18）。

3）适用条件

适用于建筑、广场及停车场等不透水地面周边绿地、道路绿化带以及各种城市绿地等。

4）设计和建设要点

①植草沟的深度应大于最大有效水深，一般不大于 600mm；植草沟宽度根据汇水面积确定，宜为 1500~2000mm；长度应根据具体的平面布置情况取值；植草沟最大流速应小于 0.8m/s，曼宁系数宜为 0.2~0.3；植草沟的纵向坡度取值范围宜为 0.2%~0.3%。

②植草沟考虑雨水下渗时应取消土工布，不考虑雨水下渗时应设置土工布；植草沟考虑雨水下渗时，其渗透系数应大于 $5 \times 10^{-6}$m/s；不考虑雨水下渗时，其渗透系数应小于 $1 \times 10^{-8}$m/s。

③植草沟的预处理设施宜采用沉砂设施、雨水花园、过滤设施或附属设备。

④对于汇水面积较大或边沟顶有冲沟的路堑边沟，不宜直接采用生态草沟，若必须采用，应在草沟底部增加盖板暗沟等排水设施，以增强草沟的泄水能力。

⑤生态草沟的出水口段 5m 范围内应采用圬工排水沟渠过渡。

⑥高速公路生态草沟应加设渗沟。

5）植物选择

植草沟宜种植密集的草皮，不宜种植乔、灌木，种植物的耐淹时间应大于 24h，高度宜控制在 0.1~0.2m。

6）维护管理要求

①根据植物要求定期补种、施肥、清除杂草，保证种植物生长；

②定期修剪植物，以满足景观需要和保证合格的曼宁系数；

③根据巡视结果清除溢流设施、配水设施淤积垃圾，清除草沟底部淤积；

④维护断面形状及坡度，修补坍塌部分，保持断面现状，修整草沟底部，保持草沟坡度。

（2）溪道（旱溪）

1）基本原理

旱溪仿造自然界中干涸的河床，设计上通常是不放水的溪床，具有强大的蓄水能力。

2）功能特点

旱溪具有滞留、渗透雨水的功能，可涵养地下水，并起到转输、净化中水的功能。可将周边雨水径流快速汇集，减少周边地区的洪涝灾害。旱溪对于径流总量控制、延缓峰值时间、减少峰值流量都可发挥出色的作用。

3）适用条件

旱溪中水量主要受降雨量的支配，常用于年降雨量不多或可利用雨水量较少地区的建筑景观设计。

4）设计和建设要点

旱溪节水、低维护、方便介入，但对于降雨量大于800mm的地区，收集的雨水不能实现水资源利用最优化，因此旱溪最好用于降雨量小于400mm的场区中结合景观进行设计。

5）植物选择

植物配置尽量保持物种多样化，做到乔、灌、草三者的立体搭配，增强生态系统的抗干扰能力。选择上以乡土植物为主，同时要求其能够耐寒且耐短暂水湿，根系发达，固土能力强，观赏价值高。可选用旱柳、水杉、红枫、杜鹃、冬青、夹竹桃、鸢尾、细叶美女樱、美人蕉、千屈菜、再力花等。

6）维护管理要求

①根据植物要求定期补种、施肥、清除杂草，保证种植物生长；

②注意清除溪道内飘落的枯枝落叶，防止发生堵塞和影响景观效果。

（3）渗管/渠

1）基本原理

渗管/渠为利用一系列具有渗透功能的雨水检查井和穿孔管管材组成的管渠，用以渗透、储存、排放雨水。渗管/渠典型构造如图 3-19 所示。

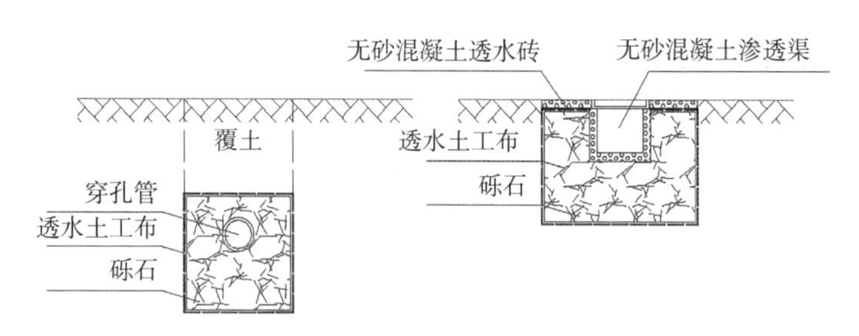


图 3-19 渗管/渠典型构造示意图

图片来源：《海绵城市建设技术指南——低影响开发雨水系统构建（试行）》

2）功能特点

渗管/渠排放一体化设施具有一定的峰值流量削减和转输雨水作用，对场地空间要求小，但建设及维护费用较高，渗透补充地下水的作用有限。

3）适用条件

适用于建筑与小区及公共绿地内转输流量较小的区域；不适用于地下水位较高、径流污染严重等不宜进行雨水渗透的区域。

4）设计和建设要点

①应设置植草沟、沉淀（砂）池等预处理设施；

②开孔率应控制在 1%~3% 之间，无砂混凝土管的孔隙率应大于 20%；

③敷设坡度应满足排水的要求；

④四周应填充砾石或其他多孔材料，砾石层外包透水土工布，土工布搭接宽度不少于 200mm；

⑤设在行车路面下时覆土深度不应小于 700mm。

5）维护管理要求

①进水口出现冲刷造成水土流失时，应设置碎石缓冲或采取其他防冲刷措施；

②设施内因沉积物淤积导致调蓄能力或过流能力不足时，应及时清理沉积物；

③当调蓄空间雨水的排空时间超过 36h，应及时置换填料。

### 3. 末端调控技术

（1）生态滞流湿地

1）基本原理

生态滞流湿地是以雨水径流为主要补给水源，通过模拟天然湿地的结构，具有滞蓄径流、削减洪峰流量、植物截流净化、渗滤净化、涵养地下水功能和生态景观功能的人工湿地景观。暴雨发生时其可发挥调蓄功能，平时发挥正常的景观及休闲、娱乐功能，实现了场地的多功能利用。

生态滞流湿地可分为在线型湿地和离线型湿地两种，一般由进水口、前置塘、主塘、溢流出水口、护坡及驳岸、维护通道等结构组成，是人为建造的由饱和基质、挺水和沉水植物、动物和水体组成的复合体。进水区域通过沉淀去除一些大颗粒悬浮物；处理区域相对较浅，上部有植物覆盖，作用是去除较小的颗粒物并吸收一些可溶性的污染物；大流量分水槽用来保护处理区域，使其免受冲刷破坏（图 3-20）。

2）功能特点

生态滞流湿地系统的水体较浅，人工在水体上种植植物，通过强化沉淀、精细过滤以及生物吸收等步骤来去除雨水中污染物。其既可用于小规模的点源污染治理，也可用于一定意义上的面源污染治理，同时也可以作为污水处理厂的尾水处理工艺；其优良的雨水调蓄功能可以增强城市排水系统弹性和降低内涝风险；其可为动植物提供栖息地，形成生态景观。

3）适用条件

生态滞流湿地对污染物有较好的去除效果和良好的生态景观效果。一般可应用于公园绿地、居住区绿地、滨河绿道、立交桥及道路周边等区域。

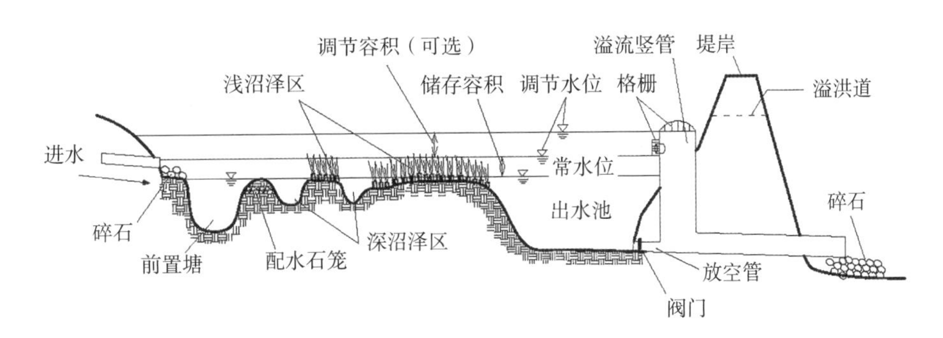


图 3-20　生态滞流湿地典型结构示意图

图片来源：《海绵城市建设技术指南——低影响开发雨水系统构建（试行）》

4）设计和建设要点

①进水口和溢流出水口应设置碎石、消能坎等消能设施，防止水流冲刷和侵蚀；

②雨水湿地应设置前置塘对径流雨水进行预处理；

③沼泽区包括浅沼泽区和深沼泽区，其是雨水湿地主要的净化区，其中，浅沼泽区水深范围一般为0~0.3m，深沼泽区水深范围为一般为0.3~0.5m，根据水深不同种植不同类型的水生植物；

④湿地的调节容积应在24h内排空；

⑤出水池主要起防止沉淀物的再悬浮和降低温度的作用，水深一般为0.8~1.2m，出水池容积约为总容积（不含调节容积）的10%；

⑥生态滞流湿地主体工程的水力坡度是决定生态滞流湿地处理效果的关键，平缓而起伏合理的工程可以保证水体在被处理过程中的流态稳定，处理效果好；

⑦施工过程中要严格注意管孔口附近填料的顺序问题，以及要保证后期人工维护无法触及部分的施工良好，以防发生堵塞造成损失。

5）植物选择

在选择生态滞流湿地植物时尽量选择本土植物，以免引发生物安全性问题。优先选择吸收能力强、耐受水位变化的植物；优先选择根系发达、茎叶繁茂、生物量大的植物；优先选择有经济价值且具有观赏性的植物；优先选择抗逆性强的植物，这类植物可以抵抗病虫害和气温变化等；合理搭配不同种类植物，多物种的生态系统比单一物种的生态系统要稳定，但是最多能选择三种植物。植被应当在两年后达到70%~80%的覆盖率。

6）维护管理要求

①对杂质、植被、蚊虫进行日常检测；

②对进水出水构筑物进行日常检测，以防堵塞：对进水进行预处理和定期对湿地进行清淤，都可以减少湿地堵塞情况的发生；

③杂草的清除：定期对植物进行收割可以减少植物之间因化感作用相互影响或是因植物的枯枝落叶经水淋或微生物的作用释放出克生物质，抑制自身的生长；同时，从审美的角度来看，在每年秋天收割植物后会使来年春天植物生长更旺盛和美观；

④对湿地的维护：防止形成单个水池，每五年须排空清淤。

（2）雨水调蓄设施

1）基本原理

利用人工建成的地下钢筋混凝土蓄水池、砖石砌筑蓄水池、塑料模块拼装式蓄水池等储存雨水并加以利用，或待峰值过后排空雨水，可有效调蓄暴雨峰流量，减少水涝灾害风险，相较于其他调蓄措施能有效提高土地利用效率（图3–21）。

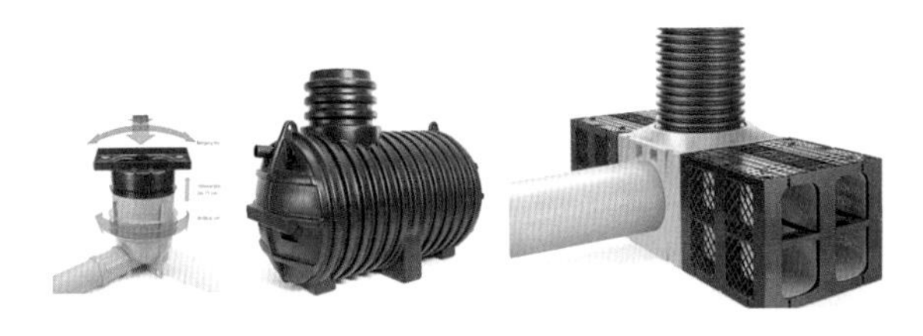

图3–21 典型雨水调蓄设施示意图

2）功能特点

雨水调蓄设施可有效调蓄暴雨峰流量，减少洪峰对周边或下游重要区域造成的水涝灾害，相较于其他调蓄措施，能有效提高土地利用效率。但其建设费用高，后期维护管理不便。

3）适用条件

其适用于有雨水回用需求的建筑与小区，根据回用目标（绿化、道路喷洒及冲厕）不同须配建相应的水质净化设施；调节池适用于雨水管渠系统中削减管渠峰值流量。

4）设计和建设要点

①调蓄设施容积根据设计地块的低影响开发控制性指标进行计算确定。

②调蓄设施通常为钢筋混凝土、砖、石砌筑结构，或可采用塑料蓄水模块拼装式蓄水池。

③调蓄设施设溢流装置，当进水量超过蓄水容积时，将多余水量溢流排出。

④当调蓄设施容量较小时，可采用成品雨水罐。

⑤调蓄设施地基承载力要求 $f_k$ 不小于490kPa。

5）维护管理要求

①清除溢流设施、配水设施淤积垃圾。

②溢流设施因冲刷造成水土流失时，应及时设置碎石缓冲或采取其他防冲刷措施。

③保证泵、阀门等相关设备可以正常工作。

④确保安全防护设施及预警系统的安全性、警示性和完善性。

（3）生态护岸

1）基本原理

利用生态护岸的“可渗透性”，或硬质护岸经过生态化改造，营造“多孔隙环境”生物栖息地，满足生物生活习性。

2）功能特点

生态护岸可滞洪补枯、增加水陆物种多样性、增强水体自净能力、提供良好的景观效果。但护岸抗冲刷能力有限，维护管理要求较高。

3）适用条件

其适用于一定规模的河湖水体、景观水体、雨水塘和雨水湿地等。骨干行洪及航运河道等须以保障行洪安全、航运畅通为前提，适当运用生态护岸。

4）设计和建设要点

①因护岸土堤自身要满足稳定的要求，岸坡不宜过陡，坡度应在1∶1.5以下。

②对于格宾柔性护岸，填料常为碎石、片石、卵石、沙砾土石等，填料的大小一般是格宾网孔大小的1.5倍或2倍，也可以用其他材料如砖块、废弃的混凝土等。

③在抛石与岸坡的土壤之间应铺设一层碎石级配料加以隔离，施工时还需要考虑抛石的大小和铺设的厚度等。

④对于固化技术护岸，可在土壤固化表面撒播一些草种或铺设草皮，随着植物的不断生长，其根系逐渐向固化土中延伸，交错发达的根系与土壤固结得更加牢固。

5）植物选择

生态岸坡功能的实现是以植物的健康生长为前提，要保障坡面植物的健康生长，必须在坡面建立稳定的植物群落，以抵御自然界各种各样的灾害。

由于草本植物群落根系分布单一，稳定风化层的作用比较差，因此以草本植物生长为主的边坡容易发生脱落，而乔灌类木本植物，由于纵向根系发达，可以控制更深层的土壤，它的根系固定土壤的能力比草本植物强，草地中加入木本植物后，比单纯草本植物覆盖的边坡稳定性更强。考虑到高大乔木对护坡的负面影响，因此选择生态护坡植物群落时，以草灌结合种植为宜。草本及地被植物能控制坡面的水土流失，而灌木类植物可以控制更深层的侵蚀。

6）维护管理要求

①根据巡视结果对护岸进行修复，修复坍塌损毁部分，并补种护坡植物。

②根据景观需要对种植物进行修剪，保证合格的曼宁系数。

## 3.3.2　蓝色海绵技术

### 1. 拟自然地表理水

中国传统造园崇尚自然，以“源于自然，高于自然”为审美标准，也形成了包括拟自然水景在内的传统。哲学上将未经过人类改造的自然称为“第一自然”。“拟自然”则是指通过人工营造有如自然一样的景观环境。中国园林讲求“因地制宜”，拟自然水景观营造的重点在于“理”。潘谷西先生在《江南理景艺术》中说：“自然山水风景与‘园林之景’不同，不能人造，只能以利用为主……‘理’者，治理也。”所谓“理水”便指的是就现有的山之形，水之势，因势利导，通过梳理形成新的水景观或优化原有的水景观。“拟自然水景”有着形式与规律的双重意义。首先，从形式上看，拟自然水景营造是通过人工的作用以形成自然形态的水景要素，如泉、潭、池、瀑、溪、汀、渚、滩、河、湖等，这些水体与要素共同构成了自然水系；其次，就规律而言，水景的营造需要通过人为的有限干预生成拟自然的水生态系统，即遵循自然规律形成具有汇水路径、拟自然理水、自然做功、有自我维系能力的水景环境。

在风景环境中拟自然水景的营造对于整个区域而言不仅有着积极的生态学价值，而且能够通过蓄积和缓释的过程实现区域水资源的调节与优化，既缓解了缺水又能够有效避免水量过大。将人工营造的水景纳入自然的系统，有助于维持区域水系的完整性和系统性。同时水系的生成还可以优化区域内水体的分布状况，合理调配水资源。此外，集约化思维在拟自然水景的营造中有着重要的意义，即从研究场所出发，通过对地形地貌、水文条件等现状因素的分析，因地制宜、顺应地形，减少对自然环境的干预；经过“分析—控制—优化”的过程，最大限度地利用现存的条件生成拟自然态的水景观，实现景观形态与生态保护、工程合理与经济的多赢。因而拟自然水景的营造具有满足多目标的意义。

拟自然地表理水过程可以分解为：降水量计算—集水区分析—汇水量计算—筑坝位置选择—坝高计算—水体形态的生成。在拟自然水景的生成过程中，降水量、汇水量、坝高、水体形态等作为一系列参数参与整个运算过程，同时这些参数又互相联动，互为因果。图 3–22 为拟自然水体参数化设计框图，体现了设计过程以及各参数之间的逻辑关联。

（1）汇水区分析

拟自然水景强调利用自然降水，因而关于汇水面积、分水线、径流线、汇水区域的研究为首要工作。结合汇水区域天然或人工生成的池盆洼地，通过沟渠、池塘等水体蓄积地表水。其中涉及的主要要素有径流、盆域与倾泻点。

（2）水景选址

地表径流网络不均质地分布于景园规划设计的整个场所，需要结合设计需求及现状地形条件选择适宜的水景营造位置。根据径流网络图分析水体存在的可能性，在可能的条件下充分利用地形选择合理的筑坝位置。对应于参数化拟自然水景设计模型，涉及的主要要素有：坝址、集水区。

（3）水量的估算

在水文学中，降水在重力的作用下，除直接蒸发、植物截留、渗入地下、填充洼地外，沿地表或地下流动的水流称之为径流。由降雨到径流一般分解为产流和汇流两个过程。降水达到地表后，进入水体的先后顺序

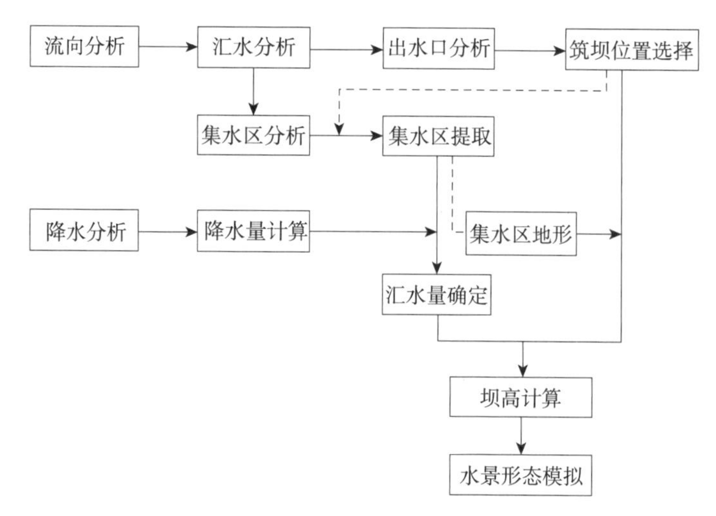


图 3–22　拟自然水体参数化设计框图

依次为水面降雨、地表径流、地下径流、地下水。其中，扣除降水损失的部分，剩下的能够形成地表径流及地下径流的部分为净雨，净雨的水量与径流量是相等的，不同的只是两者形成的时间各有差异。由上述可知，在径流的形成过程中，由于截留及蒸发会导致水量的损耗，因而降水总量难以全部供给成为水景营造的水量，涉及的主要要素有集水区降水总量、损耗量。

（4）坝高的推算

人工营造拟自然水景需要通过筑坝的方式生成池盆洼地，当坝体与常水位等高时，上游水会向下游倾泻，形成瀑布、跌水等水景观。通过上一步的计算可得到集水区汇集的能够用于水景营造的水量，即为最大的水体体积。该体积对应的坝顶标高即为该水体最大可能水位。为了保证水景的常年有水，坝顶标高不应超越拟定常水位。由体积公式：$V=S\cdot h$ 反映了体积一定时，水面面积与坝高之间的关系。ArcGIS 软件提供了“表面体积”计算工具，将地形以及坝高作为参数输入该工具，能够计算得出对应的水体体积。不同的坝高对应了各不相同的水面形态，水体形态的优美与否是判断水景观营造成功与否的重要指标，故而在水量一定的约束下，坝高的最终确定需要建立在水体形态评价的基础之上，由此坝高、水量与水体形态三者之间形成了参数化的动态关联。

（5）水体形态的模拟

由于地形的不均质变化，所以不同水位对应的水面形态必然不同。拟自然水体的生成需要多参数的集约化设计，基于最大水量，结合坝体高度控制与水面形态优选，通过动态关联与多方案比较优化，确定适宜的坝体高程与水面形态（图 3-23）。

**2. 雨洪调蓄景观水体设计**

雨洪调蓄是指利用低洼地、湿地、湖泊等分蓄超出河川安全流量的超额洪水，主要起到存蓄洪水、削减洪峰的作用，以降低洪水对河道两岸的冲蚀，减轻下游地区防洪排涝的压力。城市雨洪调蓄区的建设是以牺牲局部利益来保证重点城市、区域或城市重点区域生命财产安全的一项不得已的措施，为此许多大江大河的蓄洪区甚至还包括村庄、农田。雨洪调蓄区作为特殊的水利工程，其调蓄过程主要分为汛期及非汛期。非汛期是常态，通过水利设施控制蓄洪区水位处于常水位状态。汛期调蓄主要是为了削减河道洪泛流量，减小下游都市区应对瞬时洪峰的压力。

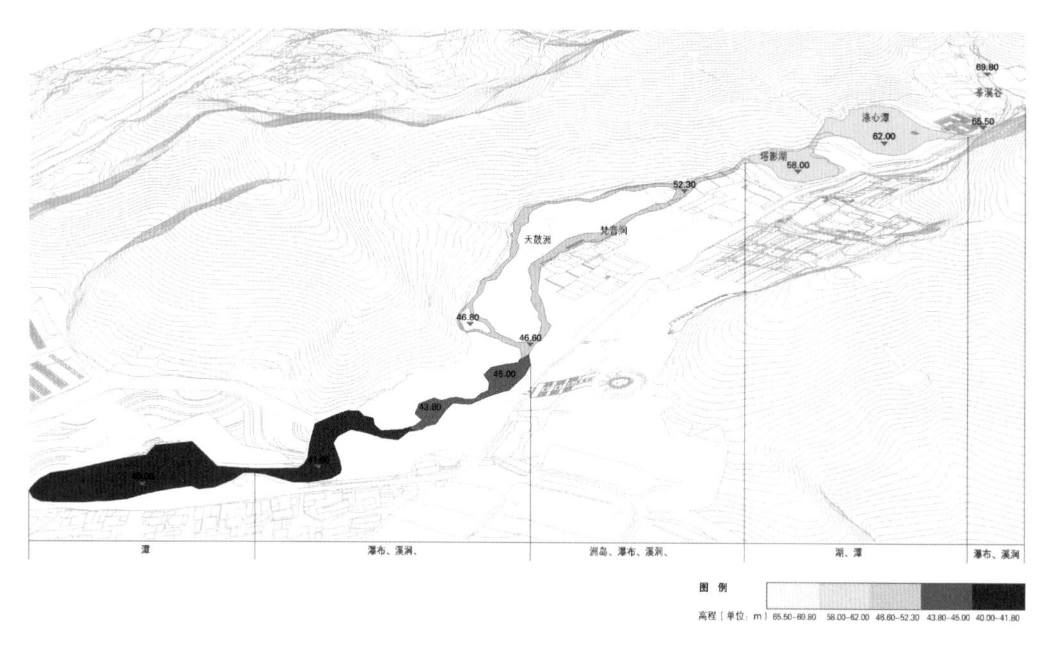


图 3-23 南京市牛首山拟自然理水设计

景观水体是城市滞洪、蓄洪、错峰调节河川洪水的自然海绵，是提高区域防洪能力的一种有效的洪水管控措施。利用水利设施控制水位，当河道洪水过量时，将部分洪水分蓄到湖泊中，以削减洪峰，待水位下降后再泄洪。其调蓄过程中主要包括腾库、蓄洪、泄洪 3 个过程。腾库是在洪水预警前，提前将水体放水的过程；蓄洪即将部分洪水分蓄到水体中以削减洪峰的过程；泄洪是在洪水位下降到安全水位后，将分蓄的洪水排放至河道，使水体恢复常水位状态的过程。

景观水体作为城市雨洪调蓄的节点，是城市防洪排涝重要的组成部分，能够为河流分担排洪压力，有效防止城市内涝，同时作为生态斑块，为鱼类以及过境的鸟类提供安全的栖息地和中转站。通过合理的规划与设计，雨洪调蓄水体也可以成为市民休闲娱乐的场所，与普通公园在规划设计策略上的不同在于其首先必须在满足安全调蓄的前提下融入综合性公园绿地的属性，成为市民休憩的良好去处，并带动周边区域的发展。根据水体调蓄特征，提出以下几点适应性景观规划策略（图 3-24）。首先，须依据上位规划之水位控制规划要求和调蓄库容量要求以及现状地形地貌特征，合理规划湖区范围、湖体水深分布。通过研究水体调蓄的汛期、非汛期水位变化频度，以安全优先原则规划三大调蓄分区：高地区、消落区及湖区。其

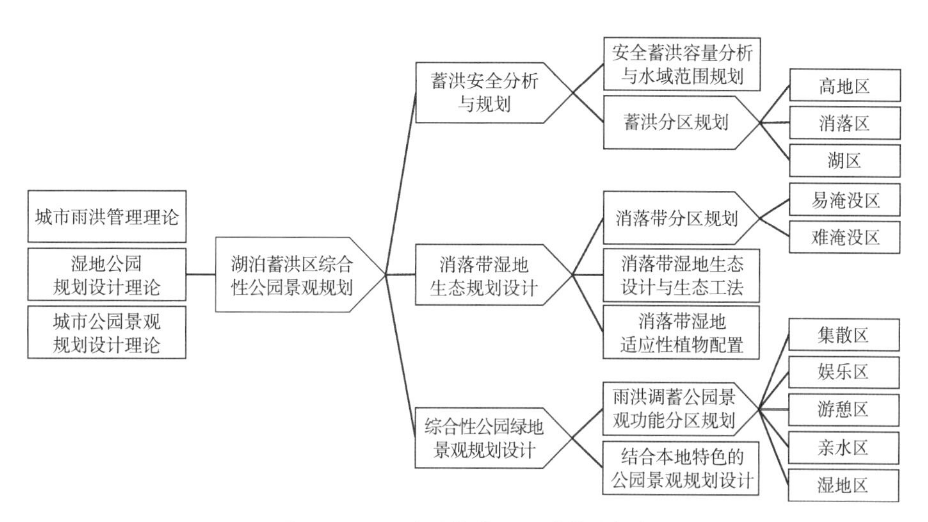


图 3-24 雨洪调蓄景观规划策略框架

次，消落带是水陆交错的重要生态地带，须重视水体消落区湿地的设计，通过对消落带不同水位的淹没分析，可将消落带细分为易淹没区和难淹没区。在湿地公园景观规划设计理论与生态工法相关技术方法的支持下进行消落区湿地的生态规划设计，提高消落区的生态多样性与景观多样性。最后，在调蓄分区规划的基础上，结合城市公园景观规划设计理论以及湿地公园规划设计理论，合理规划公园绿地属性之功能分区，构建兼具蓄洪、生态与休闲游憩功能的城市景观水体雨洪调蓄综合公园。

根据蓄洪区工程特征中水位的变化与淹没范围的变化，将场地划分为高地区、消落区、湖区三大蓄洪空间分区，其中消落区作为水陆交错的湿地可细分为易淹没区（二十年一遇以下洪水淹没区）及难淹没区（二十年一遇以上洪水淹没区）。依据以上几个分区受洪水影响程度的不同，合理布置场地景观功能分区与基础设施（表 3–6）。

**3. 水系生态廊道构建**

河湖水系是水资源的重要载体，随着我国生态文明建设的不断推进，国家对河湖水系生态保护日益重视，党的十九大报告明确要求，“加大生态系统保护力度。实施重要生态系统保护和修复重大工程，构建生态廊道和生物多样性保护网络。”要加强水生态修复和保护，全面推进河长制意见落实，河流生态廊道发挥着至关重要的作用。

水系河流廊道是指以河流水系为主线，由河道、水体、滩地、堤岸及水陆生物等构成的复合廊道，廊道中的各种要素相互影响、协同作用，可

**蓄洪公园适应性景观功能分区与配置表** **表 3-6**

| 分区配置 | 涉及主要设施 | 特征 | 分布区域 |
|---|---|---|---|
| 集散区 | 广场、停车场、建筑、构筑物 | 集散面积较大，靠近城市主干道 | 高地区 |
| 娱乐区 | 娱乐设施，休息、运动设施 | 活动场地，多年龄层游人参与 | 高地区 |
| 游憩区 | 主、次园路，休息设施、构筑物 | 人群聚集，休憩、教育、游赏为主 | 高地区、消落区 |
| 亲水区 | 亲水配套设施 | 亲水游憩为主 | 消落区 |
| 湿地区 | 调蓄设施、湿地 | 湿地景观为主 | 消落区、湖区 |
| 主园路 | 地下管线，休息、照明设施 | 主要人行通道、基础设施散布 | 高地区 |
| 次级园路 | 休息设施 | 次要人行通道 | 不易淹没区 |
| 建筑 | 管理设施、服务设施 | 服务、管理为主 | 高地区 |
| 景观平台 | 娱乐、休息设施 | 可弹性布置 | 高地、消落区 |
| 景观栈道 | — | 次要人行通道 | 高地、消落区 |
| 构筑物 | — | 可弹性布置 | 高地、消落区、湖区 |

实现其多种生态功能。狭义上，河流廊道应是河流本身及不同于周围景观基质的植被带，由河槽、河漫滩及高地边缘过渡带组成，是具有一定连续性、宽度及生态服务功能的线性廊道。广义上，河流廊道还包括与河流连接的湖泊、水库、沼泽、天然堤岸、河汊、蓄滞洪区以及河口地区。河流水系由小溪汇聚成江河，形成树枝状的景观格局，这种分布广泛而又相互连接的空间特征为河流廊道体系的构建提供了天然依托，既是雨水排放的重要通道，也是城市最重要的线性开放空间和生物迁徙廊道（图 3-25）。

从河流廊道的纵剖面看，河流廊道一般由三部分组成：河道、洪泛滩区以及高地过渡带。洪泛滩区是河岸受洪水周期性泛滥影响的区域，具有蓄滞洪水、保持由洪水脉冲效应带来的物质、能量、信息流的作用，因而河道与洪泛滩区的连通极为重要。岸边高地过渡带是洪泛滩区和外围景观的过渡。洪泛滩区和高地过渡带可统归为水陆交错带。水陆交错带拥有最多的生物物种，其特有的过渡带特征是河流廊道过滤或屏障功能得以发挥

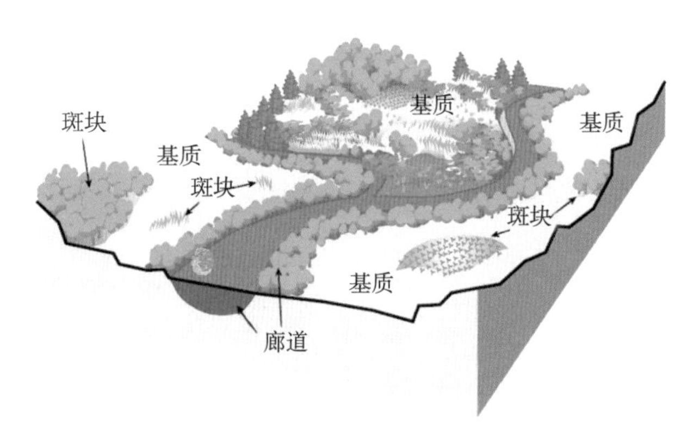


图 3-25 水系生态廊道示意图

的结构基础。具有完整结构的水陆交错带可以对河流水体起到保护、净化作用，还可以保持水土、稳定边岸，为水生生物提供营养物质和栖息条件。水系生态廊道的构建主要功能包括：

（1）生态功能

作为生态系统中重要的组成部分，水系廊道的生态功能主要体现在以下 4 个方面：生物栖息地、通道、过滤或屏障、源与汇。

1）生物栖息地：河流廊道特殊的空间结构为生物活动提供生存、繁殖场所，为水生动植物提供栖息地。

2）通道：雨水廊道是雨水、营养物质和生物流运输的通道，是进行物质流动和交换的场所，同时也是某些生物迁移的通道。

3）过滤或屏障：水系廊道植被带对径流中的污染物、有害物质进行过滤、拦截从而降低污染含量，起到净化的作用。

4）源与汇：源为相邻的生态系统提供能量、物质和生物；汇与之作用相反，从周围吸收能量、物质和生物。雨水廊道在雨水通过时，作为汇，吸收雨水径流及径流中携带的物质，同时，也可以作为源，蓄积雨水、补充地下水，为周围环境提供水资源。

（2）防灾减灾功能

1）改善环境，调节气候：河流廊道内部的植被能够起到防风防沙、湿润环境、净化空气、保持水土的作用，水系廊道以及湿地等大面积水域能够净化水质、调节气温，对改善城市环境、调节气候可起到有利的作用。

2）防洪防涝功能：雨水廊道的构建能够有效地保护水径流过程，维护自然水文循环，减少城市化过程中带来的雨水径流增加，能够有效地调控暴雨径流，防治城市洪涝灾害。水系廊道的建设还可以与防灾绿地相结合，成为救灾通道和避难空间，保障居民的生命和财产安全。

（3）社会功能

1）调节心理环境的功能

根据心理学上的理论，河水的蓝色和植物的绿色都是镇静色，可使人心情平静。环境优美、绿意盎然的雨水廊道在人与自然之间构筑了一个独特的空间情境，能够给人们带来心情愉悦的心理体验，创造出一种具有文化和情感刺激的室外生活环境，有助于帮助居民消除身心疲劳，缓解精神压力，能够极大地满足居民回归自然、向往自然的愿望。

2）休闲游憩功能

河流廊道的休闲和娱乐功能取决于廊道所提供的场所，水系生态廊道作为城市生态廊道的一种，以良好的环境质量和公共空间条件容易形成城市公共活动中心。例如城市中的河流以其独特的景观品质，往往成为周边居民日常休闲活动的中心；公园绿道系统能够为居民提供散步、骑行等活动的空间。廊道系统的建设应当以人为本，从居民需求和心理体验出发，为居民提供舒适、愉悦的绿色空间。

3）文化教育功能

河流廊道的建设为居民提供了亲身体验自然的机会，让人们在其中娱乐、游憩、交流，从而激发人们保护自然的生态意识，同时廊道作为一种极佳的媒介，潜移默化地在人与人、人与物和物与人之间相互传递着各种城市生产生活信息和情感，对居民的人格形成产生影响，能够使居民从中了解城市历史，增加认同感和归属感。

（4）经济功能

河流廊道在经济方面功能体现在以下几点：首先，廊道的建设可以控制雨水径流的增加，减少排水管网的设置，从而节省大量社会资源；其次，雨水廊道聚集了优势的自然资源，为居民提供高品质的公共开放空间，可以促进居民休闲游憩活动的发生，从而激发城市假日经济活力；最后，从许多城市实际案例中可以发现，设施完善的绿色廊道周边土地价值明显高于其他地段，绿色廊道具有明显提升土地价值的功能。

# 3.4 海绵城市模拟技术

## 3.4.1 水文模拟的意义

海绵城市的核心是水的循环，受到多因子的综合影响。从研究对象的不同可分为水文学（Hydrology）和水力学（Hydraulics）两大类型。在海绵城市的范畴内，水文学的重点研究对象是城市及围绕城市的自然流域的地表径流形成、蒸发和下渗，地下水的变化、污染物的产生和迁移过程以及气候、土壤、植被变化的水文响应等。水力学重点研究水在管渠、坑塘湿地、河流湖泊中的运动及其水域中的沉积物污染物扩散沉积过程、洪涝过程及水对陆地的侵蚀过程，也包括水在土壤中的复杂动态渗透过程。由于水循环的复杂性，必须用数学和物理方法，构建水文和水力模型，进行精确分析和评估。水文水力模型是探索和认识水循环和水文过程的重要手段，也是解决水文预报、水资源规划与管理、水文分析与计算等实际问题的有效工具，是城市水文循环分析与城市排水系统辅助管理与设计的有效手段。

模型技术的应用是海绵城市建设有效性的基本保障和重要辅助工具，也是海绵城市规划设计过程中至关重要的核心内容。水文模型弥补了容积法在实际应用中的不足，可以支撑海绵城市规划、设计、优化、评价等不同阶段的建设工作，为海绵城市建设工程应用提供设计指导。水文模型模拟可以应用于现状规划的评估、内涝分析评估、规划设计方案的评估与优化、水质评估等，能够使海绵城市建设的规划设计和应用更加有效，并且模型的模拟结果还能够用于规划设计方案评估、决策、教育和政策研究，为规划设计方案的调整和优化提供理论性的指导。

## 3.4.2 水文模型

### 1. 常用模型概况

水文模型是通过采用系统分析的途径，将复杂的水文时空过程概化为近似的科学模型。水文模型可分为集总式水文模型和分布式水文模型以及介于两者之间的半分布式水文模型（图 3–26）。集总式水文模型将流域作为一个整体建立模型，不考虑水文现象或要素空间分布，不具备模拟降雨和下垫面条件空间分布不均对径流形成影响的功能，只能模拟水文现象的宏观表现，不能涉及其本质或物理机制，且其物理参数需要校正。目前常用的集总式水文模型包括 SCS 模型、水箱（Tank）模型、新安江（XJM）模型等。

随着 3S 技术的发展，半分布式和分布式水文模型已逐步成为水文模型的主流。分布式水文模型用严格的数学物理方程表述水循环的各种子过程，参数和变量充分考虑空间的变异性，并着重考虑不同单元间的水力联系。分布式水文模型所揭示的水文物理过程更接近客观世界，其物理参数一般不需要通过实测水文资料率定。目前较为常见的半分布式水文模型有英国的 TOPMODEL 模型、SWMM 模型等，分布式水文模型包括 BASINS 模型、欧洲的 MIKE SHE 模型，美国的 SWAT 模型等。

水文模型只能模拟水文的宏观和总体现象，而水力模型则可以模拟水体自身的复杂动力场，模拟水体与其他介质如河岸、管壁、泥沙、污染物之间的相互作用。按照模拟的维度，水动力学模型可以分为一维、二维、三维水动力学模型。一维模型具有计算效率高的优势，但应用范围较为局限。二维模型则具有明显二维流动特性优势，应用比较广泛。三维模型由

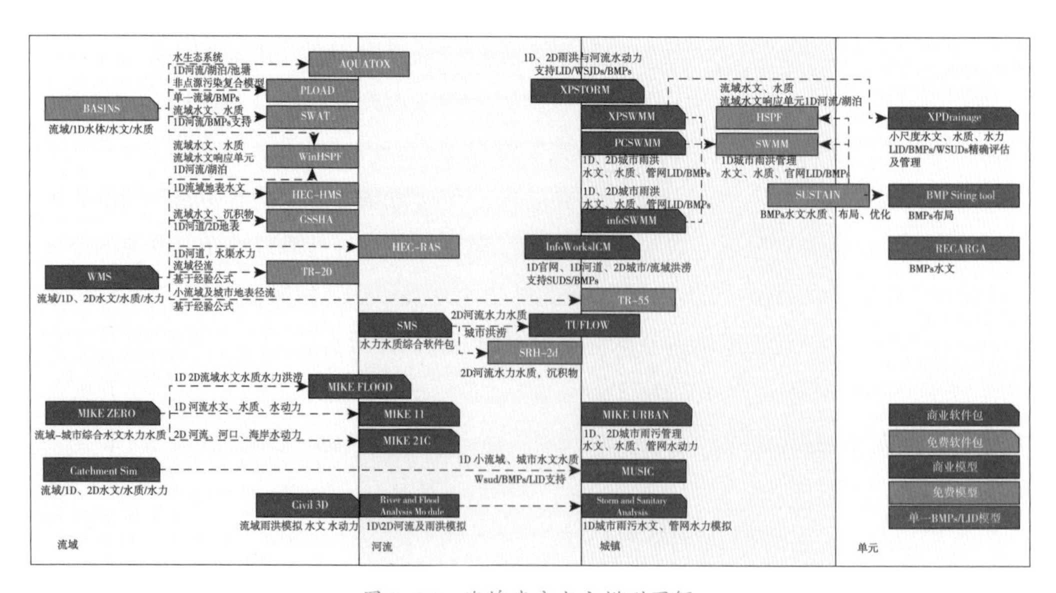


图 3–26　海绵城市水文模型图解

图片来源：蔡凌豪 . 适用于“海绵城市”的水文动力模型概述 [J]. 风景园林，2016（02）：33–43.

于在算法实现上的难度和模拟工作量等原因还未得到普及，是未来的发展趋势。

2. 模型选取

根据海绵城市的基本内涵（城市雨洪管理和利用、水体和流域的保护、修复和可持续发展，低影响开发设施的建设），按照模型的广泛应用程度、运行结果精准度、数据处理的完善度等多维度标准，将适用于海绵城市的水文模型按地块、城镇以及流域（与城镇密切相关）尺度进行分类，以便技术人员参考选取。

（1）地块尺度

地块尺度的水文模型注重低影响开发设施的具体实施，模拟、分析和评估各类设施的空间分布、效能、环境影响及经济效益，与海绵城市设计工作结合最为密切。

适用于地块尺度海绵城市水文模型可分为两大类型：单体模型和综合分析模型。其中单体模型为专门注重于模拟、分析和评估单一或成组低影响开发设施水文和水质效能的模型，如美国社区技术中心开发的绿植雨水计算器，此类模型功能较为单一，适用面较小，可供低影响开发设施的科研人员选择；综合分析模型更侧重于小尺度区域雨洪分析，设施间的水文输送、低影响开发设施的水文效能评估，空间布局规模分析优化等综合功能。如美国环保署（EPA）开发的暴雨管理模型 SWMM 和英国 Innovyze 公司开发的 XPdrainage 在地块尺度的海绵城市设计中较为常用。

（2）城镇尺度

城镇尺度的水文模型注重城镇水文系统的时空变化，重点分析汇水区地表产汇流及入渗、城市洪涝区域、有机物和污染物扩散、城市雨洪管网系统负荷规划和系统设计、城市河道的洪涝威胁、低影响开发设施的空间分布、类型和规模等，可同时适用于海绵城市的规划与设计工作。

典型代表如美国环保署（EPA）开发的暴雨管理模型 SWMM、英国 Innovyze 公司开发的 Infoworks ICM 模型、丹麦水力研究所（DHI）开发的 Mike Urban 模型、澳大利亚政府水服务机构开发的 MUSIC 模型等，目前前三者在国内应用较普遍。

（3）流域尺度

流域尺度的水文模型注重整体水生态、水环境的安全格局，重点在于流域划分、区域地表径流及洪涝预测、非点源污染的扩散迁移和水生态系统的影响等。代表性模型有美国环保署（EPA）开发的SWMM模型、美国农业部农业研究中心（USDA-ARS）开发的SWAT模型，美国陆军工程师兵团水文工程中心（HEC）发布的EC-1（HMS）模型、美国杨百翰大学环境模型实验室（EMRL）与美国陆军工程师兵团水方法实验室（USACE）开发的WMS模型等，国内应用较为广泛的是SWMM与SWAT（建议使用SWMM）模型。

### 3.4.3 软件模型的构建

**1. 数据收集**

（1）数据需求

数据的准确与完整是模型构建的基础。海绵城市模型模拟软件所需主要数据包括气象数据、下垫面数据、排水防涝设施数据、河道数据、水量水质监测数据等。低影响开发模型所需模型数据类型及用途如表3-7所示，也可参考《城市排水防涝设施普查数据采集与管理技术导则》以及相应模型说明文档。

（2）数据精度

为保证模型运行的稳定性和模拟结果的准确性和可靠性，所需数据应满足一定的精度和格式要求。根据不同规划设计尺度，模型所需要的数据精度也不尽相同，开展数据收集时在尽可能保证数据精度的同时，应兼顾模型运行的稳定性与经济性。模型数据推荐精度如表3-8。

**2. 模型建立**

以SWMM模型构建为例，其被开发以来已在世界范围内被广泛应用于降雨径流和排水系统的规划、设计计算，但是基于研究区的特点和实际情况需要对其进行改进，检验其适用性和率定其中有关的参数。只有通过必要的检验，合理地选择产流汇流参数，才能将其推广应用，取得合理可靠的计算结果。模型建立过程主要包括数据整理与输入、模型概化、模型参数输入、拓扑关系检查、模型调试运行5个阶段（图3-27）。

（1）数据整理与输入

按模型数据格式需求，将收集的数据进行数字化整理，并转换为模型可识别的类型。先输入径流模块的降雨及各子流域的资料，并将不同类型数据通过坐标校正、分层处理后输入模型。目前，大部分模型数据要求以

**低影响开发模式所需模型数据类型及用途** **表 3-7**

| 类别 | 数据名称 | 详细内容 | 用途 |
| --- | --- | --- | --- |
| 气象数据 | 降雨数据 | 降雨强度、降雨量、降雨历时 | 确定降雨过程曲线 |
| | 蒸发数据 | 蒸发量、蒸发速率 | 确定汇水区地表水、地下水、蓄水设施中的蒸发量 |
| 下垫面数据 | 现状下垫面数据 | 土地利用状况 | 分析汇水区的不透水区比例、洼地蓄积量等参数，确定排水出路及受纳水体 |
| | | 土壤渗透属性 | |
| | | 河湖水面情况 | |
| | 数字高程模型（DEM） | 地表高程信息 | 识别汇水区，提取坡度、坡向等属性 |
| | 土地利用规划 | 城市总体规划或详细规划的土地利用规划图 | 规划模型汇水区划分与参数设定 |
| | 道路与场地竖向规划 | 城市总体规划或详细规划的道路与场地竖向规划图 | |
| 管网/构筑物数据 | 排水管网数据 | 节点（检查井、雨水口、排放口、闸、阀、泵站、调蓄池）、管线（排水管、排水渠）的数据 | 构建管网拓扑关系 |
| | 排水设施性能数据 | 水泵曲线、调蓄设施蓄水曲线等 | 描述排水设施（水泵、调蓄设施等）的性能和调控参数 |
| | 低影响开发设施数据 | 类型、位置、尺寸、进出流量、调蓄容积、污染物去除效率等 | 完善与管网等设施拓扑关系、描述低影响开发设施性能 |
| 监测数据 | 流量监测数据 | 管网/设施液位、流量监测数据 | 率定和验证模型参数 |
| | 水质监测数据 | 河湖、管网、设施水质监测数据（COD、TP、TN、SS等） | 率定和验证模型参数，确定水质控制目标 |
| | 水量使用数据 | 供用水情况、排水情况 | 确定水量控制目标 |
| 其他数据 | 规划文本 | 城市总体规划、详细规划及相关规划的文本资料 | 设定规划情景下的模型相关参数 |
| | 工程造价 | 各类设计基础造价 | 优化设施组合 |
| | 其他 | 各类相关数据 | — |

**模型数据推荐精度** **表 3-8**

| 设计阶段 | 推荐精度 |
| --- | --- |
| 总体规划阶段 | 1：10000~1：5000 |
| 控制性详细规划阶段 | 1：1000~1：500 |
| 修建性详细规划阶段 | 1：500~1：100 |
| 施工设计阶段 | 1：500~1：100 |
| 专项规划阶段 | 1：1000~1：100 |

地理空间数据库作为模型输入，因此，数据整理主要是结合模型的参数和数据格式要求，基于 ArcGIS 平台构建地理空间数据库和数据集，包括汇水区、下垫面、排水设施、河道、低影响开发设施等不同类型的数据。

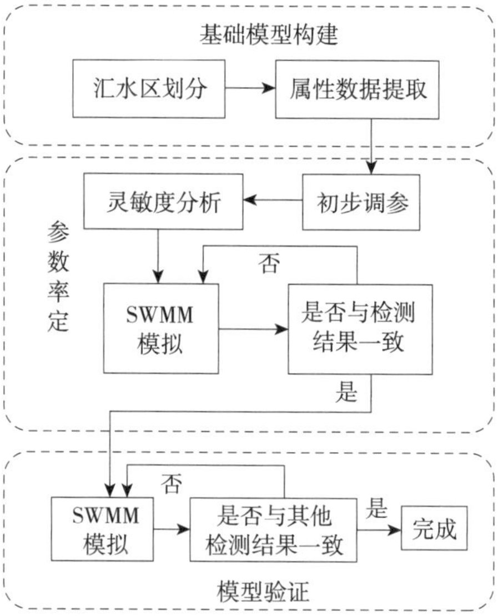

（2）模型概化

模型概化是将下垫面、排水系统数字化的过程，是建立模型的重要组成部分，主要包括子汇水区的划分和排水系统概化两个部分。



图 3-27　基于 SWMM 模型构建流程

1）子汇水区划分

将所研究的区域根据实际地形地貌、土地利用情况和区域排水走向进行合理地概化，将其划分成若干个相对独立的排水片。依据研究区域管线的铺设、泵站和蓄水池等控制面积，将每个排水片再细化为若干个子流域，并给所有的子流域进行编号。

2）排水系统概化

按照模型指定的格式，输入输送模块的管道、河道及泵站资料，并对河网、下垫面、管网、低影响开发设施等模块进行连接，形成模型运行的数据输入文件。

（3）模型参数输入

在模型数据整理和模型概化的基础上，将包含下垫面、排水设施、低影响开发设施等不同类型数据库与模型参数进行匹配，从而实现模型参数的快速输入。针对无法匹配的数据参数，须手动输入，如降水、蒸发、边界条件等。

（4）拓扑关系检查

模型概化转换完成后，须进行数据准确性以及拓扑关系检查，主要包括管网、河湖水系、低影响开发设施以及相互之间相对位置与连接关系检查。以管网拓扑关系检查为例，在管网模型中对管线错接、节点空间位置偏移、管线反向、连接管线缺失、管线逆坡、环状管网或断头管、管线重复、管线中间断开等常见拓扑问题进行核查，对于存在拓扑错误的区域需要及时进行现场补测和重新勘察，保证排水管网数据的有效性和真实性。在数据校核后，将数据处理为模拟软件需要的输入文件格式。

（5）模型调试运行

通过模型调试运行以保证模型运行的稳定性和计算结果的可靠性，降低模型计算的连续性误差。在确保模型顺利运行的前提下，通过调整模型旱季和雨季运行的时间步长、数据存储的实践步长等参数，确保模型水量与水质模拟结果的连续性误差控制在 ±5% 范围内，确保模拟结果的可靠性。

3. 参数的验证率定

模型参数率定与验证是模型构建的必备条件，可以降低模拟结果与现实结果的误差，提高模型的准确性和可靠性。雨洪模拟计算的参数涉及水文、水力参数，通常情况下主要参考 SWMM 模型用户手册中的典型值和实际监测值。针对难以测量、资料缺失的参数，可通过研究区域的大量相关数据，结合经验进行参数取值范围的设定，并通过模型结果与实际结果进行对比识别与率定参数，以使模型更加真实地反映排水管网的排水规律。例如采用 Horton 入渗模型模拟降雨入渗过程，模型需要输入的最大入渗率、最小入渗率和衰减系数等须依据实地勘探数据和手册典型值。汇流采用非线性水库模型模拟，主要参数有地表坡度、透水面、不透水面、管道的曼宁系数、透水地表和不透水地表的洼蓄量等。

参数率定是将模型计算结果与实测数据比较以优化参数的过程，基于建模数据的准确度和模拟分析的精度要求，须事先确定合适的初始参数与评价准则。一般采用人工试错法以及基于优化思想的参数自动优化方法。对于多参数组合情况，推荐采用参数自动优选法，并利用多个目标函数进行多目标决策分析，提高模拟结果的可靠性。

### 3.4.4 模型在规划设计中的应用

1. 项目概况

佛山市禅城区绿岛湖某区域拟编制海绵城市专项规划（控制性详细规划层面）。规划范围南至季华路，西至佛山一环，北、东至东平河，规划面积 6.1$km^2$，规划区土地利用规划图如图 3-28 所示。

2. 模型搭建

本项目采用 SWMM 模型进行计算。由于年径流总量控制率为建筑小

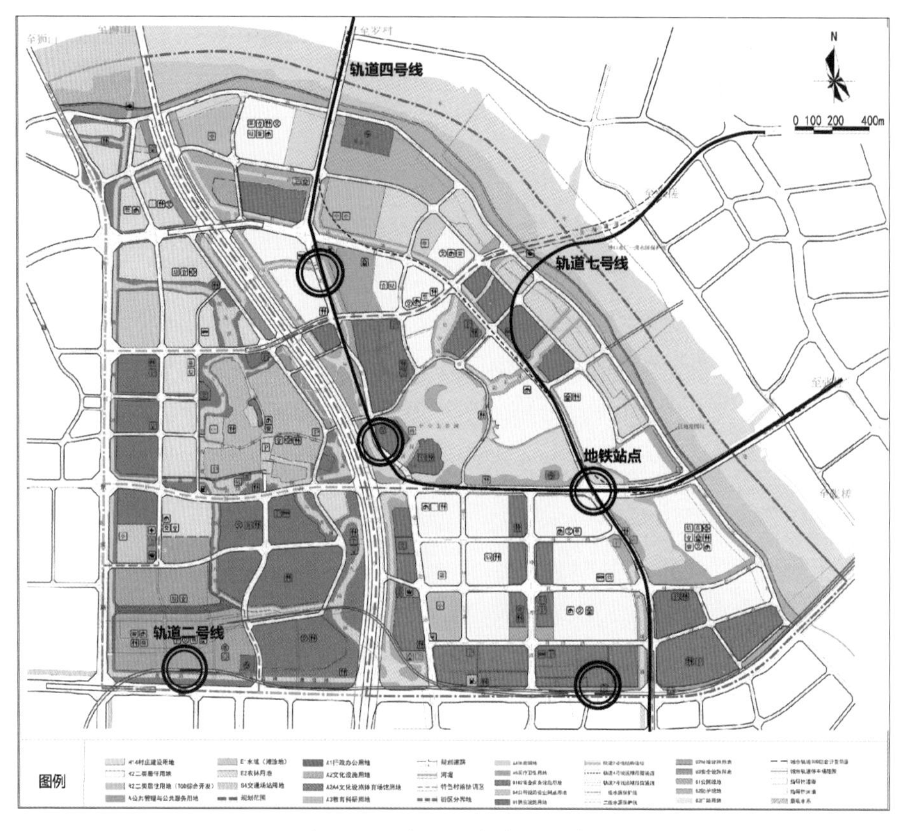


图 3-28 片区土地利用规划图

区、市政道路、公园绿地等建设项目雨水径流源头控制的主要指标，因此，模型不包含水体、滩涂等不属于年径流总量控制率适用范畴的地块。本次模型构建以地块、市政道路为汇水区构建 SWMM 模型，便于开展指标的分解，模型构建面积约 4.37km$^2$，汇水区 230 个，管段 86 段，节点 133 个，如图 3-29 所示。

3. 区域年径流总量控制率目标评估

（1）开发前及常规开发评估

绿岛湖片区开发前为农田、裸土、杂草地，以横三路南侧未开发地块为例构建 SWMM 模型，评估绿岛湖片开发前的自然水文状态。模拟评估：片区现状自然水文本底较好，全年降雨中大部分的雨水能自然入渗补充地下水，年雨量径流系数为 0.255，对应年径流总量控制率为 74.5%（表 3-9）。综合考虑片区现状建成度、城市规划、降雨特征等因素，片区海绵城市建设目标为开发后的年径流总量控制率目标不低于75%。

构建常规开发下SWMM模型，模拟评估常规开发后的自然水文状态，结果如表3-10所示。传统开发模式下，由于地表有一定的洼蓄量，在蒸发、下渗等水文循环作用下，具有一定的年径流总量控制率，其径流总量控制率在35%左右，自然本底水文循环遭受严重破坏，需要通过海绵城市建设模式，加强径流控制，恢复自然水文。

图3-29　片区SWMM模型界面

（2）指标分解过程分析

以居住地块为例，举例说明地块指标分解过程。一般情况下，居住用地下垫面构成为绿地占30%，建筑占30%，道路及铺装占40%。以下沉式绿地率、绿色屋顶率、透水铺装率、不透水下垫面径流控制比例为指引性指标，采用下沉式绿地、雨水花园、透水铺装等设施，根据表3-11所示比例在SWMM模型中进行赋值。

**区域开发前自然水文模拟结果**　　表3-9

| 总降雨量 /mm | 总蒸发量 /mm | 总入渗量 /mm | 径流量 /mm | 年径流总量控制率 /% |
|---|---|---|---|---|
| 2091.10 | 104.98 | 1481.435 | 533.83 | 74.5 |

**常规开发模式下水文模拟结果**　　表3-10

| 总降雨量 /mm | 总蒸发量 /mm | 总入渗量 /mm | 径流量 /mm | 年径流总量控制率 /% |
|---|---|---|---|---|
| 2091.10 | 197.67 | 529.06 | 1364.87 | 34.8 |

**年径流总量控制率模拟与评估**　　表3-11

| 总降雨量 /mm | 总蒸发量 /mm | 总入渗量 /mm | 径流量 /mm | 年径流总量控制率 /% |
|---|---|---|---|---|
| 2091.10 | 603.50 | 957.90 | 537.27 | 74.3 |

在 SWMM 中模拟计算，评估该赋值比例情况下的年径流总量控制率，如表 3-11 所示。同时，可反复调整赋值比例，从而得到对应的年径流总量控制率结果。

采用以上赋值及模拟方法，初步对其他类型用地进行赋值，确定各类用地的年径流总量控制率目标，基于已经构建的片区 SWMM 水文模型，模拟评估区域总体目标。如不达标，则反复调整各类用地低影响开发赋值比例，模型试算直至达到区域总体目标，从而实现指标分解至各个地块及市政道路。

其中，对于新建项目，严格执行较高的年径流总量控制率目标，尤其对绿地等自然本底条件较好的建设用地要求更高；对于改建项目，考虑改造的难度，年径流总量控制率目标稍低于新建项目。各个地块及市政道路年径流总量控制率控制指标分布如图 3-30 所示。

**4. 规划方案制定及优化**

在规划阶段，首先可以利用模型对现状进行评估，模拟计算研究区的年降雨量径流系数，并计算年径流总控制率，通过模拟计算值和《海绵城市建设技术指南——低影响开发雨水系统构建（试行）》中所属分区的年径流总量控制率进行对比，可分析该区域海绵城市建设目标的可行性。

针对已有的规划设计方案也可采用模型进行进一步的评估及优化。由于规划设计的评估优化是一项复杂的系统工程，与区域特性关联度极大，且具有较高的弹性度，须根据区域的开发现状、用地特征、地质地形、交

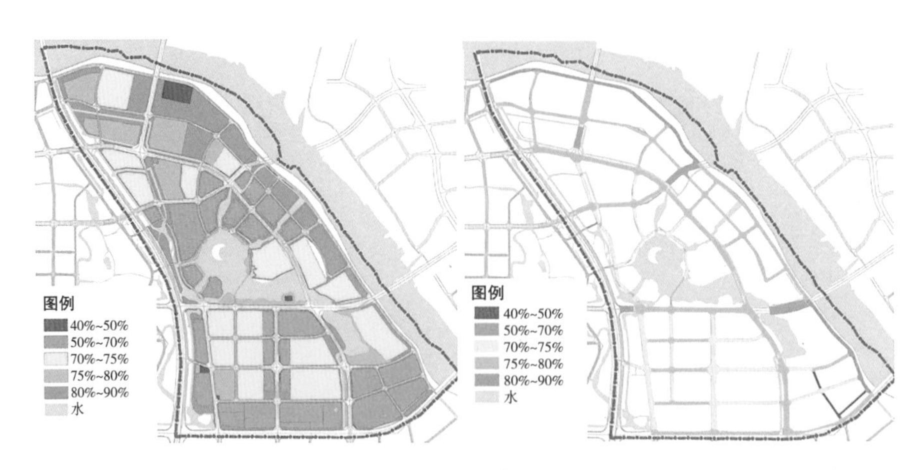


图 3-30　年径流总量控制率控制指标分布图（左图：地块；右图：道路）

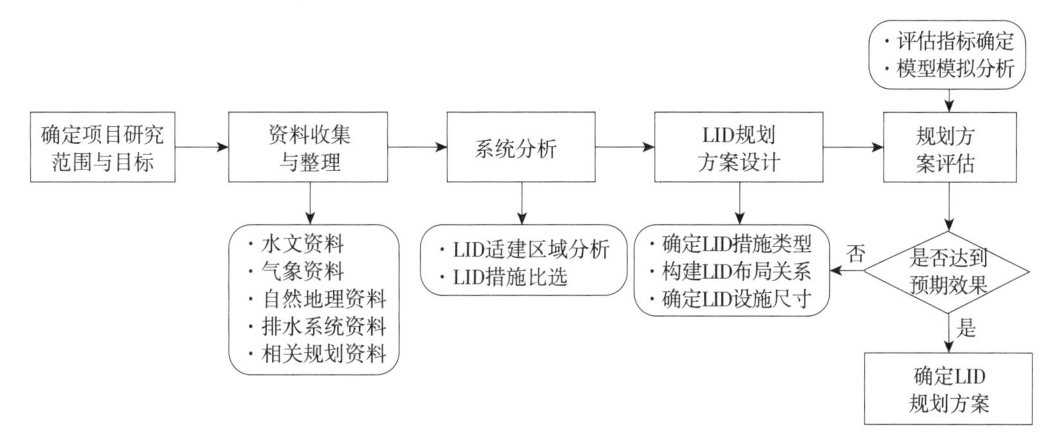


图 3-31　规划设计优化流程图

通动线等进行调整。因此，在方案设计过程中，须要充分收集研究区域的各项相关资料，并进行综合分析与判别，找出适用的措施及适建区域，完成具体措施的选型、布局与规模设计后，利用模型模拟技术进行方案的评估和最终确定，具体规划设计优化流程如图 3-31 所示。

在选取适用的低影响开发措施及拟建范围后，进行详细的方案设计，如措施组合方式、尺寸规模、数量等，形成适合的设施布局方案。结合模型模拟技术对初步设计方案进行调整、评估、优化，并对方案中洪涝控制、污染控制、雨水利用、经济成本等主要方面所能达到的效果进行定量分析，最终确定最符合设计目标的规划方案（图 3-32）。

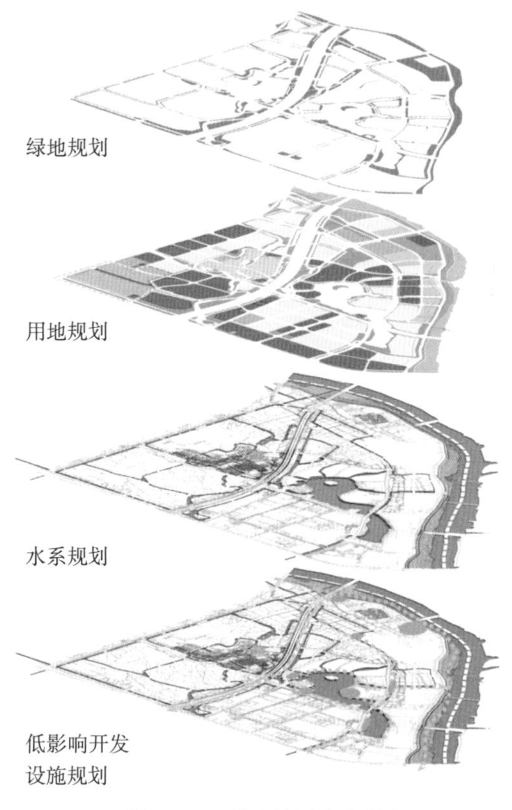


图 3-32　项目规划方案制定

# 3.5 海绵城市测控技术

近20年来随着数据获取技术的发展，物联传感器因实时性、高精度、可自定义的特点对于数据的获取和测控的应用优势显著。在海绵城市规划设计的研究实践中，水文传感器数据对于认知场地水文规律、分析低影响开发设施状态、预测场地用水趋势等都具有重要作用。其中，系统绩效实时监测、动态反馈与智能控制是物联传感技术在海绵城市规划设计中的两个主要应用方面。

## 3.5.1 测控技术

（1）系统绩效实时监测技术

城市水文循环具有系统性、时空动态性特征，水文数据的获取与应用也突出了实时、细粒度要求。以往项目中水文数据的获取大多通过人工采样、现场测量和实验室检测等方式获取，而物联传感技术较于人工采集数据的精度和可控性更高，更重要在于其采集数据的持续动态，可通过不同空间位置、不同时间间隔的传感器设置获取时间序列数据集（Time Series Database），以实时监测降雨及低影响开发设施的运行状态。

（2）动态反馈与智能控制技术

城市水文运动作为一个动态过程，降雨－径流与雨水利用之间存在着较明显时空异质性，低影响开发系统的雨水收集与利用之间也具有较明显的延时效应。物联传感技术可较好满足雨水利用的动态反馈要求，基于实时数据驱动雨水控制装置，并利用程序设定对设施工作状态进行自动控制。例如，利用电磁阀控制传感器调控雨水缓释速率，当传感器监测到实际湿度低于设定值时，电磁阀可自动打开储水装置进行缓释输水，当土壤实际湿度满足绿化灌溉要求时可通过传感网络将电磁阀关闭，停止缓释，以此解决城市绿化用水与收水异时性问题，优化城市绿地生境。

## 3.5.2 测控系统

基于物联传感技术的低影响开发测控系统针对城市景观水文数据实时监测与智能控制需求，采用低维护、低成本设备实现对城市水环境及设施工况实时24h监测与控制；通过开发电脑客户端、手机APP等终端掌握设计场地降雨量、雨水收集量、土壤含水量、水质污染等基础水环境数据；实现数据查询、数据比对、数据分析、智能预警等基本功能。系统包括场地雨水数据感知、雨水数据传输与雨水数据管理应用3个基本层级（图3–33）。

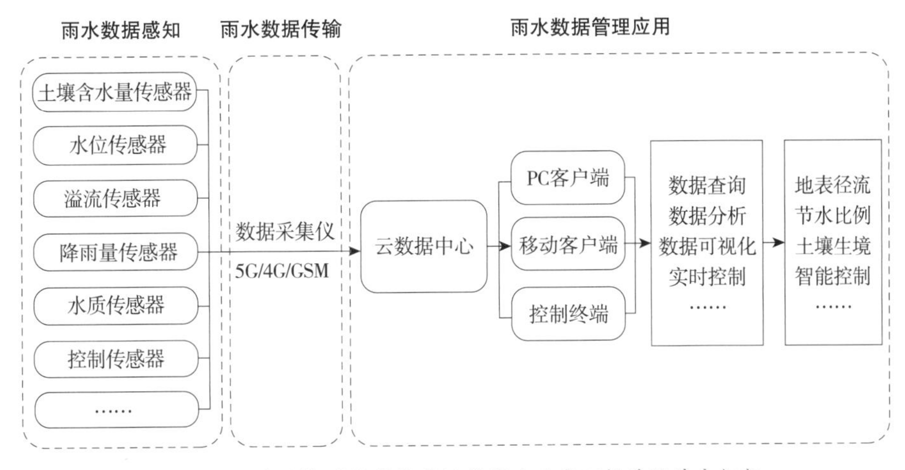


图3–33 基于物联传感技术的低影响开发测控系统基本框架

### 1. 水数据感知

通过在设计场地布置各类水文传感器，实现对场地基础雨水信息的感知，测量场地降雨量、径流量、出流量、不同土层土壤含水率、低影响开发设施蓄水水位、水质等基础水文数据。

（1）数据类型

低影响开发测控系统数据类型包括测量、控制和其他三大类。测量类数据包括区域降雨量、土壤含水量、低影响开发设施雨水收集量、地表径流外溢量、水质等关键指标，控制类数据则包括电磁阀状态数据、设施液位等，其他类数据则包括空间位置、系统预警以及图像视频等，数据具体分类详见表3–12。

海绵测控系统数据类型　　表 3-12

| 大类 | 中类 | 小类 | 数据格式 |
|---|---|---|---|
| 测量类 | 水量 | 区域降雨量 | 时序数据 |
| | | 土壤含水量（试验段与对比段） | 时序数据 |
| | | 设施雨水收集量 | 时序数据 |
| | | 地表径流溢流量（依场地条件） | 时序数据 |
| | | …… | …… |
| | 水质 | SS 监控 | 时序数据 |
| | | COD\BOD | 时序数据 |
| | | 总氮、总磷 | 时序数据 |
| | | …… | …… |
| 控制类 | 设施状态 | 设施液位 | 时序数据 |
| | | 电池阀状态数据 | 时序数据 |
| | | …… | …… |
| 其他类 | — | 地理空间数据 | 空间数据 |
| | | 图像视频数据 | 图像数据 |
| | | 预警数据 | 记录数据 |
| | | …… | …… |

（2）传感器设置

1）测量类传感器

场地传感器包括测量和控制两类。测量类传感器用于感知场地降雨量、土壤含水量、雨水收集量、水质等基础雨水信息；同时，为便于量化系统工作绩效，通过选择相同土壤（土壤剖面、土壤结构）及植被条件布置相同对比传感器，对低影响开发绩效进行对比研究。

2）控制类传感器

控制类传感器布置的目的在于使低影响开发系统在满足“渗滞蓄净用排”功能基础上实现绿化灌溉用水与蓄水之间的耦合。控制类传感器安装于蓄水设施出水口控制电磁阀开闭，以满足绿化用水需求。电磁阀可采用自动及手动两种控制模式。自动模式下，系统依据土壤含水量传感器获取土层土壤湿度数据通过物联网络驱动蓄水设施出流口电磁阀关闭或开启；手动模式下，依据控制终端控制出流口电磁阀开关，实现对绿化植物的精细化灌溉（表 3-13）。

### 2. 通信与终端

#### （1）信息传输

信息网络层主要完成数据的传输、存储以及管理，包括无线发射节点以及云服务平台两部分。测量类传感器收集场地水文信息后会存储在临时

部分传感器技术参数　　表 3-13

| 传感器名称 | 技术参数 | 传感器照片 |
| --- | --- | --- |
| 场地雨量计传感器 | 类型：翻斗式<br>分辨力：0.1mm<br>测量范围：0.01~4（mm/min）<br>工作电压：24 VDC<br>工作方式：脉冲 | |
| 土壤含水量传感器 | 量程：0~100%<br>测量精度：±1%<br>输出信号：0~1.5 VDC<br>工作电压：12 VDC<br>工作电流：4~20mA | |
| 蓄水设施水位传感器 | 量程：0~2m<br>输出：4~20mA<br>测量精度：±0.5%FS<br>工作电压：24 VDC | |
| 自动控制电磁阀 | 工作压力：0.1~1.04MPa<br>流量：0.45~40m$^3$/h<br>工作电压：24 VDC<br>管径：*DN* 150 | |

存储节点，通过无线发射装置将实时数据同步上传至云服务平台储存，云服务平台则通过系统绩效数据集为系统绩效模拟分析、量化评估、可视化展示及设计改进提升等提供数据支撑。

（2）系统终端

终端应用层基于云服务平台获取的基础雨水数据，开发监测和智能控制程序，在手机、电脑等终端平台上实现传感器收集场地雨水数据的功能应用。监测应用程序可实现雨水数据的可视化展示、分析以及智能控制（表 3–14）。

低影响开发测控平台客户端模块功能一览表　表 3–14

| 序号 | 模块 | 功能 |
| --- | --- | --- |
| 1 | 地图监测 | 支持开源地图以不同颜色图标标识当前监测点的状态，统计各类状态的监测点数量 |
| 2 | 实时预览 | 以数据列表形式显示所有区域、监测站点的实时数据。具有设备在线、离线、联网率等统计功能，对于超标数据、暴雨级别以特殊颜色突出显示 |
| 3 | 趋势曲线 | 展示监测数据指标最近 24h 趋势曲线，支持选择展示历史某个时间段内趋势曲线，支持多监测指标因子同时显示趋势曲线 |
| 4 | 数据查询 | 按时间段查询各监测点监测数据指标历史实时数据 / 分钟数据 / 小时数据 / 日数据，并可以表格形式将查询数据导至本地 |
| 5 | 数据比对 | 针对同一个监测站点同类监测指标两个不同时间段的数据以曲线的方式比对，支持比对曲线图形导出 |
| 6 | 报警管理 | 类型支持：联网报警、数据超标报警、暴雨高级别报警等。<br>方式支持：可支持短信、界面提示框等方式 |
| 7 | 视频监控 | 现场监控站点的实时视频，按照时间段查询每个监测站点的历史视频图像 |
| 8 | 信息展示 | 可以文档、图片等形式展示，其中公示信息管理员通过后台系统手动添加 |
| 9 | 评价分析 | 根据低影响开发城市评价模型，自动生成各个监测站点的设施运营的指标，进行在线动态评价，前台进行展示 |
| 10 | 智能控制 | 依据土壤水分传感器含水量可自动或手动控制电磁阀状态 |

### 3.5.3 测控技术应用

1. 项目概况

徐州市襄王路绿地海绵系统项目地处华北平原东南部，虽位于暖温带季风气候区，但受地形地貌等因素影响，水资源严重短缺且时空分布不均，属于我国40个缺水最严重城市之一。其降雨主要集中在6到9月间且年蒸发量（多年平均874mm）大于年降水量（多年平均825mm），季节性缺水时常发生。

襄王路绿地节点规划设计面积为12545m$^2$，场地整体地势北高南低，东高西低。北侧为混凝土硬化采矿宕口，南侧、西侧为既有城市主干道，东侧为原垃圾填埋场。场地下垫面表层以周边建筑废料回填及不透水花岗岩为主，土壤保水性较差。考虑徐州水文气候条件及场地立地环境，如何对场地雨水资源有效收集及精细化利用进而优化场地生境是本次设计需要解决的基本问题。

2. 海绵系统设计

基于场地地域特征，在分析场地现状水文、下垫面构成基础上，通过Arcmap软件生成数字高程模型，划分、提取自然汇水区、计算确定设计调蓄容积，设计低影响开发系统方案。设计将场地景观、雨水及生态系统整合成一个功能性整体，使绿地在达到较好景观效果同时实现场地雨水的自然积蓄、自然渗透、自然净化和自然利用。为尽可能高效使用雨水资源，减少蒸发，设计将收集的雨水通过暗埋雨水管缓释滴灌的方式对植物根部进行精细化灌溉，利用场地竖向实现自主灌溉，解决场地水资源短缺问题（图3-34）。项目设计特点归纳如下：

（1）顺应原有地形，利用高差分级蓄水，收集场地北侧混凝土坡面汇流，通过透水管将蓄存雨水缓慢渗透至低处土壤植物根部，根据植被种类分类供水，实现雨水自流灌溉；

（2）对场地内建筑废料100%就地消纳和再利用。利用场地既有及周边道路拆迁建筑废料代替传统PP塑料模块作为蓄水自然腔体填料，在达到蓄水功能同时解决废弃建筑材料处理及循环利用、改良场地土壤，提高绿化土壤保水量、降低绿化管养成本；

（3）基于物联网及传感器技术，对收集的雨水实现精细化、智能化管理。通过电脑PC端、手机APP对雨水收集量实时查看，根据土壤水分传感器对植物进行自动化智能灌溉，实现场地雨水的精细化利用与管理。

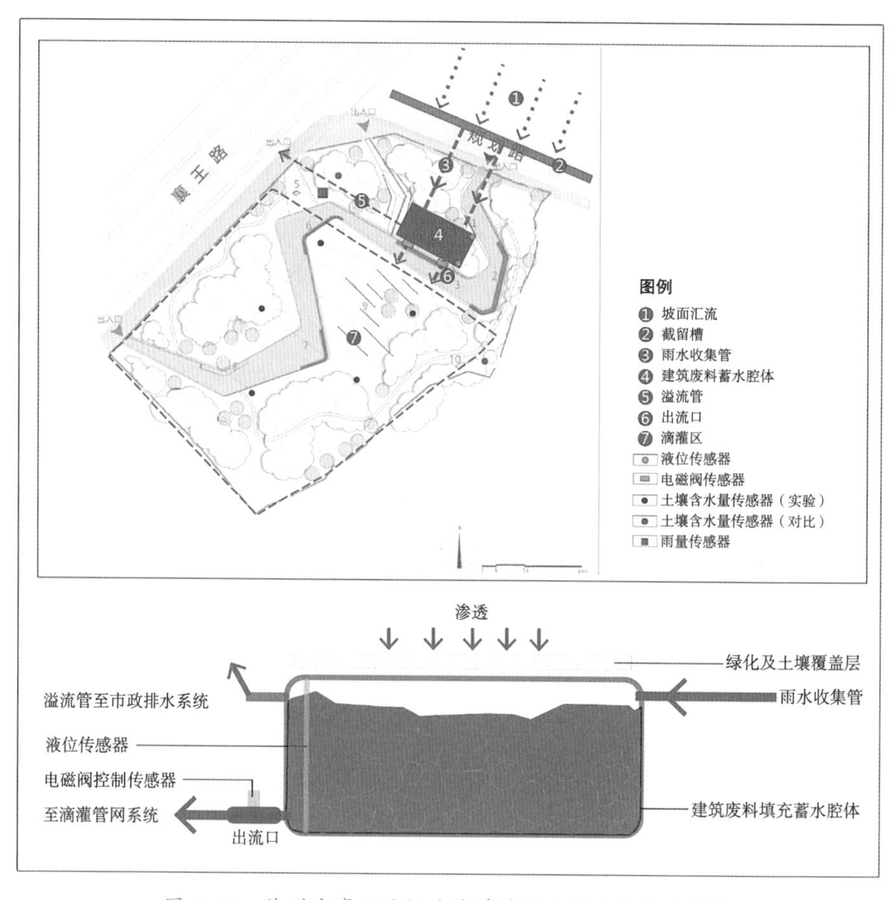


图 3-34　徐州市襄王路绿地海绵系统平面及结构示意图

### 3. 海绵测控系统构建

（1）土壤含水量传感器设置

对场地雨水收集及灌溉绩效进行检验是本次低影响开发测控系统设计的主要目的。土壤湿度是衡量本系统发挥灌溉作用以及生境优化的重要考核指标。为便于对比研究，课题组在场地不同位置（0.5m、0.7m、1.1m、1.5m 共 4 个土壤深度）共布置 7 组土壤湿度传感器（考虑不同植被根系在土层中埋深不同，0.5m 和 0.7m 主要为地被和小灌木根系深度，1.1m 和 1.5m 主要为乔木植物根系深度），其中采用低影响开发设施灌溉的区域布置实验传感器 5 组，未采用的灌溉区域设置对比传感器 2 组，对比组传感器除场地位置不同，其余设置均与实验组保持一致。同时，土壤含水量传感器与蓄水腔体电磁阀门网络连接，根据土壤含水量自动或手动确定阀门开闭状态及时间。

（2）水位传感器设置

雨水收集数据主要通过位于蓄水腔体中的水位传感器获取通过液位高度，进而计算出蓄水设施雨水收集量获得。考虑场地蓄水设施具有一定坡度，为准确测量蓄水雨水收集量，在蓄水设施内部最高处及最低处各安装一只水位传感器。当蓄水区水位低于高处水位计底部水平面时，低处水位计正常工作，高处水位计不工作。当蓄水区水位高过低处水位计顶部水平面时，低处水位计测量值达到最大，不再变化，高位水位计发生作用。蓄水设施高度约为 0.8m，水位计量程设定为 0~2m。

（3）场地雨量计传感器及附件设置

为方便对工程效果提供对比参考，场地降雨量采用雨量计传感器进行测量。雨量计传感器设置在研究区域 500m 范围内高且平坦周围无遮挡处。同时在雨量计传感器旁布置数据采集器，通过无线网络连接土壤水分、降雨量、蓄水设施水位传感器。数据采集器放置在防水机箱内，旁立 2m 高风杆，固定机箱，安装 0.6~1m$^2$ 大小太阳能电池板，利用太阳能为系统供电（图 3–35）。

（4）用水实时智能控制系统构建

用水实时智能控制系统主要通过传感器数据驱动雨水控制阀实现，将设备安装在蓄水设施出水口，基于土壤含水量传感器及蓄水腔体内水位传感器获取数据自动或手动对出水口执行开闭控制。当 1.1m 深度土壤含水量低于 20% 时，传感器通过网络给电动阀发送数据，电动阀自动打开对场地植被进行灌溉，当土壤含水量达到系统 30% 时，通过土壤含水量传感器获取的数据自动关闭阀门。通过现场太阳能电池板提供单相电源即可实现无人值守全自动给水缓释灌溉。

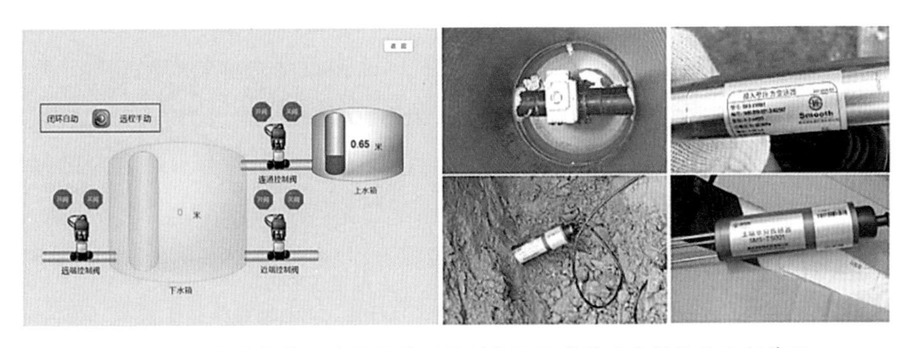


图 3–35 徐州市襄王路绿地灌溉控制终端传感器及数据接收发射装置

### 4. 测控系统数据分析

基于城市绿地雨水实时监测系统 2016 年 11 月 11 日 ~2017 年 9 月 11 日对徐州襄王路绿地雨水设施的雨水绩效监测数据，从场地降雨特征、雨水收集量以及土壤含水率 3 方面对低影响开发系统监测数据进行分析。

（1）场地降雨特征

基于场地雨量计传感器数据，2016 年 11 月 11 日 ~2017 年 9 月 11 日场地总降雨量为 885.2mm，降雨天数为 81d，其中最大 24h 日降雨日期为 2017 年 7 月 15 日，单日总降雨量达 91.8mm。场地 24h 日降雨特征曲线详见图 3-36。

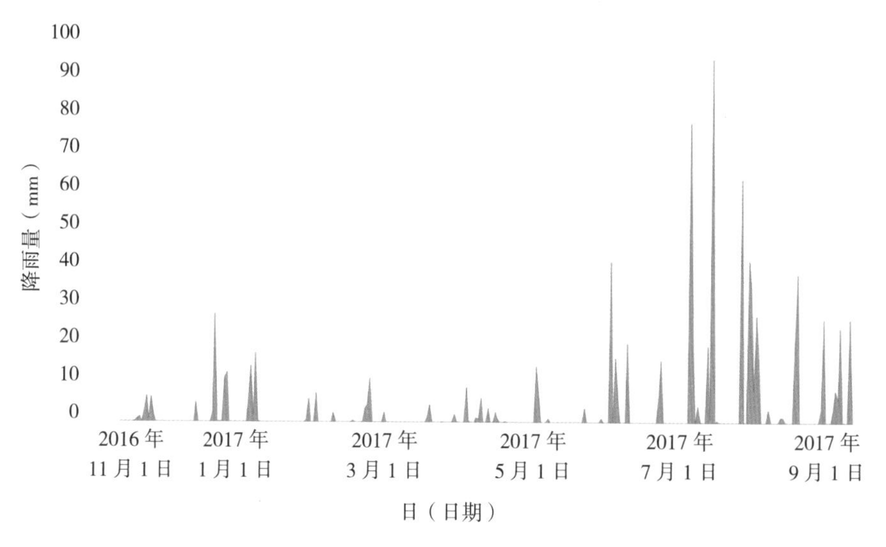


图 3-36　2016 年 11 月~2017 年 9 月徐州市襄王路绿地 24h 日降雨量统计

（2）雨水收集量

雨水收集量是绿地雨水管理设施设计的重要检验指标，通过场地雨量计数据以及与设计前期雨水管理设施规模计算比较，可检验设施雨水收集绩效。根据场地雨水液位传感器获取数据，徐州襄王路绿地建筑废料填充蓄水腔体 2016 年 11 月 11 日 ~2017 年 9 月 11 日雨水收集量为 988.5m$^3$，雨水收集量时序分布具体见图 3-37。其中单次降雨最大日收集量为 2017 年 7 月 15 日，雨水总收集量为 152.4m$^3$。通过集水区面积汇流及渗透量计算，蓄水腔体年总雨水收集率为 75%。

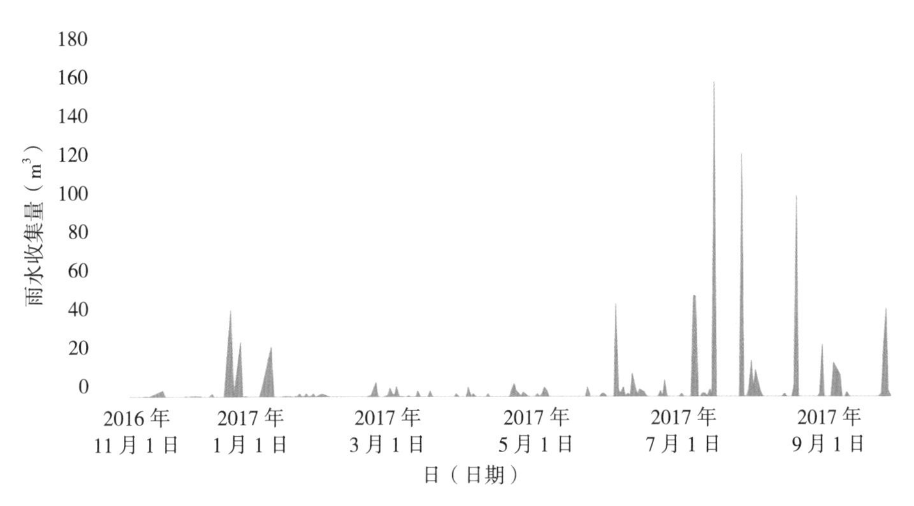


图3-37　2016年11月~2017年9月徐州市襄王路绿地低影响开发系统雨水24h日收集量分布

（3）土壤含水率

通过土壤含水量传感器组的设置，对现场获取实验组及对比组不同土壤深度土壤含水量数据进行分析。对设置在场地里7组（其中5组实验组，2组对照组，每组分别设置在土壤0.3m、0.7m、1.1m、1.5m标高位置）共28个水分传感器收集数据进行统计，结果显示，在1.5m、1.1m、0.7m、0.3m土壤深度实验组土壤含水量比对照组土壤含水量平均高10%~25%，在采用低影响开发设施灌溉区域1.1m和1.5m土壤深度土壤含水率高于未采用滴灌区域25%，较好达到了场地绿化灌溉的要求，优化了场地土壤水环境（图3-38）。

基于对海绵测控系统收集数据的分析，徐州襄王路低影响开发系统设计较好达到了雨水收集与精细化利用设计目的。在场地雨水收集绩效方面，以2016年至2017年数据为例，场地低影响开发设施共有效收集雨水988.5m$^3$，收集率为75%，实现了缺水地区场地雨水资源高效收集。在收集雨水资源集约化利用及生境优化方面，采用暗埋滴灌措施的实验段区域土壤在0.5m、0.7m、1.1m土壤深度含水率比未采用滴灌设施区域平均高10%~25%，收集的雨水资源得到了高效利用。

针对我国干旱半干旱以及缺水地区，雨水的高效收集利用是缓解当地水资源紧缺的重要手段，基于物联传感技术的低影响开发测控系统可为当地雨水的高效收集利用提供“多维度”“可量化”“智能化”的管理方式，让雨水资源能更智能地被识别、追踪、监测与控制，为海绵城市规划设计项目的绩效评估、实时监测及智能控制提供了坚实的技术支撑。

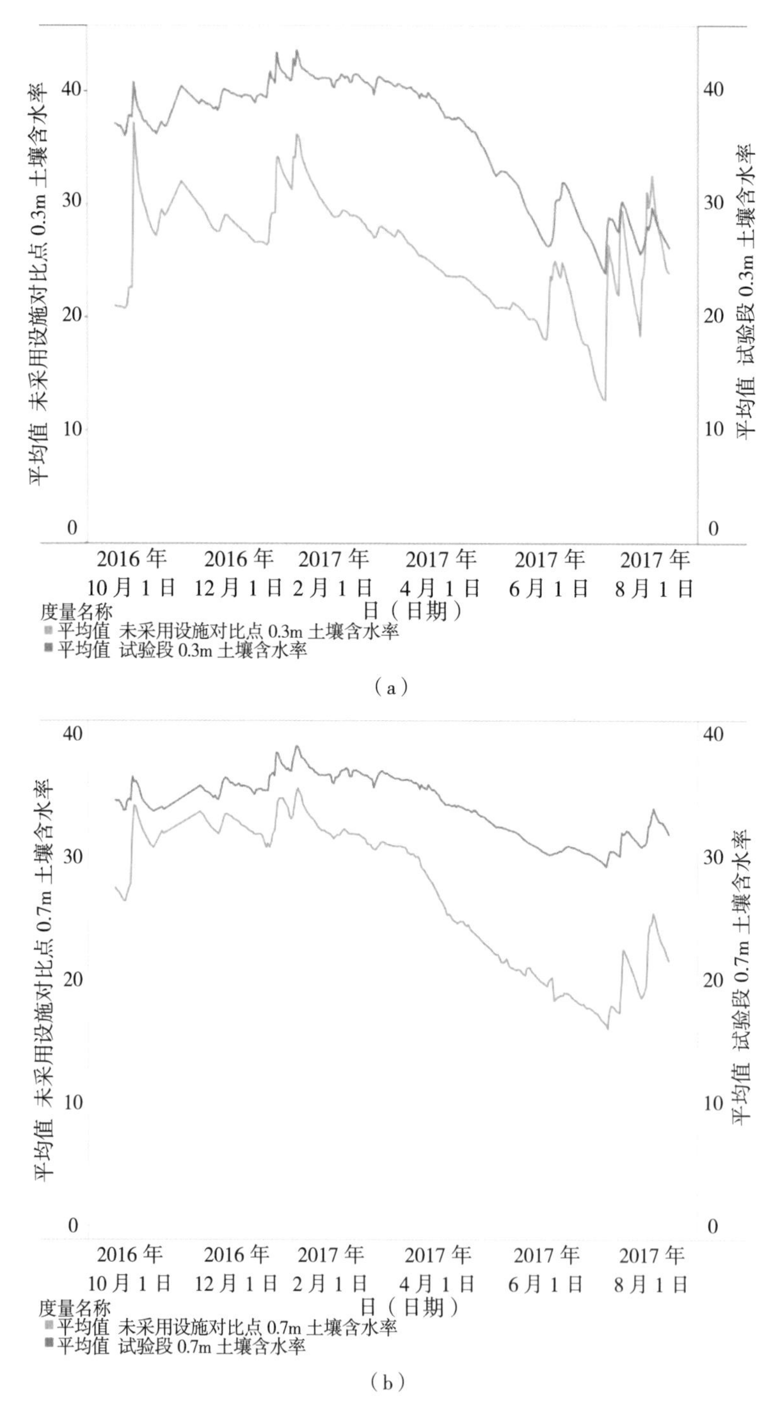


（a）



（b）

图 3-38 2016 年 10 月 ~2017 年 8 月场地不同土壤深度实验组与对比组土壤含水率对比

a–0.3m; b–0.7m; c–1.1m; d–1.5m

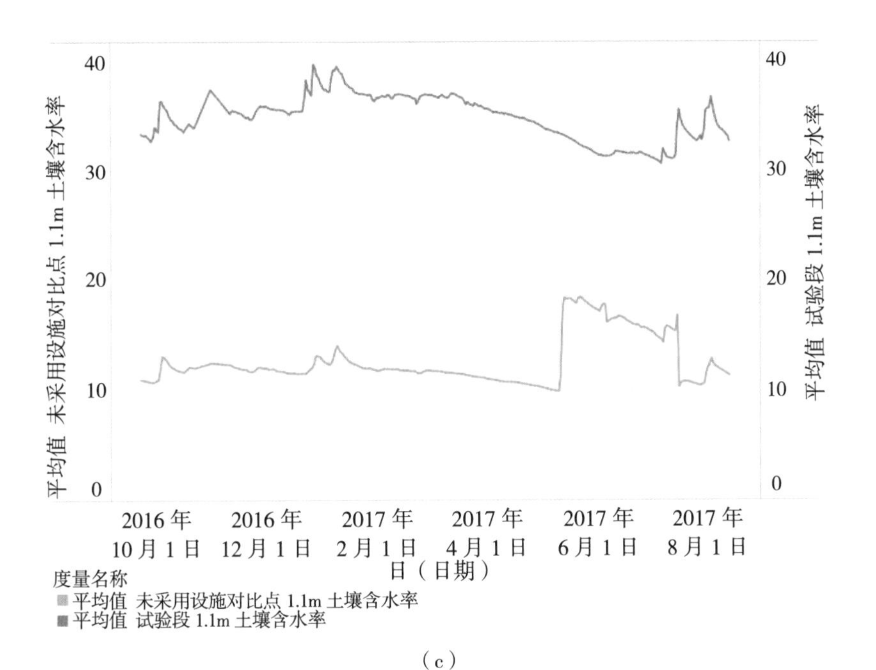


（c）



（d）

图 3-38　2016 年 10 月~2017 年 8 月场地不同土壤深度实验组与对比组土壤含水率对比

a-0.3m；b-0.7m；c-1.1m；d-1.5m（续）

# 第4章

# 典型案例

建设海绵城市首先需要基于地域性特征从规划层面上明确海绵城市的核心功能，虽然每个城市都面临着城市内涝、水质污染和水资源短缺的三大难题，但又各不相同，各有重点，须根据城市的具体情况具体分析。比如，地势较低的盆地城市以治理内涝为核心目标、水资源匮乏的干旱地区以雨水综合利用为核心目标、老城区较多的城市则以提高排水能力治理内河污染为核心目标等。海绵城市建设是一项复杂的系统工程，与单一工程项目相比，在目标设定、方案设计、工程实施、建设管理等方面都具有高度的复杂性，其实践宜基于既有的城市自然本底与建设状况，避免生搬硬套。例如在强调绿色基础设施建设的同时，不能割裂与灰色基础设施的协同作用；在对地上不透下垫面进行改造的同时，不宜忽略地下管网系统的升级与安全；在实现治水和用水目标同时，不宜过度影响城市原有功能和景观。因此，为充分发挥海绵城市建设综合效益，需要城市规划、景观设计、市政基础设施建设、建筑设计等多方领域的协调配合，也需要国土资源、水务、环保、规划、绿化、林业等多学科多部门的联动工作。同时城乡各级、各类规划的编制应从理念、规划编制方法、指标体系、控制导则及管理等多方面深入探索雨洪管理与规划结合的途径和方法。

本书将通过以下几个具体的代表性案例阐述在不同空间尺度、项目类型及地域分布下的海绵城市规划设计实践理念、方法与技术的运用。

# 4.1 南京河西建邺区海绵城市规划

针对城市内涝问题，以南京市雨洪内涝较为严重的区域—建邺区的建成区域为实践研究对象，如图 4–1 所示的黄色区域，东至秦淮河、西至长江、北至汉中门大街、南至江山大街。南京市建邺区的建成区内建设用地面积超过 3000hm$^2$，占总用地面积的 60%以上，属长江漫滩地貌单元，共有 25 条河流，包含长江夹江境内段与秦淮河内段河道。该区域位于北亚热带湿润气候区，四季分明，雨水充沛，全年降水量分布不均，七、八月份易发生秋汛，现今极端天气频发，极端降雨发生的概率也随之增大。

## 4.1.1 现状条件与问题分析

南京市建邺区建成区域的雨洪问题及成因主要来自于竖向因素及地下水位因素两方面。该地区地形低洼，在历史上曾作为一片滨江滩地而存在，

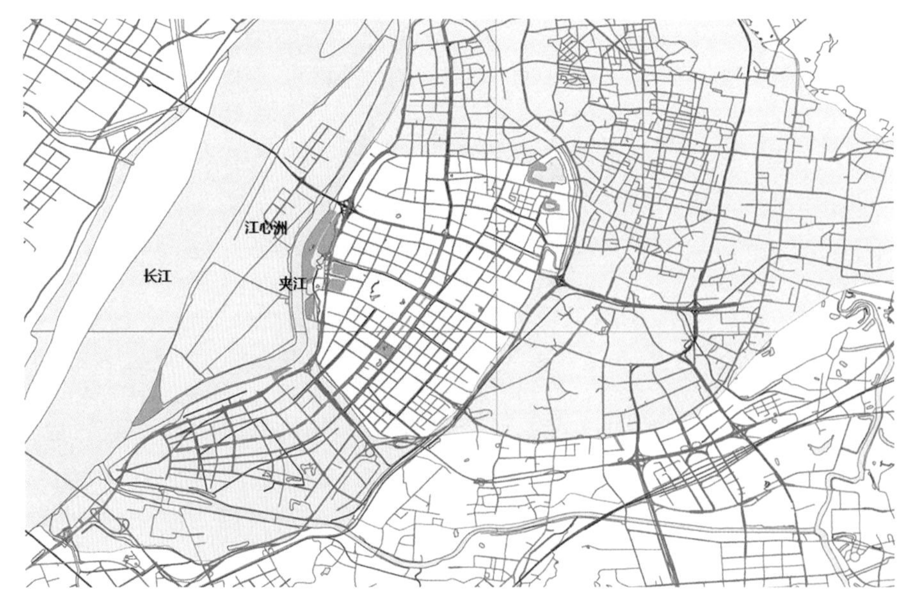


图 4–1 研究范围——南京市建邺区的建成区域

地面标高5.5~7.5m。在暴雨情况下，地表径流快速汇集，由于地块高程基本低于长江汛期时的水位，无法被消纳的雨水径流也无法排入江中，因此容易引起城市内涝问题。同时，在建成区域扩大化的进程中，原有的裸土和水塘逐渐减少，具有更强海绵效应的绿地水体规模缩小，因此在强降雨条件下雨水无法完成自然水文过程，降雨强度超过现行管网排水能力，雨水径流汇集，从而造成城市内涝问题的加剧。

根据南京市多年观察资料，南京市的地下水水位始终高于长江水位（除了洪水位），说明在正常情况下，地下水补给江水。而同时，南京多年平均降水量1077mm，正是处于降雨1000mm线附近。因此，研究区域内的地下水位已经很高，地下蓄水已经接近饱和，无法再进行大量收水。

### 4.1.2 规划目标

针对南京市建邺区内主要易涝点和易涝路段从场地竖向、地下水位等方面对区域雨洪成因进行定量化、综合性的分析研究，并结合海绵城市规划设计要求，基于水绿耦合的原则对区域绿地斑块、绿地系统格局进行统筹分析，通过确定绿地系统格局和地表径流的关系来研究绿地系统格局的海绵效应，优化区域绿地系统格局，让公园体系充分发挥“海绵体”的作用。

### 4.1.3 关键技术

#### 1. 绿地斑块分布分析

通过南京市建邺区建成区的卫星地图和实际调研状况调校，在GIS中对研究区内的绿地斑块进行人工解译，得到该区域内城市绿地斑块空间分布数据（图4–2）。研究区域的总面积约为33km$^2$，绿化率约为26.9%。除去不超过100m$^2$的绿地斑块，其余绿地斑块数量为1282，面积分布于100~270000m$^2$，绿地总面积为8099604m$^2$。

通过GIS人工解译出研究区域内绿地斑块的分布情况，初步统计出南京市建邺区建成区域内不同面积的绿地斑块的数量分布情况（表4–1）。该区域内绿地斑块以中型绿地为主；绿地斑块面积在5000m$^2$以下的小型绿地斑块占绿地总面积的23%左右；绿地斑块面积在50000~100000m$^2$的大型绿地占所有斑块面积的25%以上。

与区域内用地概况进行叠合后，对研究区域内绿地类型概况进行分析，主要结论如表 4-2 所示。

**2. 绿地系统格局特征分析**

研究引入景观生态学中的景观格局指数对研究区域内绿地系统格局特征进行分析，并通过 GIS 将结果图示化。在研究范围内选择样本区域进行对比研究，从而判断不同景观指数与雨洪调蓄的关系。最后结合研究范围内城市内涝现状，对研究范围内绿地系统格局进行综合评价，并以此评价结果为基础建立绿地系统格局与城市海绵效应之间的联系。

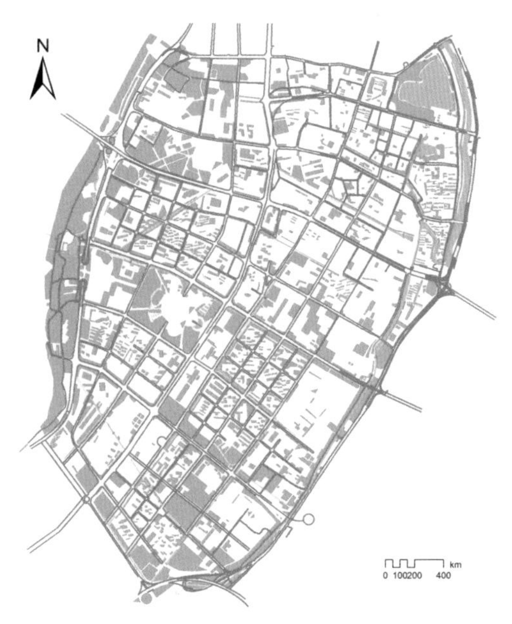


图 4-2 南京河西建邺区海绵城市规划——建成区域内绿地斑块空间分布图

研究从绿地斑块规模及其分布特征两方面入手，选取以下 5 个景观指数：斑块类型面积、斑块密度、斑块破碎度、景观连接度和斑块内聚力指数（表 4-3），对南京市建邺区建成区域内的绿地系统格局进行评价。

**南京市建邺区建成区域内不同面积的绿地斑块的数量分布情况** 表 4-1

| 绿地斑块面积 | 绿地斑块数量 | 绿地斑块总面积 | 占绿地总面积的比例 |
|---|---|---|---|
| 100m$^2$ 以下 | / | 800000m$^2$ | 8.98% |
| 100~500m$^2$ | 152 | 110244m$^2$ | 1.24% |
| 500~1000m$^2$ | 196 | 152725m$^2$ | 1.72% |
| 1000~5000m$^2$ | 595 | 1000093m$^2$ | 11.23% |
| 5000~10000m$^2$ | 180 | 1496122m$^2$ | 16.81% |
| 10000~50000m$^2$ | 132 | 2806621m$^2$ | 31.53% |
| 50000~100000m$^2$ | 16 | 1640494m$^2$ | 18.43% |
| 100000m$^2$ 以上 | 11 | 889897m$^2$ | 9.99% |

研究区域内绿地类型概况分析　　表 4-2

| 绿地类型 | | | 绿地斑块分布特点 |
|---|---|---|---|
| 公园绿地 | 社区公园、小游园和专类公园内绿地 | | 以中型绿地斑块为主，且有很大可能性成为片区内唯一绿地斑块 |
| | 城市公园 | | 成为研究区域内大型绿地斑块的主要组成，以河西中央公园、莫愁湖公园、南湖公园等为主的几个主要城市公园的面积占所有绿地斑块总面积的 25% 以上，集中分布 |
| 附属绿地 | 居住绿地 | | 零散分布的小型绿地斑块 |
| | 公共设施附属绿地 | | 中小型绿地斑块 |
| | 工业、仓储用地 | | 中小型绿地斑块 |
| | 交通附属用地 | 城市道路、公路周边线性绿地 | 带状分布的小型绿地斑块 |
| | | 交通枢纽和道路广场周边绿地 | 中小型绿地斑块 |
| 防护绿地 | | | 带状分布的中型绿地斑块 |
| 尚未建成区域绿地 | | | 除城市公园以外的大型绿地斑块，集中分布 |

针对绿地格局特征研究的景观指数选择　　表 4-3

| 评价内容 | 景观指数名称 | 在本研究中的含义 |
|---|---|---|
| 绿地规模特征 | Class Area，CA<br>斑块类型面积 | 在研究范围内的所有绿地斑块类型的面积之和（ha） |
| 绿地分布形态特征 | Patch Density，PD<br>斑块密度 | 在研究范围内绿地斑块数量分布上的密度 |
| | Landscape Divison Index，LDI<br>斑块破碎度 | 在研究范围内绿地斑块的破碎程度。当 LDI=0 时，研究范围内只存在一个绿地斑块；LDI 越趋近于 1，研究范围内的绿地斑块分布越破碎 |
| | Connect<br>景观连接度 | 在研究范围内绿地斑块的空间连接程度。计算得值越高，绿地斑块在空间上的连接度就越高 |
| | Cohesion<br>斑块内聚力指数 | 在研究范围内绿地斑块的集中程度。计算得值越高，绿地斑块的分布就越集中 |

### 3. 绿地格局海绵效应分析

在城市建成环境中，绿地系统格局对于城市海绵能力的影响主要体现在其具有的雨洪调蓄功能即对雨水径流的控制上，而对雨水径流控制的强弱最直接的体现就是径流量的变化。研究绿地系统格局的海绵效应也就是雨洪调蓄意义，将通过确定绿地系统格局和地表径流的关系来表现，地表径流越大则表示其雨洪调蓄效应越弱，地表径流越小则表示其雨洪调蓄效应越强。而影响城市地表径流最主要的因素就是下垫面的构成情况，从这个特点出发计算特定区域的径流量，并以此作为分析、判断绿地景观格局雨洪调蓄能力的变量。

研究区域内绿地系统格局的不均匀性与各个景观指数在研究区域中的不同片区的差异值密切相关。所以在本研究中，要想通过优化绿地系统格局减少地表径流，首先要分析不同的景观格局指数对地表径流的影响（图 4–3）。

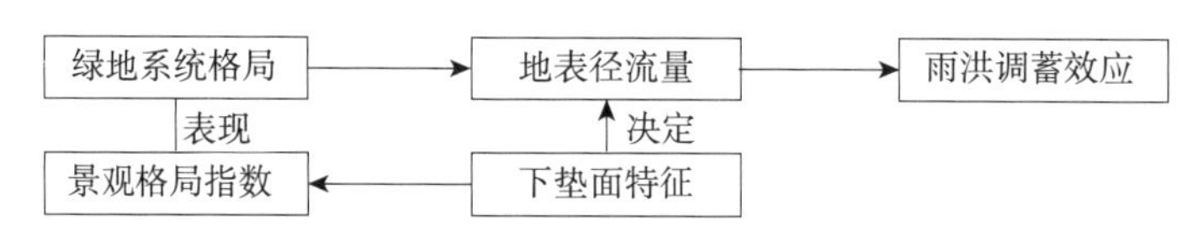


图 4–3 南京河西建邺区海绵城市规划——建成区域内景观格局指数与雨洪调蓄效应的研究关系

为了能够进一步确定绿地系统格局特征和雨洪调蓄能力的关系，在研究区域中选择了 6 个布局规模、类型、结构不同且具有各自代表性的绿地片区作为重点研究片区（图 4–4）。

按照绿地、建筑屋顶、硬质铺装广场及道路和水系的区分提取出 6 块片区的下垫面概化图，并以此为参考进行片区的径流量计算。为了明确径流量和下垫面条件的对应关系，在此引入雨水设计流量计算公式：

$$Q = \Psi q f \tag{4-1}$$

式中：$Q$——雨水设计流量（L/s），是指单位时间内降雨在下垫面产生的雨水径流量；

$\Psi$——径流系数，其值常小于 1，指径流量与降雨量的比值；研究区域的平均径流系数按照地面种类加权平均计算；

$q$——设计暴雨强度［L/（s·$hm^2$）］，指某一连续降雨时段内的平均降雨量；

$f$——汇水面积（$hm^2$）。

平均径流量的取值即为单位时间内降雨在下垫面产生的雨水径流量和

区域面积的比值（图 4–5），对 6 块片区的景观格局指数进行计算，结果如表 4–4 所示。

通过对区域绿地系统格局与城市内涝点分布的综合分析可知（图 4–6）：

（1）研究区域的西部及南部存在较多内涝点及内涝路段，但是绿地斑块面积较大，绿地斑块规模层次丰富，绿地具有更大的改造潜力，可以对绿地系统格局进行优化从而提升研究区的雨洪调蓄能力。

图 4–4　南京河西建邺区海绵城市规划——建成区域内重点研究片区位置

| 片区编号 | 下垫面概化图 | 下垫面统计结果 | 平均径流量计算结果（mm） |
| --- | --- | --- | --- |
| 1 | | 绿地占比：35.9%<br>建筑屋面占比：11.4%<br>道路场地占比：52.7% | 137.13 |
| 2 | | 绿地占比：23.4%<br>建筑屋面占比：11.3%<br>道路场地占比：65.3% | 154.84 |
| 3 | | 绿地占比：20.5%<br>建筑屋面占比：12.8%<br>道路场地占比：66.7% | 160.68 |
| 4 | | 绿地占比：33.7%<br>建筑屋面占比：15.7%<br>道路场地占比：50.5% | 143.15 |
| 5 | | 绿地占比：25.6%<br>建筑屋面占比：13.2%<br>道路场地占比：61.2% | 153.2 |
| 6 | | 绿地占比：26.2%<br>建筑屋面占比：12.8%<br>道路场地占比：61.0% | 152.06 |

图 4–5　南京河西建邺区海绵城市规划——片区平均径流量计算结果

**各片区景观格局指数计算结果**　　表 4–4

| 片区编号 | CA | PD | LDI | Connect | Cohesion |
| --- | --- | --- | --- | --- | --- |
| 1 | 3.59 | 58.7 | 0.47 | 81.57 | 28.13 |
| 2 | 2.34 | 25.9 | 0.27 | 77.64 | 19.88 |
| 3 | 2.05 | 28.27 | 0.36 | 82.22 | 25.33 |
| 4 | 3.37 | 5.5 | 0.62 | 89.23 | 34.12 |
| 5 | 2.56 | 29.3 | 0.22 | 70.29 | 19.29 |
| 6 | 2.63 | 12.0 | 0.76 | 76.31 | 29.17 |

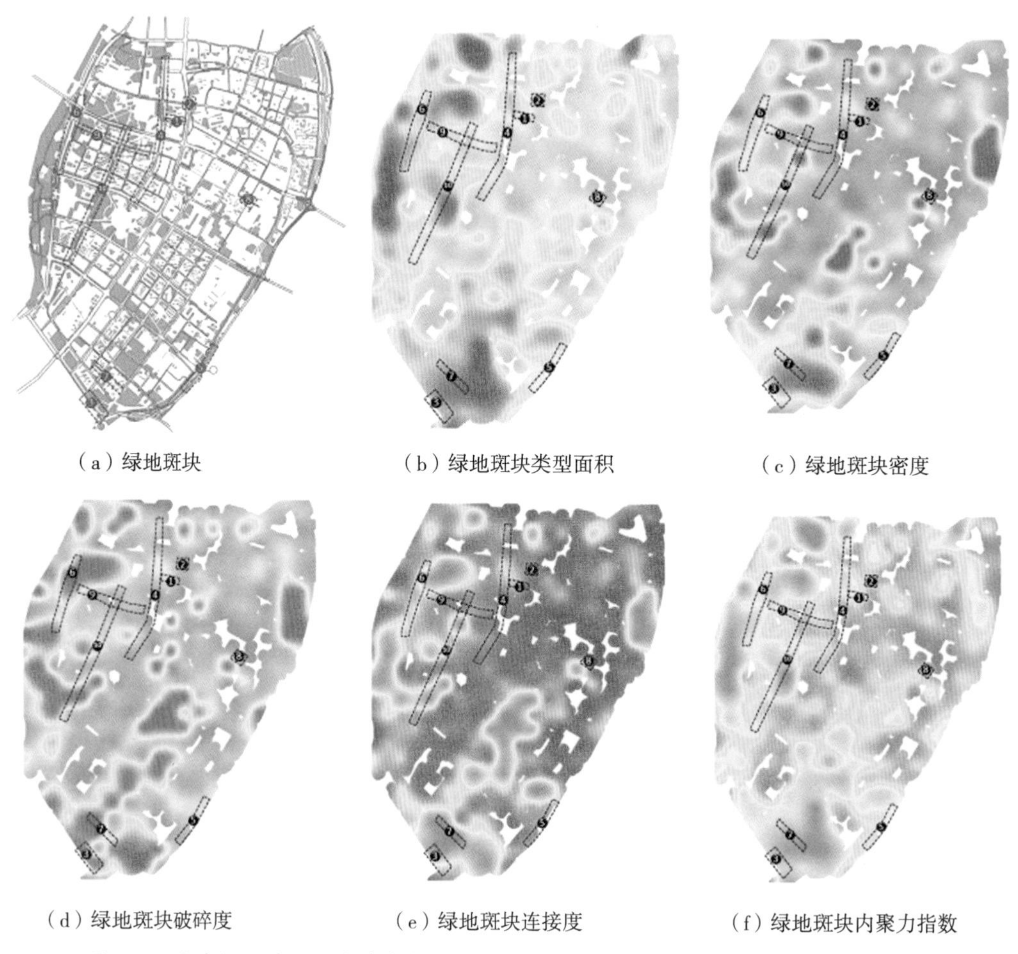

（a）绿地斑块　（b）绿地斑块类型面积　（c）绿地斑块密度

（d）绿地斑块破碎度　（e）绿地斑块连接度　（f）绿地斑块内聚力指数

图 4-6　南京河西建邺区海绵城市规划——研究区域绿地系统格局与城市内涝点分布

（2）雨洪调蓄功能更好的绿地彼此间被不透水下垫面分割，连接性较差，不能充分发挥其团聚效应。而能够发挥连接传输雨水作用的道路交通绿地和河流水系绿地等带状分布的绿地形式，并未对该绿地系统格局起到良好的连接作用。

（3）在研究区域中，绿地雨洪调蓄能力较差的部分通过道路、广场等彼此连接，面积较大且多分布于道路周边，大大增加了不透水下垫面的连接性，内涝发生频率也随之增高。

## 4.1.4 规划成果

对于建成区域绿地系统格局改善的主要途径在于通过绿地系统格局的调整优化，使不同类型的斑块之间形成良好的镶嵌结构，丰富城市绿地的空间分布与布置。利用绿地系统、不同雨水下垫面和河流湖泊等不同斑块之间的相互作用，一方面加强优势斑块的自然多元化，尽量达到雨水就近处理的目标；另一方面将雨水调蓄优势斑块相互连接，切分阻隔雨水调蓄劣势斑块，增强雨水生态滞留能力，而绿地斑块和城市内河相互交错、相互连接，使得绿地与河流成为互通的调蓄设施，以此合理外排过量雨水来控制地表径流（图 4–7）。具体改善途径包括：

（1）对现有绿地斑块和绿色廊道的联系进行重构

目前，研究区域内以河西中央公园、滨江公园、奥体中心公园、绿博园、莫愁湖公园和南湖公园为主的几个大型绿色斑块之间没有绿色廊道进行连接，研究区域内雨洪调蓄功能较好的区域相互之间被硬质下垫面分割，区域级别的绿地无法容纳局部区域级别的雨水溢流，即无法调节对应的大型降雨。

对此，进行优化的首要策略就是识别区域级别中可以作为绿色廊道的绿色构成要素，通过降低其高程、设置植草浅沟、改造为下凹绿地等方式

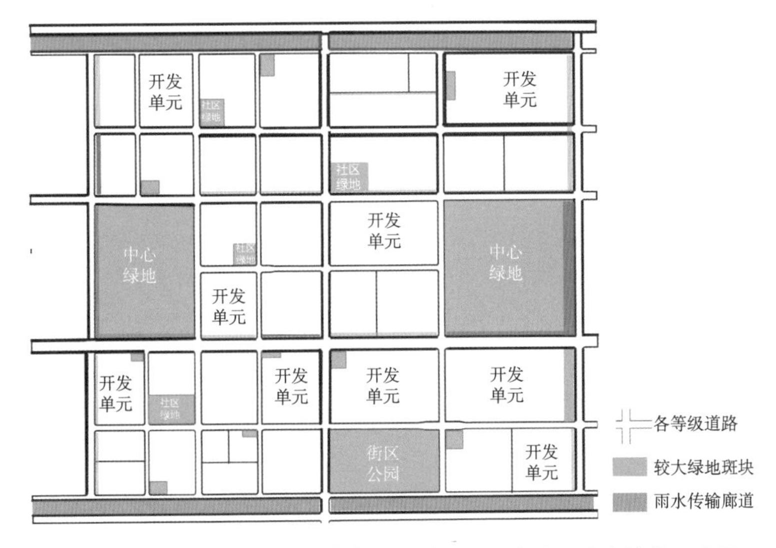


图 4–7 南京河西建邺区海绵城市规划——绿地系统镶嵌结构示意图

增加其连接度来改造成为雨水廊道。在发生大型暴雨时，通过雨水廊道将超出场地或局部区域级别蓄存能力的雨水径流传输到大型雨洪调蓄设施，即大型绿地和其中的林地、湿地和河流湖泊等中，最终在研究区域内形成包含场地级别、局部区域级别和区域级别等多尺度的绿地雨洪调蓄系统，以应对不同级别的城市降雨。

（2）利用绿地系统的优化对研究区域内不透水下垫面中的斑块和廊道的联系进行解构

研究区域内现有不透水下垫面的连接程度较高，道路作为不透水下垫面的连接廊道对雨水径流产生重要影响，但是由于道路高程通常较低，城市内涝在道路周边更易发生。

对此可通过改善城市绿地系统格局来提高城市道路周边绿地的雨洪调蓄能力。在连续大面积硬质下垫面的雨水传输途径中，增设绿地系统进行阻隔，提高不透水下垫面的破碎度，增加雨水径流在路面传输中的阻力，切断交通道路的雨水传输廊道，最终使研究区域中雨洪调蓄能力较差的区域相互孤立、彼此分离。在暴雨情况下雨水可以在附近绿地中就近处理，延长雨水滞留于绿地中的时间。

## 4.2 南京市官窑山、李家山山地公园海绵系统构建

在海绵城市建设的背景下，山地公园越来越多地被赋予生态海绵的功能。山地公园水环境优化不仅有助于解决其自身的雨洪问题，而且能够涵养水源、保持水土、降低城市洪涝风险，充分发挥山地公园的海绵效应。以海绵城市建设理念为引导，基于山地公园的水文特征研究与水文过程分析，本案例中提出了南京市官窑山、李家山山地公园水环境优化设计的方法——分区、分级调控和利用雨水径流。设计后的水文模拟结果显示该方法能够较好地满足海绵城市建设标准，削峰延时的同时促进了雨水入渗和利用。

### 4.2.1 现状条件与问题分析

山地公园水环境特征通常表现为水资源时空分布不均、渗蓄水与保水能力弱、水土流失、生态环境脆弱等几个方面，山地径流也是城市洪涝高风险区域客水的主要来源之一，造成周边城市道路和建设用地的水安全隐患和市政排水压力增加。

官窑山、李家山山地公园位于南京市栖霞区，西邻栖霞山，南近长江。山地公园以这两座山为设计范围，官窑山公园总面积 34.5 万 $m^2$，李家山公园总面积 51.1 万 $m^2$，将其建设为服务于片区的生态与游憩绿地。官窑山、李家山公园是典型的城市山地公园，原本连续的山体被城市建设用地与道路割裂，周边环绕大量居住、教育及商业用地。官窑山、李家山最大高程分别为 47.80m 和 86.50m，地形、坡度变化较大，谷壑众多且坡度较陡，山麓区域地形较为平缓；土壤类型主要为壤土和黏土，下渗能力较差；场地内现状仅存零星季节性小水面（图 4-8）。

### 4.2.2 设计目标

1. 年径流总量控制率

依据住房和城乡建设部《海绵城市建设技术指南——低影响开发雨水系统构建（试行）》和《南京市海绵城市建设指南》，官窑山、李家山山地公园年径流总量控制率要求为 80%~85%，本次设计取 85% 年径流总量控制率为设计目标，对应设计降雨量为 38.8mm。

2. 年径流污染控制率

依据住房和城乡建设部《海绵城市建设技术指南——低影响开发雨水系统构建（试行）》和《南京市海绵城市建设指南》，官窑山、李家山公园面源污染控制率要求为 50%~60%，本次设计取 50%。

3. 其他鼓励性指标

下凹绿地率为 10%~30%，透水铺装率为 50%~70%。

4. 山体防洪设计目标

根据区域所在防洪圈防洪设计要求，官窑山、李家山山体防洪按照 20 年一遇 2h 降雨强度进行排洪防涝设计。根据南京市降雨强度公式计算，对应的降雨强度为 0.83mm/min。

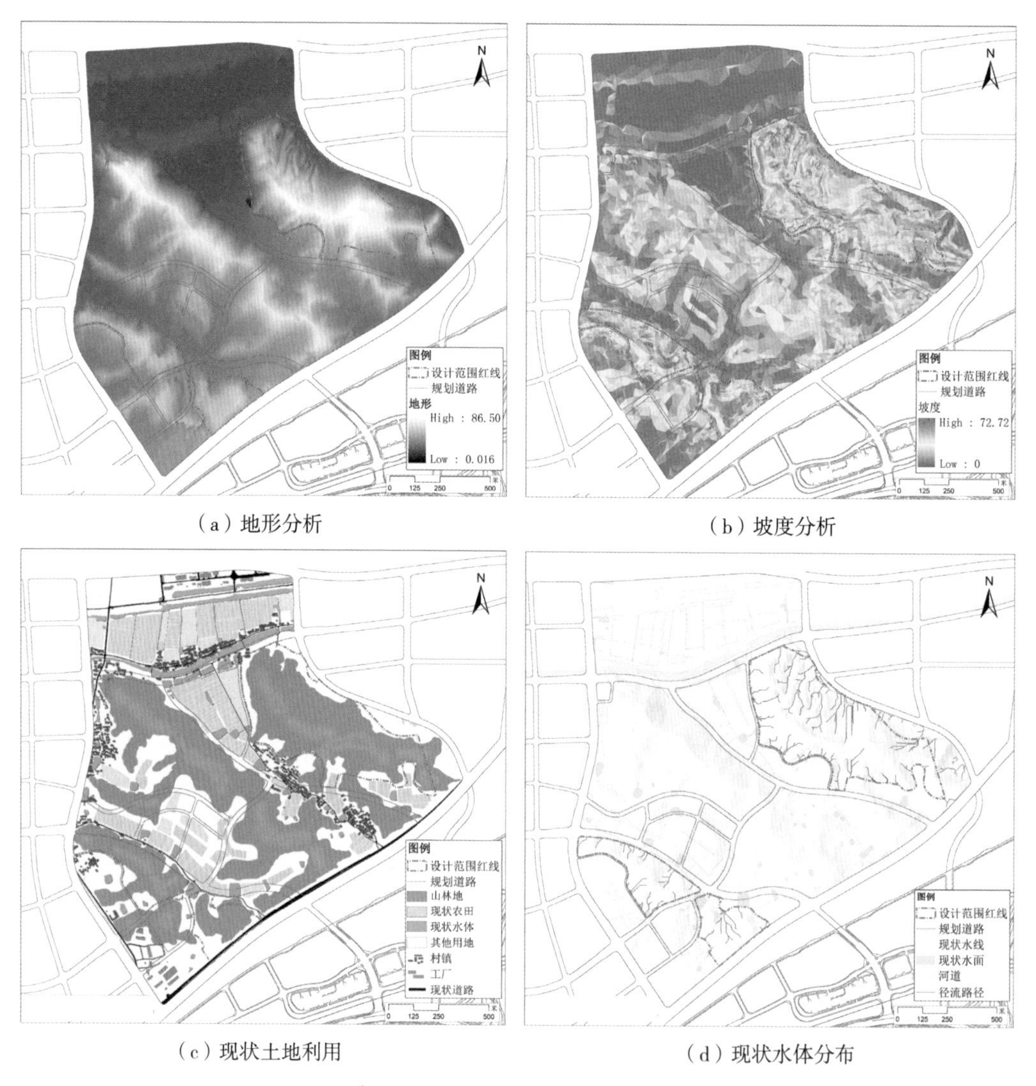


（a）地形分析

（b）坡度分析

（c）现状土地利用

（d）现状水体分布

图 4-8　官窑山、李家山山地公园基本特征分析图

### 4.2.3　关键技术

基于水文生态调控的山地公园水环境优化设计，通过调节与控制山体雨水径流的产生和汇聚过程，改善山地公园雨水资源时空分布的均好性，降低城市洪涝风险，优化山地公园整体生态环境。

1. 水文分区调控

山地公园水文分区调控设计的重点在于各汇水区径流总量的控制，根据自然汇水区和竖向特征人工组织和调配雨水径流，分区布局低影响开发雨水控制和利用措施，以实现分区调控径流总量目标，降低公园以及城区的内涝风险和防洪排涝压力。

（1）分区调控目标

依据住房和城乡建设部《海绵城市建设技术指南——低影响开发雨水系统构建（试行）》，该区域设计年径流控制率设定为85%，对应的设计降雨量为38.8 mm。运用ArcGIS软件进行汇水区分析，将场地划分为28个汇水区。其中，李家山可划分为16个汇水区（编号1~16），官窑山分为12个汇水区（编号17~28），如图4–9（a）所示。根据设计降雨量、汇水区面积、坡度、植被覆盖等基本特征，运用径流系数法[式（4–2）]计算得到各汇水区调控雨水量目标值[图4–9（b）]。

$$V=F\cdot\phi\cdot H \tag{4-2}$$

式中：$V$——设计调蓄容积，$m^3$；

$H$——降雨量，mm；

$\phi$——径流系数；

$F$——汇水面积，$m^2$。

按照年径流总量控制率对应的设计降雨量（场降雨）计算，李家山各汇水区雨水调控目标值普遍较大，雨水调控总量约5608.85$m^3$。

（2）分区调控设计与优化

由于山地公园周边被城市道路环绕，公园道路与地形坡脚标高须与市政道路标高一致。因此，市政道路及管网标高在一定程度上影响了山体公园的水文分区设计。根据实际标高条件，梳理和二次组织现状汇水分区、调控目标与径流路径，将原28个汇水区合并重组为10个水文调控分区[图4–9（c）]。初步提出水文分区调控方案，包括低地调蓄湿地、雨水截流措施与溢流设施布局，以及分区设计后的调控目标[图4–9（d）]。

**2. 水文分级调控设计**

山地公园水文分级调控主要涉及对各汇水区径流量、径流速率、径流方向等水文过程的调节和控制，通过设置多层级的低影响开发水文调控措施，分区、分级二次组织和调配雨水径流路径，以实现雨水资源空间分布的均好性，发挥雨水径流控制利用效能，降低公园及城区内涝风险和防洪排涝压力。

（1）分级调控目标

根据住房和城乡建设部《海绵城市建设技术指南——低影响开发雨水

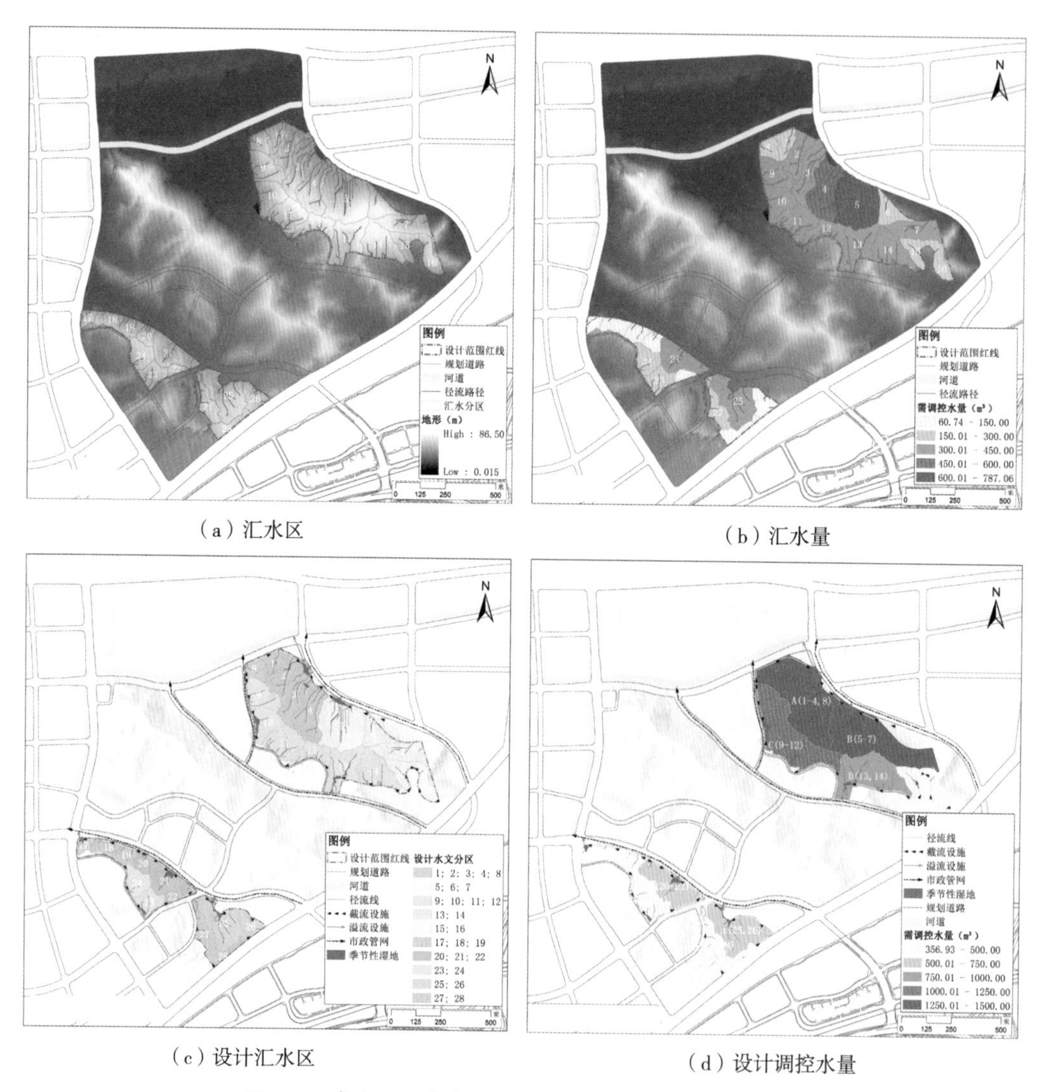


（a）汇水区　（b）汇水量

（c）设计汇水区　（d）设计调控水量

图 4-9　官窑山、李家山山地公园水文分区计算及设计

系统构建（试行）》，官窑山、李家山山地公园按照 5 年一遇 2h 降雨强度进行调控设施的设计和布局。根据《室外排水设计标准》GB 50014—2021，以 20 年一遇 2h 降雨强度进行下游调蓄溢流设施和防洪排涝设施的设计。根据南京市降雨强度公式计算，对应的降雨强度分别为 0.63 mm/min 和 0.83 mm/min。通过水文分级调控设施的设计和布局以满足设计重现期下对径流量、径流速率的调控，以实现“高位水高位用，低位水低位用”的雨水控制和利用目标。

（2）分级调控设计与优化

官窑山与李家山两座山体绝大部分的用地属性仍为林地，分级调控的设施布置受到较大制约，因此尽可能地选用对原山体扰动较少、工程量最小的设计方案。针对上游高地产流区、中游坡地汇流区和下游低地径流疏导区 3 个水文识别区进行水文分级调控和优化，分级调节和组织山体雨水径流。设计后官窑山、李家山山地公园水文调控分区划分为 16 个汇水区 [ 图 4–10（a）]，进一步分散各区径流总量控制目标 [ 图 4–10（b）]，针对上游、中游、下游 3 个层级特征将水环境优化设计与景观规划设计相结合 [ 图 4–10（c）]。

上游高地产流区禁止建设活动，不设置景观节点，补植山体原生植被，修复局部裸露和受损的坡地，丰富垂直方向上的植被层次，从源头促进上游植被和土壤对雨水的截留和下渗。中游坡地径流过境的区域汇流分散，结合公园慢行步道系统设置截流和传输设施，如渗排式植草边沟等，对上游雨水径流起到一定的截留调蓄和沉淀过滤的作用，减缓峰现时间的同时可以促进雨水下渗，提高土壤含水量，优化生态环境。此外，渗排式植草边沟与透水盲管结合可起到组织和传输雨水径流的作用，将过量的雨水传输至下游调蓄设施。下游低地区域径流交汇集中，与城市建设用地交接，须设置承接上游的径流传输通道和具有溢流措施的末端调蓄设施，保证山体和建设用地防洪排涝安全。由于官窑山、李家山山地公园上游雨水汇集后的径流量较大，因此传输通道采用排水通畅的溪流或管渠，以满足城市防洪排涝重现期标准。设计采用自然式的溪流作为末端径流传输通道，设置跌水堰使其具有一定的调蓄容积，滞蓄雨水并营造溪流生态景观。溪流下游采用季节性湿地作为末端调蓄设施与市政管网或河道相连，错峰调节和控制雨水径流。分级措施不仅优化了山体水环境，而且形成了自然、生态的水景观，丰富了山地公园景观。

3. 模拟与验证

本研究通过建立 SWMM 模型模拟 2016 年、2017 年连续降雨事件和不同重现期场降雨条件下的雨水控制和利用效果，对官窑山、李家山山地公园水环境优化设计方案的有效性进行验证。2016 年、2017 年连续降雨情景的模拟结果表明（图 4–11），通过分区与分级设计的水环境优化方案能够实现对 2~5 年一遇，短历时，中、小强度降雨的调控，2016 年、2017 年径流总量控制率分别为 86.13% 和 83.23%，远高于开发前的 77.14% 和传统设计

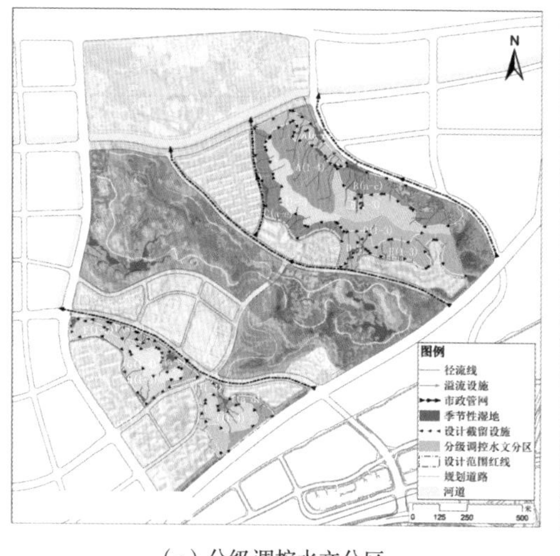


(a) 分级调控水文分区

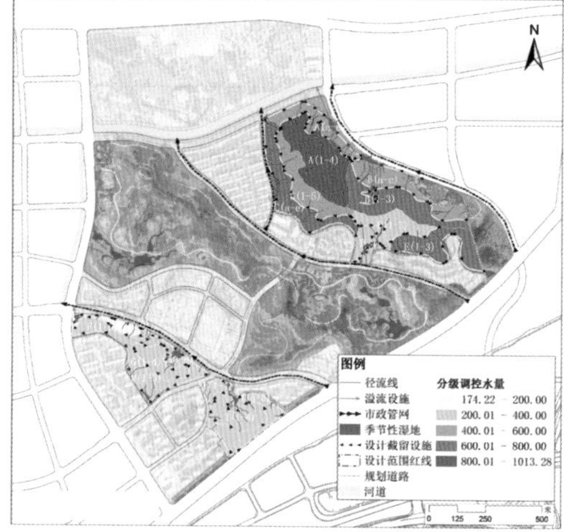


(b) 分级调控水量

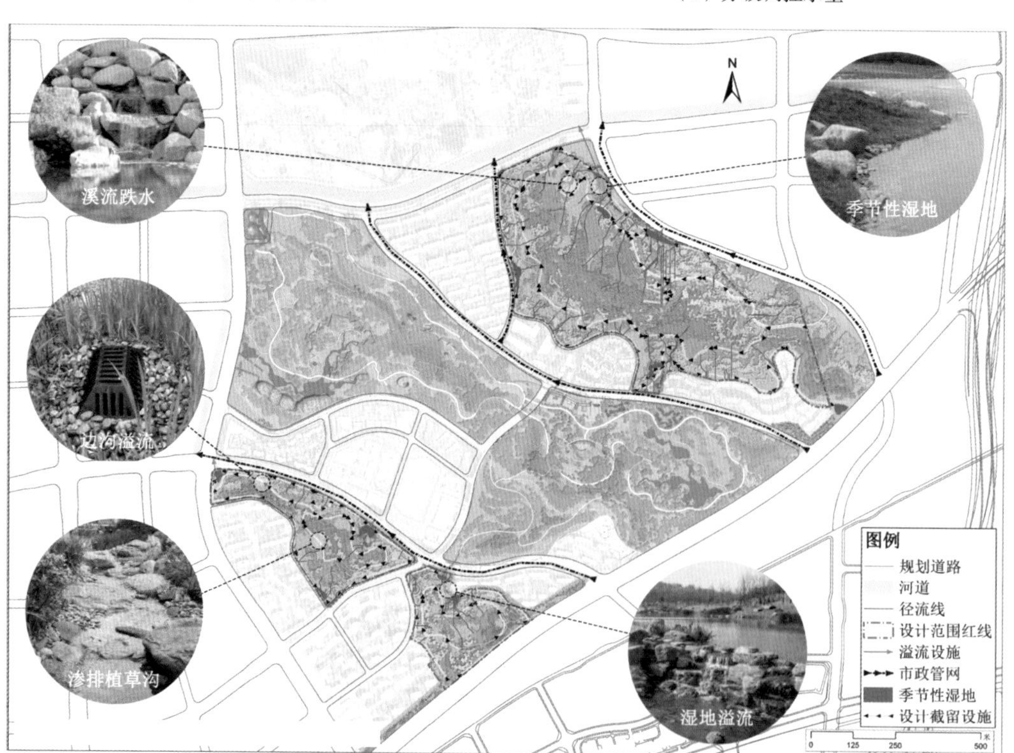


(c) 官窑山、李家山水生境分级调控设计总平面图

图 4-10　官窑山、李家山公园水文分级调控设计

方案的 69.51%，基本实现了年径流总量控制率为 85% 的目标。2017 年未能完全达到设计标准主要是因为在强降雨和连续降雨事件的影响下，雨水调控效果有较明显的下降。2016 年、2017 年平均入渗率提升至 61.89%，年平均雨水资源利用率为 5.99%（仅计算地表径流补充景观水体利用率），在有效调节、控制雨水径流的同时，促进了雨水入渗和利用，一定程度上也减小了下游城市建成区排涝压力。场降雨条件下（图 4–12），模拟不同重现期 2h 和 6h 降雨情景的尖峰径流量、尖峰汇流时间、径流总量的削减效果。模拟结果表明，2~10 年一遇降雨情景下，本设计方案对各汇水区尖峰流量和径流总量的削减以及对汇流时间的延缓有较明显的成效。但随着降雨强度的增加，径流削减率趋于平缓，边际效应明显，说明该方案较适宜应用于

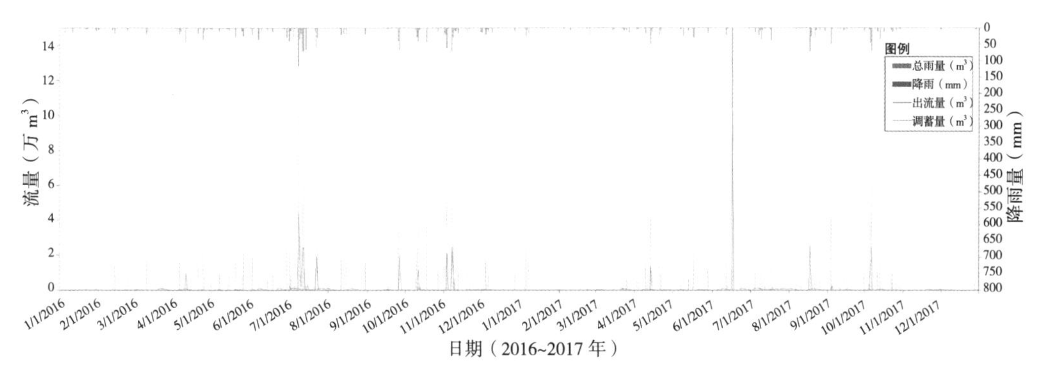


图 4–11　官窑山、李家山山地公园 2016~2017 年径流总量模拟结果

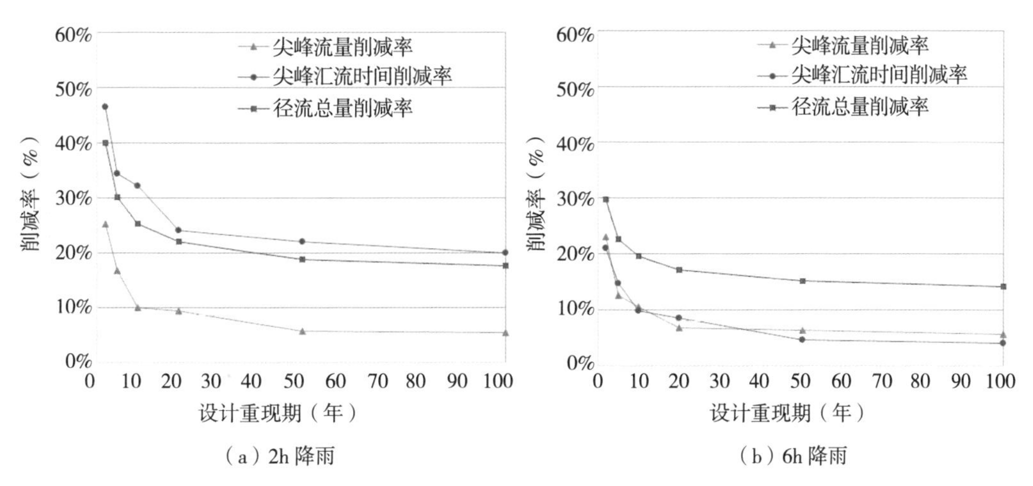


图 4–12　官窑山、李家山山地公园不同重现期径流削减模拟

对短历时中小强度降雨情景下的雨水径流控制，能够较好地实现对 2~5 年一遇，中、小强度降雨的削峰延时和径流总量的控制。

### 4.2.4 设计成果

山地公园是城市绿色基础设施的重要组成部分，山地公园水环境的优化设计对于山地公园自身和周边城市环境均具有积极的水文效益。针对山地环境水资源分布不均、保水能力弱、水土流失严重等问题，山地公园水环境优化设计根据山地水文、地文特征，分区、分级调控山地雨水径流，从源头到末端实现山地雨水径流的分级截留促渗、削峰延时以及有效滞蓄和利用，以减轻市政管网的负荷，消除周边建设用地积涝风险。在官窑山、李家山公园规划设计实践中运用了分区、分级控水、理水、蓄水的山地公园水环境优化设计方法，经检验，在方案分析、模拟及成果验收阶段均能够取得良好的水文效益（图 4–13）。

图 4–13 官窑山、李家山山地公园建成实景图

# 4.3 低影响开发下的江宁区格致路街区尺度景观水环境设计

研究区位于南京市江宁区格致路，研究范围总面积 23.5hm$^2$。街区内部道路——文芳路、文正路以及凤溪西路将街区共划分为六个地块（图 4–14）。街区整体地势较为平坦，综合公园用地内有连通水系，该水系自上游下流汇入前进河。研究区内部水体上游呈现窄细通道状，下游为开阔水面。现状总水域面积约 1.9hm$^2$，上下游通过水闸控制水位，周边道路及地块内部分雨水井通过市政管道接入水体内部。

## 4.3.1 现状条件与问题分析

江宁区格致路街区具有非常典型的城市街区特征，在当前一系列人为改造因素影响下，街区内的下垫面已经基本背离了纯自然状态的水文特征。

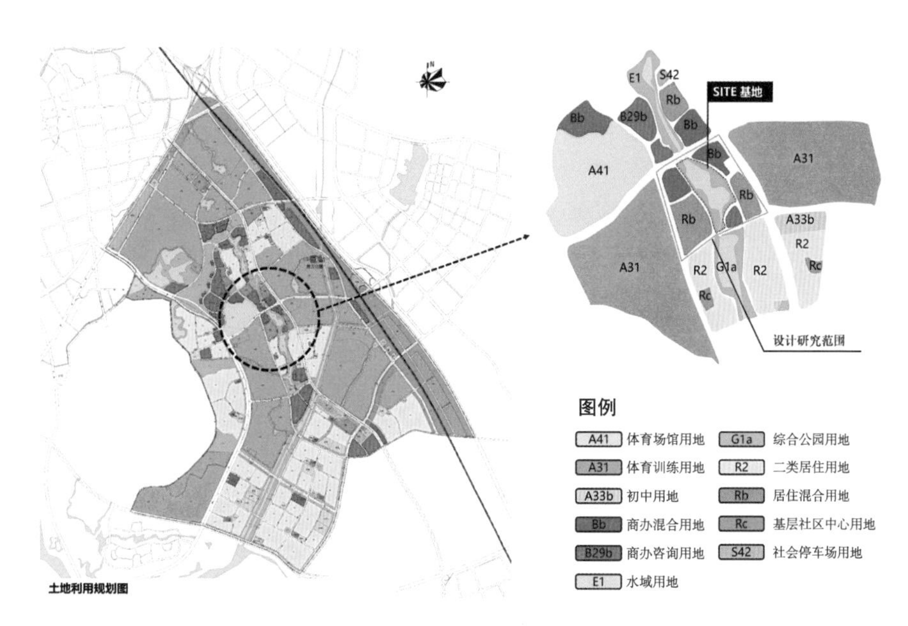


图 4–14 项目区位及用地性质图

来源：根据《江宁教育功能区控制性详细规划修编》改绘。

而同时，在街区中的相邻地块中还保有城市绿地与水系作为优化城市街区的景观水环境特质性因素。因此，本次设计将格致路街区地表径流产汇流过程进行系统优化，并将优化过的水资源就近接入景观水环境，从而最大限度发挥地表水的景观效益、生态效益。

## 4.3.2 设计目标

首先，根据《海绵城市建设技术指南——低影响开发雨水系统构建（试行）》中年径流控制率分区图，南京市位于Ⅳ区，年径流控制率要求为70%~85%，考虑南京市实际水文条件以及场地条件，取最大值85%作为设计标准。通过数据查询，得出南京市地表径流控制率85%对应的设计降雨量为36.6mm；20年一遇设计降雨重现期对应的雨量为52.6mm。

其次，街区内中心绿地的联通水系具备极强的雨洪调蓄及水环境优化潜力。同时，考虑周边地块下垫面及自身排水系统在应对暴雨时调节能力有限，采用区块协同的调蓄手段，将周边地块超额排放的雨水通过雨水管网有效接入中心绿地（图4-15）。

目标整体包含三方面：

（1）街区内各地块各自布设LID设施，提高自身集水系统能力，达成85%年径流总量控制率，整体设计范围内对中小型降水做到就地消纳，滞

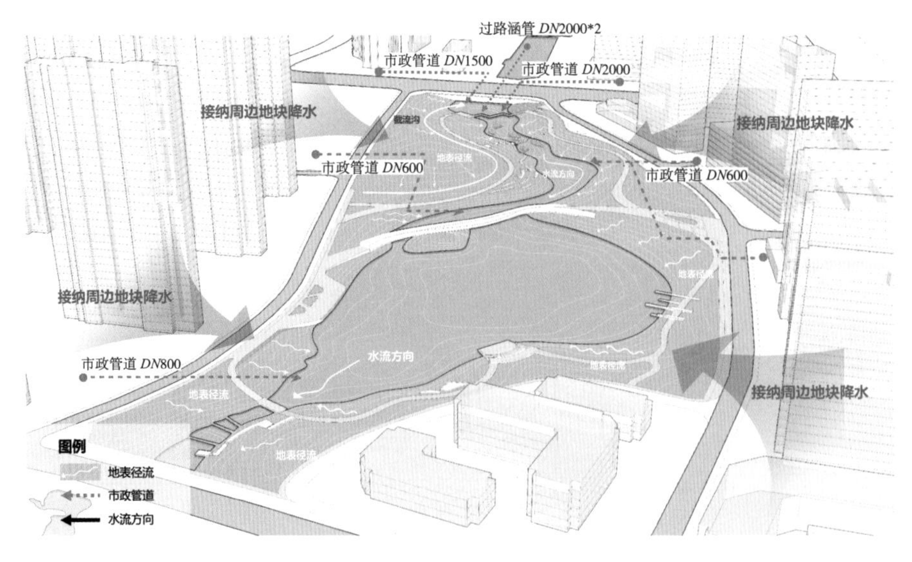


图 4-15　区块协同消纳周边降水

留下渗，有效利用；

（2）优化输水路径，通过建筑排水系统及市政管网系统接入中心绿地，从而利用中心绿地消纳周边超额径流，对强降水做到有效调蓄；

（3）提高末端调蓄容积，结合适宜性 LID 设施在绿地内布置集水、输水、蓄水景观，提升整体水环境景观效果和社会效益。

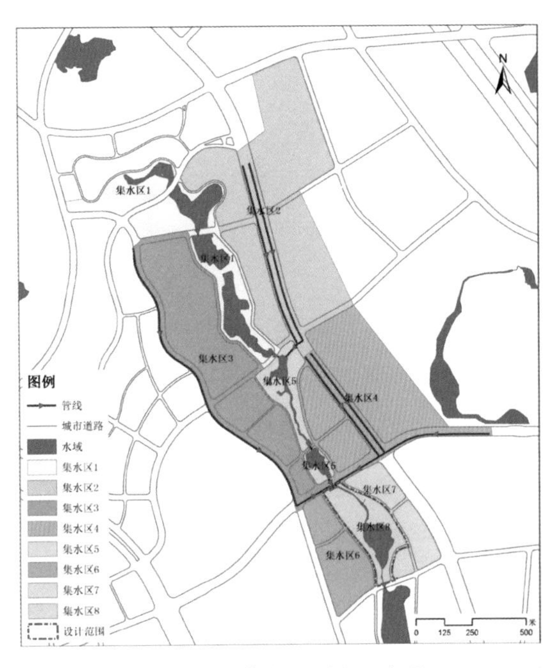

图 4-16　集水区划分示意图

最后，通过雨型计算器求得不同设计重现期降雨量，对调蓄总量目标进行计算。研究区内调蓄容积主要分为街区内调蓄水量及客水量两大部分。结合现场调研与江宁教育功能区上位排水规划，如图 4–16 所示分布情况，其中，集水区 1~6 均归纳为客水来源集水区，集水区 7~8 即街区内调蓄水集水区。根据各集水区面积、径流系数求得其在不同设计重现期下的调蓄量。表 4–5 为不同设计重现期下街区调蓄容积计算表。

**不同设计重现期下街区调蓄容积计算表**　　**表 4–5**

| 设计重现期 | 设计降雨量 /mm | 面积 /m$^2$ | 径流系数 | 街区内调蓄水量 /m$^3$ | 客水量 /m$^3$ | 总调蓄量 /m$^3$ |
|---|---|---|---|---|---|---|
| 2 年一遇 | 9.0 | 235800.32 | 0.8 | 1697.76 | 9749.78 | 11447.54 |
| 5 年一遇 | 22.3 | 235800.32 | 0.8 | 4206.68 | 24157.79 | 28364.47 |
| 10 年一遇 | 36.4 | 235800.32 | 0.8 | 6866.51 | 39432.44 | 46298.95 |
| 20 年一遇 | 52.6 | 235800.32 | 0.8 | 9922.48 | 56982.05 | 66904.53 |
| 50 年一遇 | 78.6 | 235800.32 | 0.8 | 14827.12 | 85148.09 | 99975.21 |
| 100 年一遇 | 106.4 | 235800.32 | 0.8 | 20711.32 | 114624.08 | 135335.40 |

## 4.3.3 关键技术

### 1. 街区 GIS 模型构建及分析

首先，基于基础地形图数据完成 GIS 模型构建，建立 DEM，对场地进行地形分析辅助竖向设计。在该项目中，综合公园用地作为整个街区重要的调控“蓝绿核”，将对整体街区的水环境调蓄能力起到决定性作用。因此，中心绿地水体的调控容积的计算非常关键，而调控容积的大小改变则主要通过场地的竖向设计来实现。通过对场地现有地形及预设方案等高线设计进行反复调试（图 4-17），最终决定将上游局部河道拓宽，使整体容积

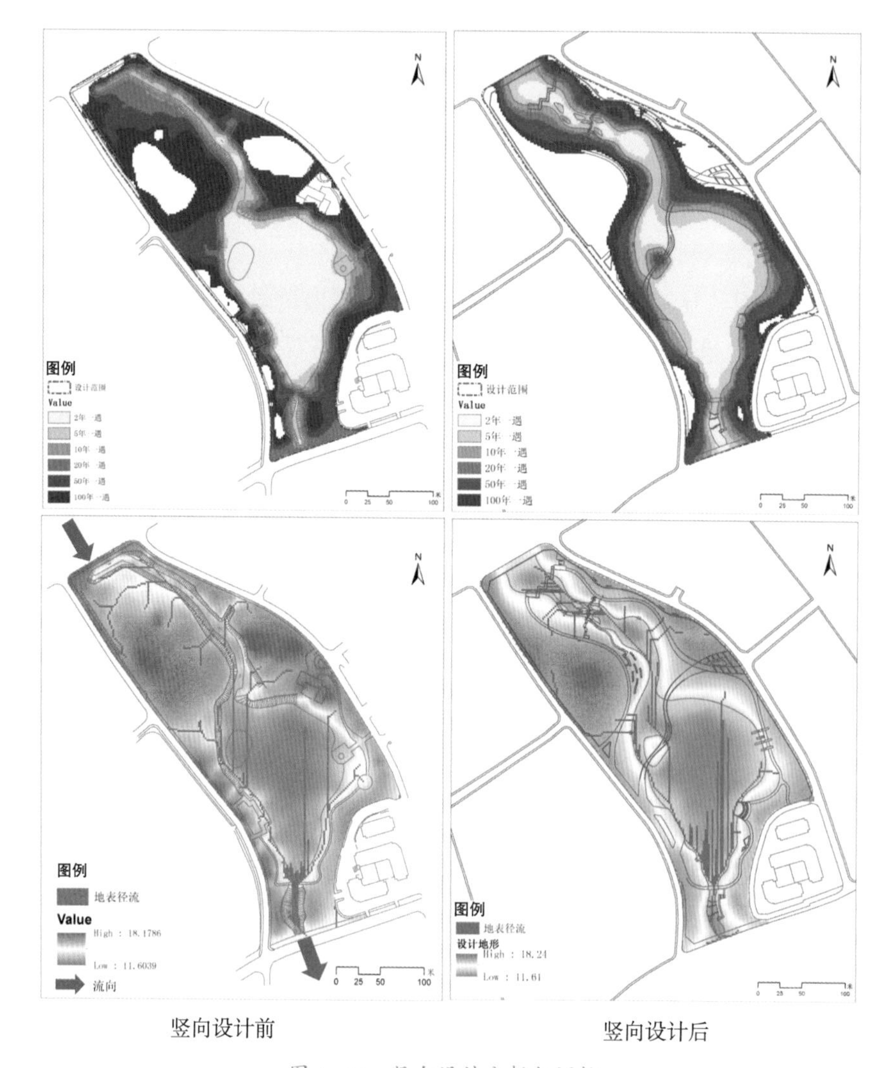


图 4-17　竖向设计分析与调控

增大，可实现 50 年一遇降水不外溢（对应总调蓄容积 130776.22m$^3$），同时场地径流路径基本得到控制，绝大部分区域借助自然地势流入水体，也丰富了场地水环境空间形态。竖向设计方案和调蓄容积计算结果将作为 EPA-SWMM 平台模拟调蓄时的基础数据。

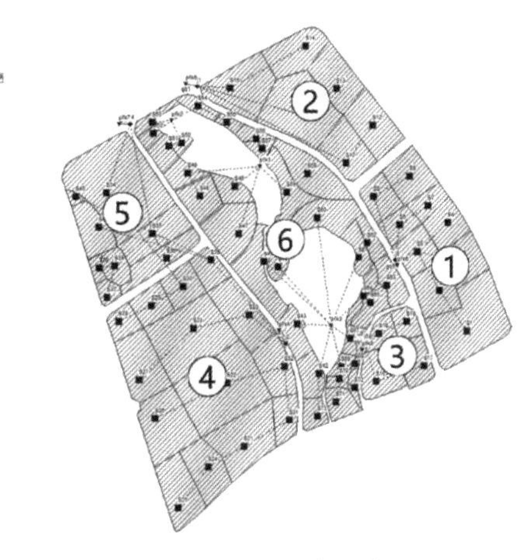


图 4-18　地块分布示意图

### 2. 街区 SWMM 模型构建及参数率定

依据 CAD 测绘图纸及卫星影像，在 AutoCAD 中划分子汇水分区，借助 inps 插件工具导出至 SWMM 模型，完成子汇水区的建立。子汇水分区共计 73 个，划分为街区中的六个地块（图 4-18），子汇水区参数经图纸校验与实地勘测多方校准，还原度高，为后续模拟进行提供了良好基础。子汇水区 Subcatchments 模块参数众多，研究主要选取了曼宁粗糙系数、地表洼蓄量参数、Horton 渗透模型参数等 SWMM 敏感参数数值。采用的 LID 措施主要为雨水花园、下沉式绿地、透水铺装、植草沟四类，使用 SWMM 模型中 LID 模块概化低影响开发设施，根据所绘设施详图确定模型中采用的设施模块并输入参数，以雨水花园为例，如图 4-19 所示。

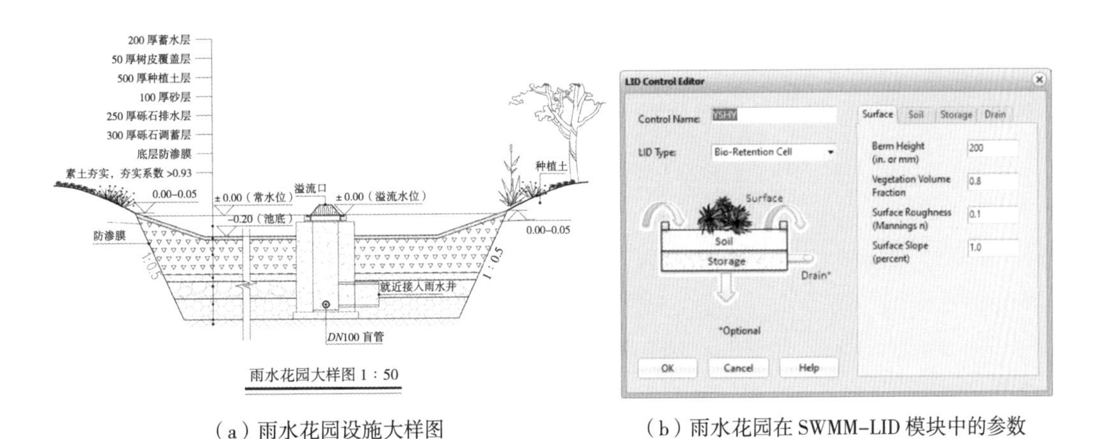


（a）雨水花园设施大样图

（b）雨水花园在 SWMM-LID 模块中的参数

图 4-19　雨水花园设施模块概化

### 3. 降雨数据采集

该项目研究中，采用长历时降雨与短历时降雨两类数据分别进行模拟，以提高模拟结果的全面性与可靠度。其中，长历时降雨数据选用南京市 2018 年 1 月 1 日 ~2020 年 12 月 31 日连续日降雨监测数据（图 4–20）进行模拟，主要用于测定年径流总量控制率，短历时降雨采用芝加哥雨型，依据南京暴雨强度公式，选取 $t$=120min 时，重现期 1 年、2 年、3 年、5 年、10 年、20 年降雨数据进行模拟（图 4–21）。短历时降雨模拟不考虑蒸发量。

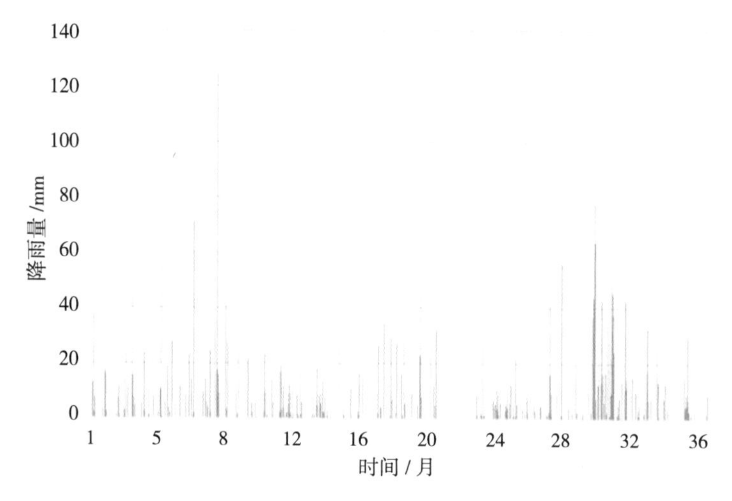


图 4–20　2018~2020 年南京市日降雨特征

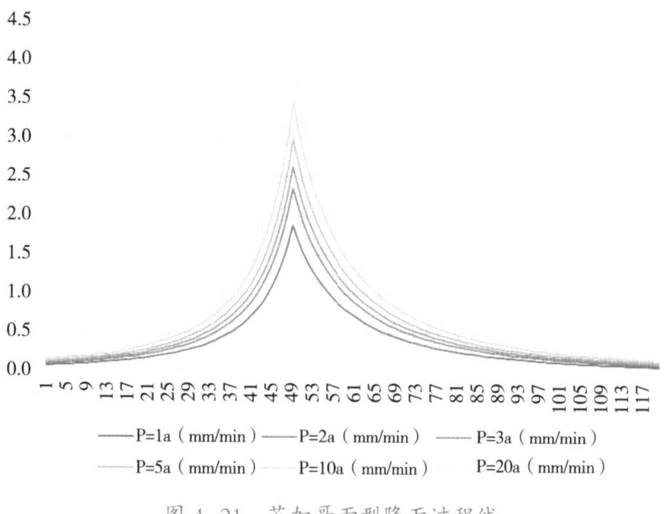


图 4–21　芝加哥雨型降雨过程线

## 4. 街区尺度下的低影响开发方案模拟

结合规划设计目标，共设立四种模型方案（图 4–22），结合长短两种降雨数据进行模拟对比。方案一为现行传统开发方法，主要用于测定该街区低影响开发实施前产 – 汇流模拟情况，作为初始对照组。方案二在方案一的基础上，根据年径流控制总量目标布设低影响开发设施，研究区街区下各地块独立消纳雨水，通过设定分散式排放口观察数据，方案二与方案一主要对比前端集水系统的优化设计。方案三在方案二的基础上，根据径流控制目标布设低影响开发设施，优化输水路径，将 1~5 号地块雨水接入

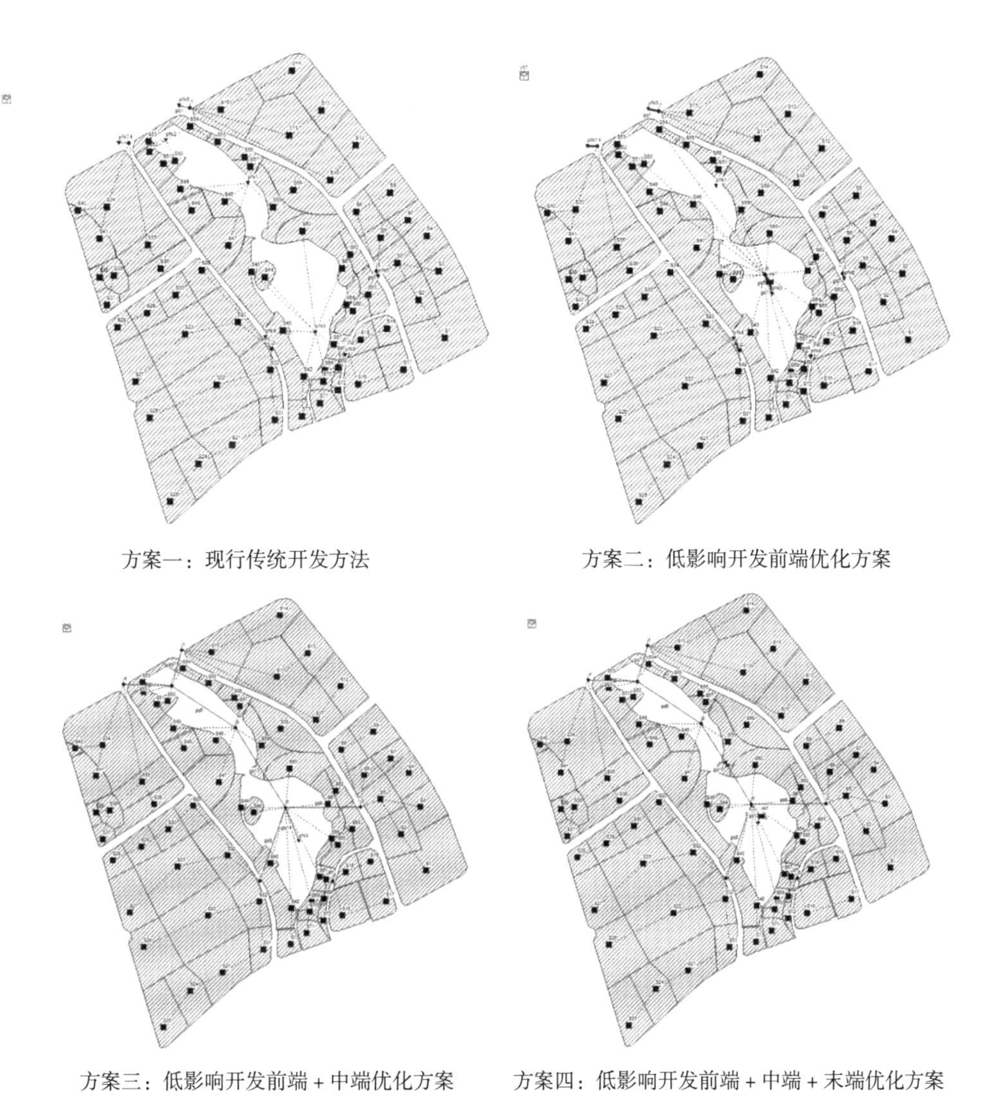

方案一：现行传统开发方法　　方案二：低影响开发前端优化方案

方案三：低影响开发前端 + 中端优化方案　　方案四：低影响开发前端 + 中端 + 末端优化方案

图 4–22　四种模型方案

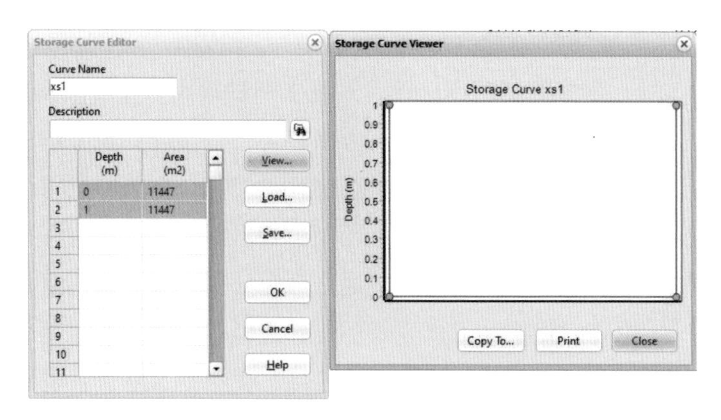


图 4-23　方案四蓄水池概化参数模型

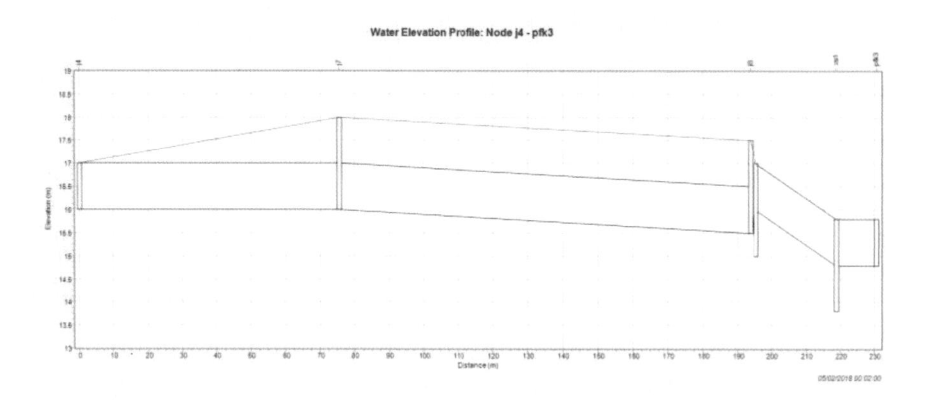


图 4-24　方案四蓄水池及溢流坝管道概化模型

6 号地块调蓄水体。方案四在方案三的基础上，增加调蓄池模块，模拟末端雨水蓄水池，其由项目地块设计的中心调蓄水体概化而来，结合综合绿地公园水体蓄水方案，同时考虑客水影响，中心调蓄水体在模型中概化成蓄水容积为 11447m$^3$ 的蓄水池（图 4-23、图 4-24），并通过不同方案下年径流总量控制效果和不同重现期下街区水环境调蓄能力的模拟深化相关方案的设计。

## 4.3.4　设计成果

由于 SWMM 模拟中 LID 措施均为概化模型，但实践操作中涉及低影响开发的具体形式、材料、植物配置及配套设施等诸多方面。因此，仅有

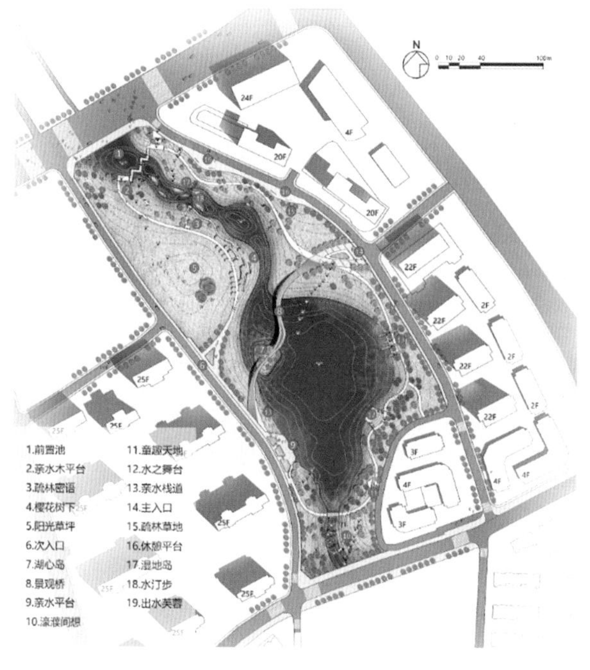


图 4–25　总平面图

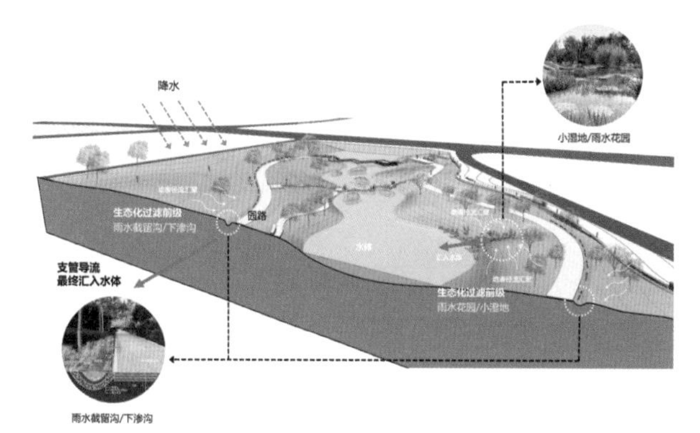


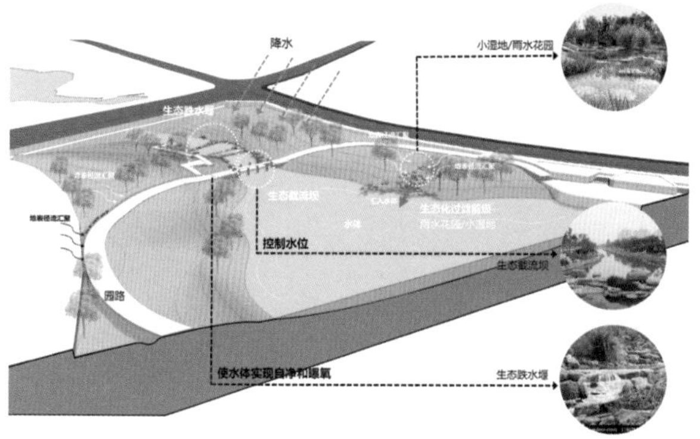


图 4–26　场地景观水环境设计分析图

模拟的数据不足以完全支撑起良好的最终水环境设计方案效果，还需针对性地改造景观水环境场地中的前端至末端调蓄设施。

在此项目中，设计团队在综合公园方案设计中结合 LID 设施的类型、规模及点位进行细化设计（图 4–25、图 4–26）。例如结合雨水花园的生态化过滤前置低影响开发设施设计，通过增加湿生植物提高净化效率；结合跌水景石、互动雕塑及科普标识导视等景观元素进一步丰富其景观形象；结合雨水花园的前置池的滨水节点设计，结合生态跌水堰功能的景观汀步，在起到有效调控水位变化的同时增加使用人群的互动性。整体上，在保证 LID 设施雨水管理效益的同时，将景观水环境的美学与功能价值充分展现（图 4–27、图 4–28）。

图 4-27　生态化过滤前置低影响开发设施

图 4-28　生态跌水堰

# 4.4　徐州市襄王路节点海绵绿地设计

徐州市海绵城市试点项目襄王路节点海绵绿地位于徐州市西北部，襄王路与三环西路相交处东北角，总占地 12545m$^2$（图 4–29）。项目充分利用原采石场石料填充作为海绵体，打造了集景观游憩、雨水收集、生态修复等多功能为一体的复合型绿地。

## 4.4.1　现状条件与问题分析

徐州市地处华北平原东南部，虽位于暖温带季风气候区，但受地形地貌等因素影响，水资源严重短缺且时空分布不均，属于我国 40 个缺水最严重城市之一。其降雨主要集中在 6~9 月间且年蒸发量（多年平均 874mm）大于年降水量（多年平均 825mm），季节性缺水时常发生。场地整体地势北高南低，东高西低。下垫面土壤表层以周边建筑废料回填土及不透水花岗岩为主，因此土壤保水性较差，北侧为废弃采矿宕口，南侧及西侧为既有城市主干道，东侧为原垃圾填埋场，基本无植被覆盖。

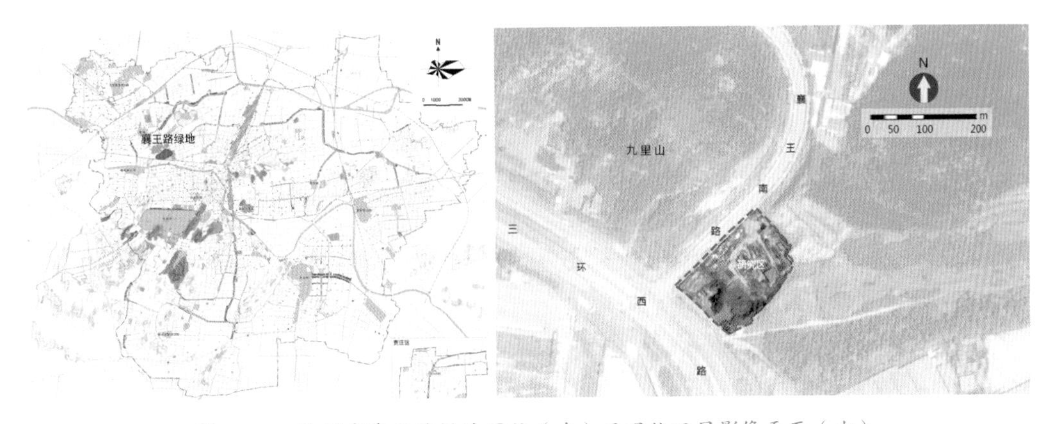


图 4–29　徐州市襄王路绿地区位（左）及现状卫星影像平面（右）

## 4.4.2 设计目标

基于场地地域特征，采用系统化设计思路，将场地景观、海绵及生态系统整合成一个功能性整体。把“海绵”功能与景观游憩功能及生态修复功能密切结合，使绿地在达到较好景观绿化效果和生态效益同时实现场地雨水的自然积蓄、自然渗透、自然净化和自然利用。

设计目标为实现年地表径流控制率达 85%，雨水收集率达 70% 以上、雨水资源利用率 65% 以上，对场地内建筑废料实现 100% 就地消纳和再利用，实现良好的生态效益、海绵效益和经济效益。

## 4.4.3 关键技术

### 1. 地形及水文分析

基于场地地域特征，在分析场地现状水文、下垫面构成基础上，通过 Arcmap 软件生成数字高程模型（图 4–30），运用 GIS 水文工具划分集水盆域，提取主要汇水线，并将场地细分为 3 个主要汇水区域。根据《海绵城市建设技术指南——低影响开发雨水系统构建（试行）》中我国大陆地区年径流控制率分区图，徐州市位于Ⅳ区，年径流控制率要求为 70%~85%。考虑徐州市实际水文条件（蒸发量大于降水量），取最大值 85% 作为设计标准，经过统计徐州市近 30 年降雨日值资料得出徐州市地表径流控制率 85% 对应的设计降雨量为 43mm，在此基础上，分别计算 3 个汇水区汇水量（图 4–31）。

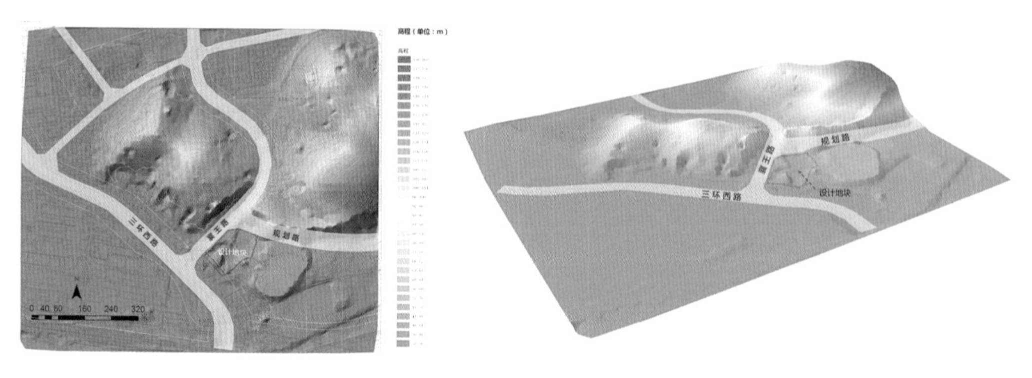


图 4–30　徐州市襄王路绿地现状场地数字高程模型

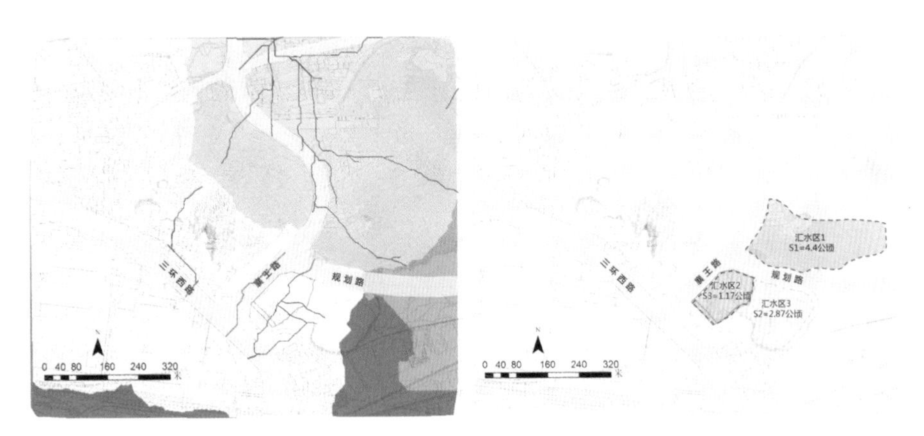


图 4-31 徐州市襄王路绿地汇水区提取及汇水面积计算

2. 汇水区海绵体调蓄容量计算

结合场地现状及地质情况确定海绵体平面位置。在前期汇水量计算的基础上，根据场地现状竖向及地质情况，场地共规划 2 个海绵蓄水区：高位蓄水区和中位蓄水区。高位蓄水区主要蓄积场地北侧 1 号汇水区汇水以及场地北侧高处自身径流（场地北侧 1 号汇水区汇水通过管道沿襄王路地势汇入高位蓄水区，同时在 1 号汇水区汇水处设置节流开关，根据汇流量变化情况调节高位蓄水区水量）。中位蓄水区主要收集场地东侧 2 号汇水区汇水及自身汇水。

经计算得出高位蓄水区海绵体调蓄容量为 911.25$m^3$，中位蓄水区调蓄水容量为 713.11$m^3$，以此作为场地海绵系统及景观设计依据（表 4-6）。

3. 海绵体蓄水规模与场地的耦合

蓄水海绵体采用了块石填充（考虑周边采石场及建筑拆迁材料可再利用），海绵腔体空隙率为 30%。根据场地地勘平面及剖断面资料，依据土层构造及结构确定海绵体深度，保证海绵体调蓄水量基本与汇水量保持平衡（水量误差 ≤ 10%）（图 4-32）。

4. 海绵绩效智能监测技术

项目实践基于物联网及传感器技术（图 4-33），对场地降雨量、蓄水区雨水收集量、土壤含水量、雨水利用等水文数据进行 24h 实时监测，管理人员可利用电脑 PC 端、手机 APP、LED 大屏幕等终端随时掌握场地水环境情况，实现场地海绵绩效的定量化、可视化，同时根据土壤水分传感器对植物绿化自动化智能灌溉，实现场地雨水的精细化利用与管理。

**海绵体调蓄容量计算结果统计** **表 4-6**

| 蓄水区 | 汇水总量 | | | | | 海绵体收水量 /m³ | 海绵体面积 /m² | 海绵体平均深度 /m |
|---|---|---|---|---|---|---|---|---|
| | 汇水来源 | 汇水面种类 | 径流系数取值 | 汇水量 /m³ | 汇水总量 /m³ | | | |
| 高位蓄水区 | 场地北侧 1 号汇水区 | 裸岩地 | 0.6 | 1137.8 | 1164 | 911.25 | 2025 | 1.5 |
| | 场地内部 | 草地 | 0.15 | 13.7 | | | | |
| | | 透水铺装 | 0.15 | 13 | | | | |
| 中位蓄水区 | 场地东侧 2 号汇水区 | 规划前（裸岩地） | 0.6 | 473.9 | 163.65 | 713.1 | 2377 | 1 |
| | | 规划后（绿地） | 0.15 | 118.47 | | | | |
| | | 设计标准取值 | 0.4 | 315.9 | | | | |
| | 场地内部 | 草地 | 0.15 | 40 | | | | |
| | | 透水铺装 | 0.15 | 5.5 | | | | |
| | 高位蓄水区多余汇水量 | — | — | 292.25 | | | | |

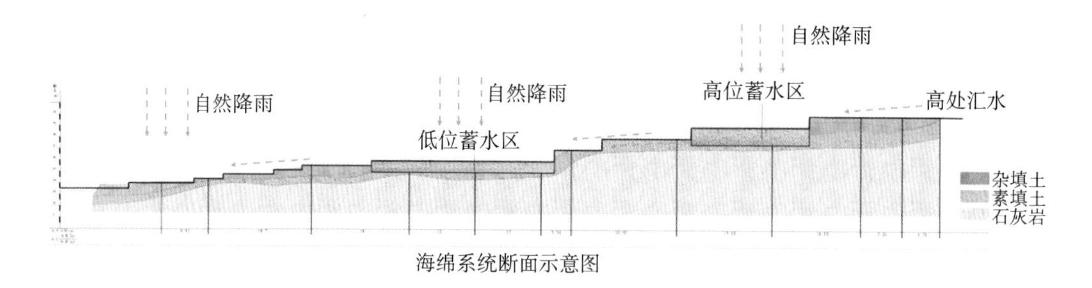


海绵系统断面示意图

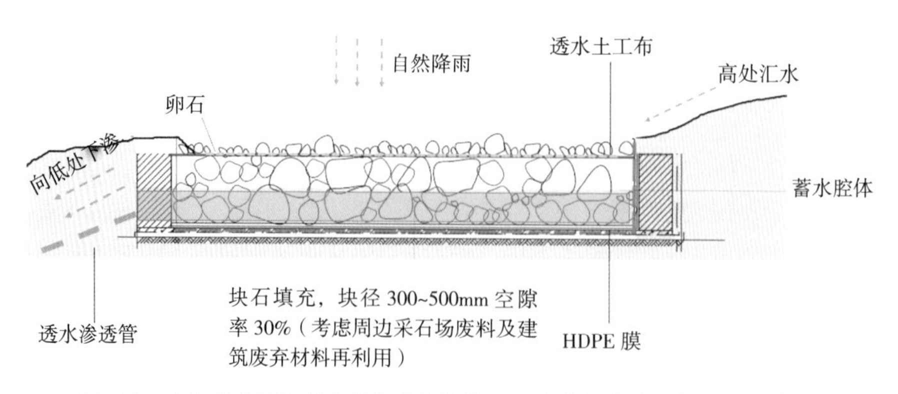


图 4-32 徐州市襄王路节点海绵绿地设计——自然蓄水腔体断面示意图

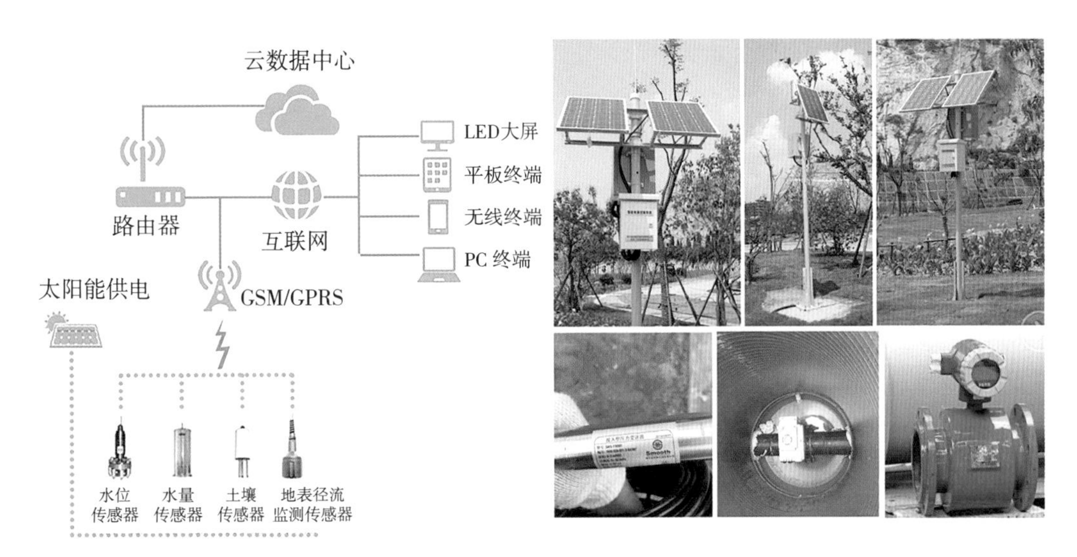


图 4-33　海绵绩效智能监测系统结构图及现场照片

## 4.4.4 设计成果

设计将场地景观、雨水及生态系统整合成一个功能性整体（图 4-34），使绿地在达到较好景观效果同时实现场地雨水的自然积蓄、自然渗透、自然净化和自然利用。为尽可能高效使用雨水资源，减少蒸发，设计将收集雨水通过暗埋雨水管缓释滴灌的方式对植物根部进行精细化灌溉，利用场地竖向实现自主灌溉，解决场地水资源短缺问题。

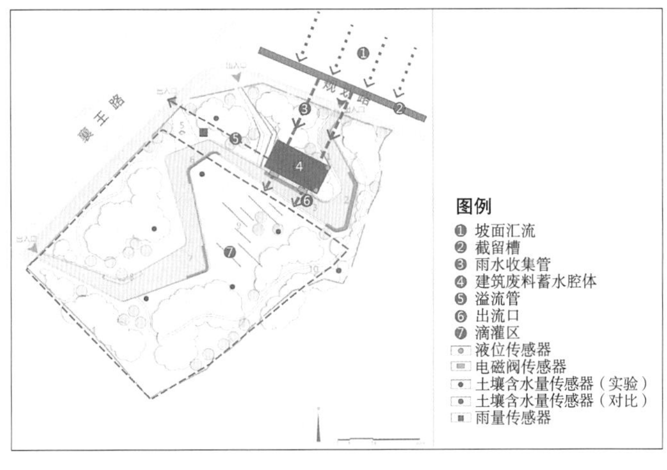


图 4-34　总平面图

项目主要特点为：

（1）顺应原有地形，利用高差分级蓄水，收集场地北侧混凝土坡面汇流，通过透水管将蓄存雨水缓慢渗透至低处土壤植物根部，根据植被种类分类供水，实现雨水自流灌溉；

（2）对场地内建筑废料 100% 就地消纳和再利用。利用场地既有及周边道路拆迁建筑废料代替传统 PP 塑料模块作为蓄水自然腔体填料，在达到蓄水功能同时解决废弃建筑材料处理及循环利用，改良场地土壤，提高绿化土壤保水量，降低绿化管养成本（图 4–35）；

（3）在土壤水环境改善方面，通过设置在场地里 7 组（其中 5 组实验组，2 组对照组，每组分别设置在土壤 0.3m、0.7m、1.1m、1.5m 标高位置）共 24 个水分传感器收集数据显示，在 1.5m、1.1m、0.7m、0.3m 标高处实验组土壤含水量分别比对照组高约 30%、20%，10% 和 8%，通过海绵系统的设置有效提高了土壤含水量，改善了土壤水环境和植被生长环境。

在雨水收集利用方面，2016 年 9~10 月，场地内海绵腔体共实现雨水收集约 160m$^3$，海绵腔体蓄水量根据场地内土壤水分传感器数值由电磁阀自动控制，根据场地土壤含水情况实现对场地植被精细化智能灌溉，收集雨水达到 100% 再利用（图 4–36）。

图 4–35　徐州市襄王路节点海绵绿地建成实景图

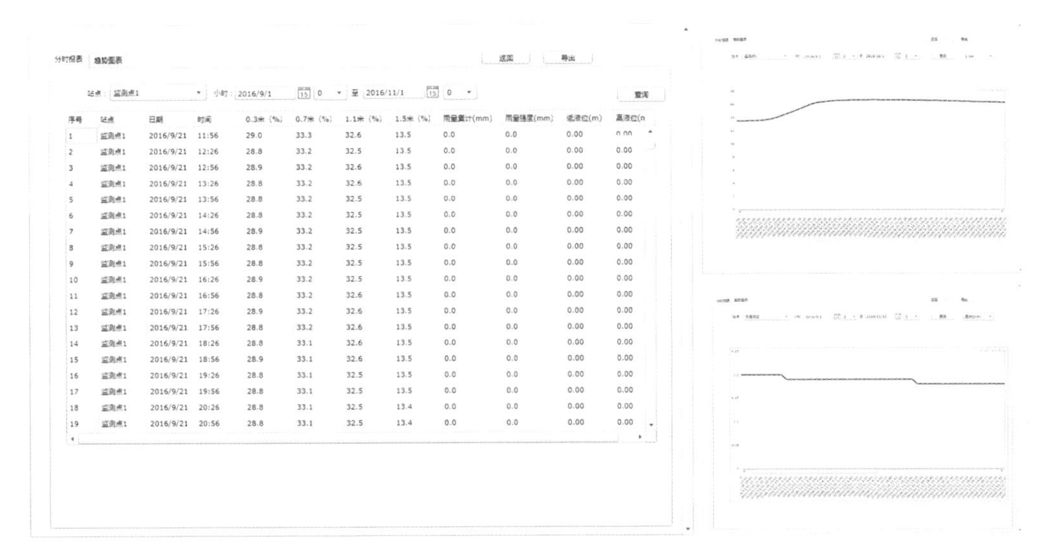


| 序号 | 站点 | 日期 | 时间 | 0.3米（%） | 0.7米（%） | 1.1米（%） | 1.5米（%） | 雨量累计(mm) | 雨量强度(mm) | 低液位(m) | 高液位(n |
| --- | --- | --- | --- | --- | --- | --- | --- | --- | --- | --- | --- |
| 1 | 监测点1 | 2016/9/21 | 11:56 | 29.0 | 33.3 | 32.6 | 13.5 | 0.0 | 0.0 | 0.00 | 0.00 |
| 2 | 监测点1 | 2016/9/21 | 12:26 | 28.8 | 33.2 | 32.5 | 13.5 | 0.0 | 0.0 | 0.00 | 0.00 |
| 3 | 监测点1 | 2016/9/21 | 12:56 | 28.9 | 33.2 | 32.6 | 13.5 | 0.0 | 0.0 | 0.00 | 0.00 |
| 4 | 监测点1 | 2016/9/21 | 13:26 | 28.8 | 33.2 | 32.6 | 13.5 | 0.0 | 0.0 | 0.00 | 0.00 |
| 5 | 监测点1 | 2016/9/21 | 13:56 | 28.8 | 33.2 | 32.5 | 13.5 | 0.0 | 0.0 | 0.00 | 0.00 |
| 6 | 监测点1 | 2016/9/21 | 14:26 | 28.8 | 33.2 | 32.5 | 13.5 | 0.0 | 0.0 | 0.00 | 0.00 |
| 7 | 监测点1 | 2016/9/21 | 14:56 | 28.9 | 33.2 | 32.5 | 13.5 | 0.0 | 0.0 | 0.00 | 0.00 |
| 8 | 监测点1 | 2016/9/21 | 15:26 | 28.8 | 33.2 | 32.5 | 13.5 | 0.0 | 0.0 | 0.00 | 0.00 |
| 9 | 监测点1 | 2016/9/21 | 15:56 | 28.8 | 33.2 | 32.5 | 13.5 | 0.0 | 0.0 | 0.00 | 0.00 |
| 10 | 监测点1 | 2016/9/21 | 16:26 | 28.9 | 33.2 | 32.5 | 13.5 | 0.0 | 0.0 | 0.00 | 0.00 |
| 11 | 监测点1 | 2016/9/21 | 16:56 | 28.8 | 33.2 | 32.6 | 13.5 | 0.0 | 0.0 | 0.00 | 0.00 |
| 12 | 监测点1 | 2016/9/21 | 17:26 | 28.9 | 33.2 | 32.6 | 13.5 | 0.0 | 0.0 | 0.00 | 0.00 |
| 13 | 监测点1 | 2016/9/21 | 17:56 | 28.8 | 33.2 | 32.6 | 13.5 | 0.0 | 0.0 | 0.00 | 0.00 |
| 14 | 监测点1 | 2016/9/21 | 18:26 | 28.8 | 33.1 | 32.6 | 13.5 | 0.0 | 0.0 | 0.00 | 0.00 |
| 15 | 监测点1 | 2016/9/21 | 18:56 | 28.9 | 33.1 | 32.6 | 13.5 | 0.0 | 0.0 | 0.00 | 0.00 |
| 16 | 监测点1 | 2016/9/21 | 19:26 | 28.8 | 33.1 | 32.5 | 13.5 | 0.0 | 0.0 | 0.00 | 0.00 |
| 17 | 监测点1 | 2016/9/21 | 19:56 | 28.8 | 33.1 | 32.5 | 13.5 | 0.0 | 0.0 | 0.00 | 0.00 |
| 18 | 监测点1 | 2016/9/21 | 20:26 | 28.8 | 33.1 | 32.5 | 13.4 | 0.0 | 0.0 | 0.00 | 0.00 |
| 19 | 监测点1 | 2016/9/21 | 20:56 | 28.8 | 33.1 | 32.5 | 13.4 | 0.0 | 0.0 | 0.00 | 0.00 |

图 4-36　徐州市襄王路绿地水环境监测系统数据

## 4.5　华侨城 CO 商业广场复杂地下空间景观及低影响开发设计实践

CO 地块位于南京市栖霞区华侨城片区中部，于峨眉山与官窑山腹中，北近长江，南临疏港大道，处于大栖霞文化生态旅游度假区的最东端，用地性质为商业及社区用地，总面积为 3.54 万 $m^2$，其中地上建筑面积为 1.33 万 $m^2$，景观用地面积为 2.21 万 $m^2$，绿地率为 20%。C 地块为商业用地，面积为 2.06 万 $m^2$，O 地块为社区服务用地，面积为 1.48 万 $m^2$（图 4-37）。

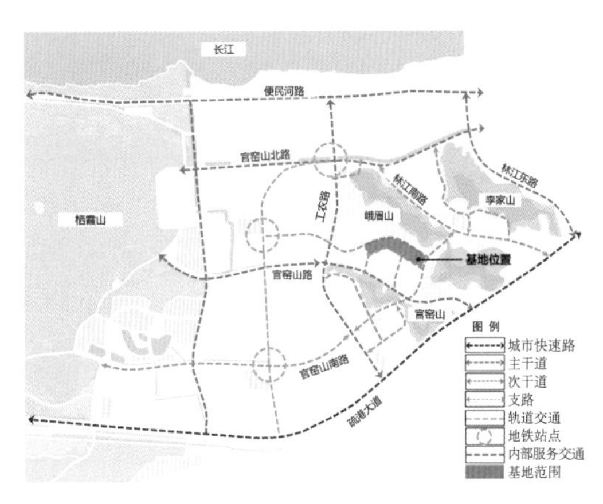


图 4-37　项目区位图

### 4.5.1 现状条件与问题分析

CO 地块地下空间设计主要包括地下建筑空间和地下市政管网设施，其中地下建筑面积为 3.04 万 $m^2$，约占总面积的 85%，包括地下商业和车库两层、3 个地下车库出入口和 2 个地下广场出入口。CO 地块整体东高西低，地下建筑顶部高程逐减，位于景观用地地下的建筑面积约 1.77 万 $m^2$，约占景观总面积的 77%，平均覆土深度约 1.5m，其他无地下室顶板范围覆土深度较深（图 4–38）。

CO 地块地下基础设施主要包括给水、排水、污水、强弱电、通信、消防等综合管线设施，同时设有市政雨水排放接口三个，市政污水排放接口两个等其他配套设施（图 4–39）。排水采用雨污分流制，各建筑单体污水汇总处理后排入市政污水管网，场地雨水经收集后优先接入雨水调蓄设施进行存储利用或自然渗透，多余雨水，超出系统容量的雨水直接排入市政雨水管网。

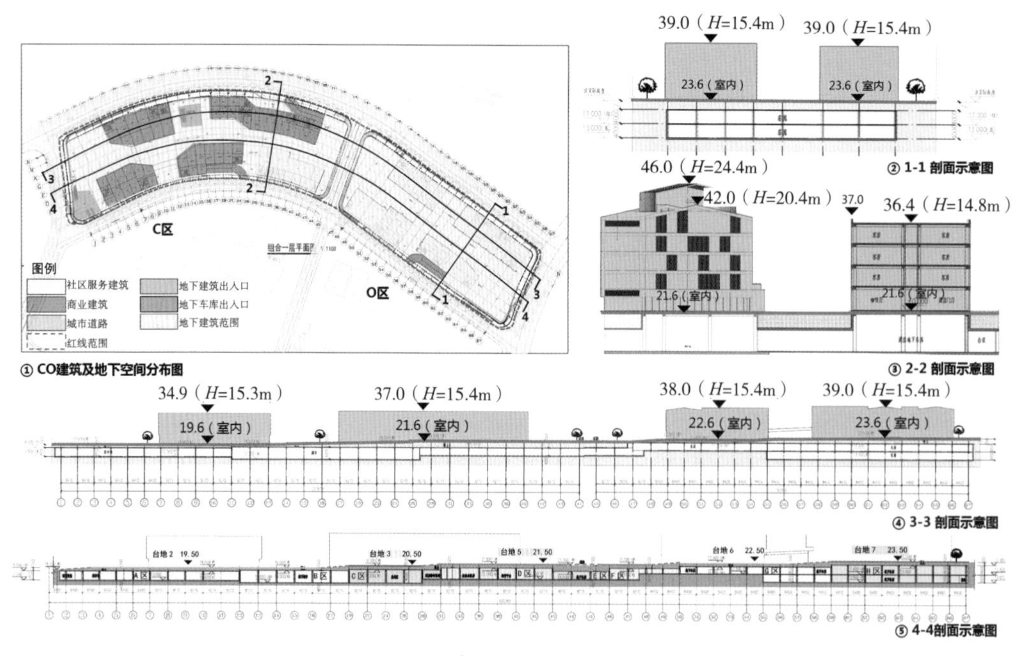

图 4–38 CO 地块建筑及地下空间平面及剖面图

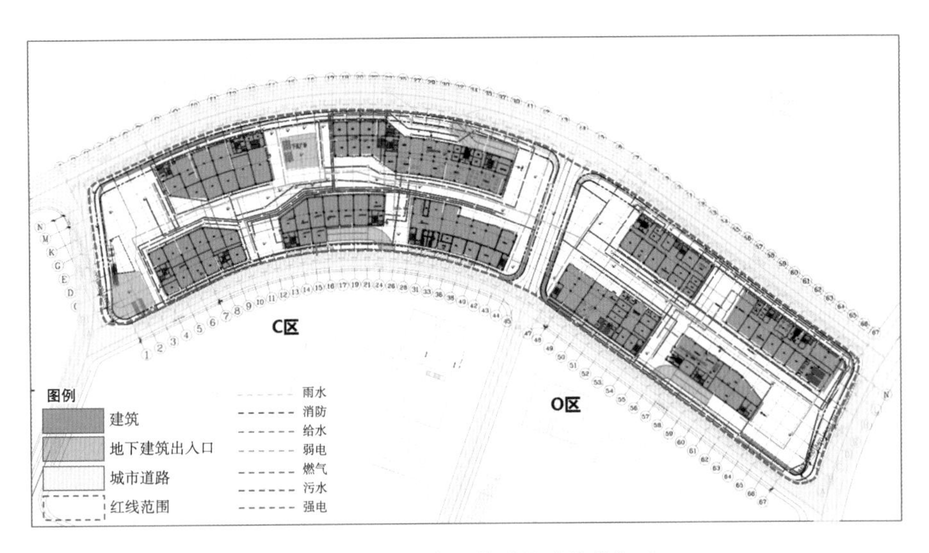


图 4–39　项目地下基础设施设计概况

## 4.5.2　设计目标

在复杂地下空间条件下，使得景观及低影响开发设计与布局兼顾地上与地下空间条件，在满足海绵城市建设标准的同时，提出适应复杂地下空间条件下的地上景观及低影响开发设计要点和协同设计思路，在数字技术支持下形成的景观及低影响开发从设计、模拟到优化的循证设计方法，实现多重条件制约下的综合效益。

## 4.5.3　关键技术

### 1. 基于 Civil 3D 软件的精细化竖向排水与海绵系统协同设计

传统的基于经验的竖向设计和海绵系统计算不仅效率低而且存在偶然性误差，借助 Civil 3D 软件可以协同竖向与排水，对场地竖向、汇流方向及汇水分区进行精细化划分，提高了竖向及排水设计的工作效率和方案精度。本项目根据 CO 地块场地整体地形及建筑高程、市政雨水排放口位置，调整场地竖向明确地表径流路径、汇水方向以及汇水分区［图 4–40（a）］，从而指导场地排水设施、低影响开发雨水设施的空间布局和规模［图 4–40（b）］。CO 地块海绵系统设计根据场地特征，选用适用的海绵系统设计模式，分 C 区、O 区两大汇水区进行海绵系统分区设计，并根据海绵城市建设年

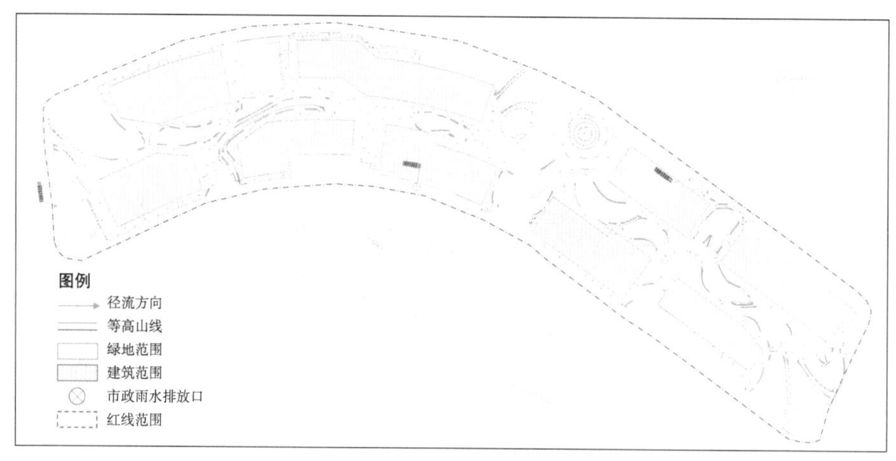


（a）基于 Civil 3D 的 CO 地块竖向与排水设计

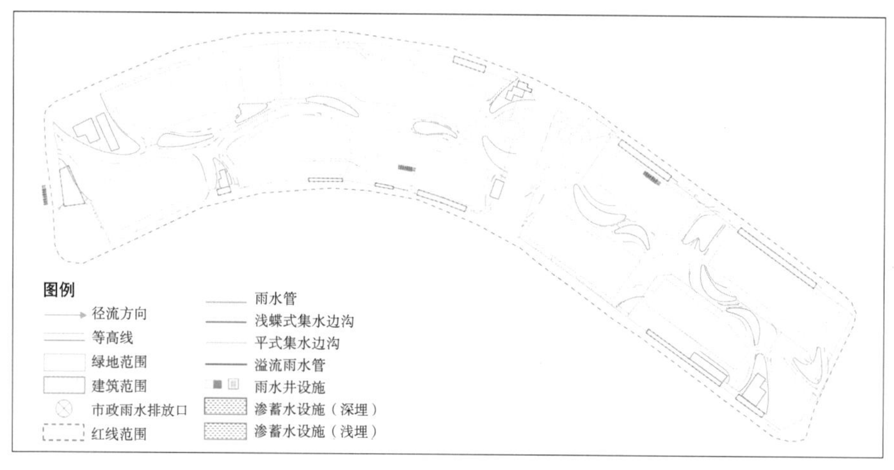


（b）CO 地块低影响开发海绵设施布局设计

图 4–40 基于 Civil 3D 软件的协同设计

径流总量控制率标准，确定场地雨水控制规模，CO 地块共需雨水调蓄容积 1015m$^3$，其中 C 区 600m$^3$，O 区 415m$^3$。

### 2. 基于 SWMM 模拟的海绵系统设计与优化

在精细化整地与排水设计的基础上，整合场地竖向、下垫面类型、土壤属性、雨水管网、典型年降雨等基础数据，基于 SWMM 平台构建 CO 地块排水系统概化模型，包括 3 个排水出口（OUT–O1，OUT–C1，OUT–C2）、22 个子汇水区（C–S1~S11，O–S1~S11）、9 个雨水调蓄设施（P–C1~C6，P–C1~C3）、典型年降雨序列（2015 年、2016 年、2017 年）等，概化结果见图 4–41。

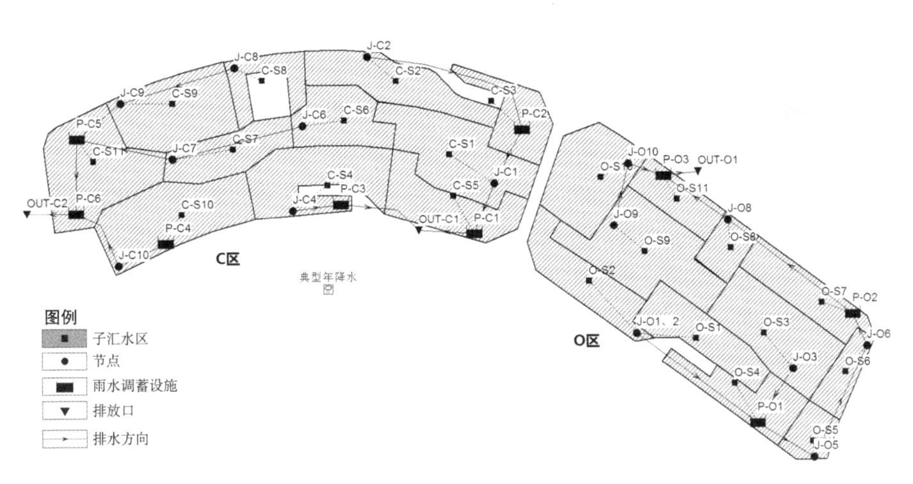


图 4–41　CO 地块 SWMM 概化模型平面图

本概化模型降水产流过程模拟采用 Horton 入渗模型，汇流过程模拟采用非线性水库模型，水力演算模拟采用运动波方程，渗蓄水设施入渗过程模拟 Green–Ampt 入渗模型。模型参数根据南京市当地土壤及降雨特性，参考 SWMM 模型用户手册及相关文献预设，并根据刘兴坡（2009）提出的基于径流系数的 SWMM 模型参数率定方法，对模型中的主要参数进行检定和校准。率定参数主要包括下垫面及管网粗糙系数、洼地蓄水量、入渗模型参数。模型以南京市 2015 年、2016 年、2017 年典型年降雨数据作为输入数据，对本项目方案进行连续降雨事件的模拟。其中，2015 年日降雨量大于 100mm 的频次为 3 次，大于 50mm 为 9 次，降雨强度大且普遍集中；2016 年日降雨量大于 50mm 为 8 次，连续降水事件偏多；2017 年降水强度普遍较弱。模拟结果如图 4–42 所示。

经模拟，2015~2017 年研究区年径流总量控制率分别为 67.32%、76.52% 和 77.43%，其中 2015 年未达到设计年径流总量控制率标准（75%）。如图 4–43 所示，CO 地块海绵系统溢流现象普遍产生于强降雨时或连续降雨事件情况下，溢流次数与连续降雨事件频次具有强相关性。在强降雨时，调蓄设施因满载而产生溢流；而在连续降雨事件情况下，受上一次降雨影响，海绵系统已达到一定的调蓄容积，对下一次降雨的调蓄效率降低。调蓄设施在应对连续降雨事件时，雨水渗排不及时而致使调蓄设施的效能减弱，强度稍大的连续降雨则会使设施达到满载而产生溢流。

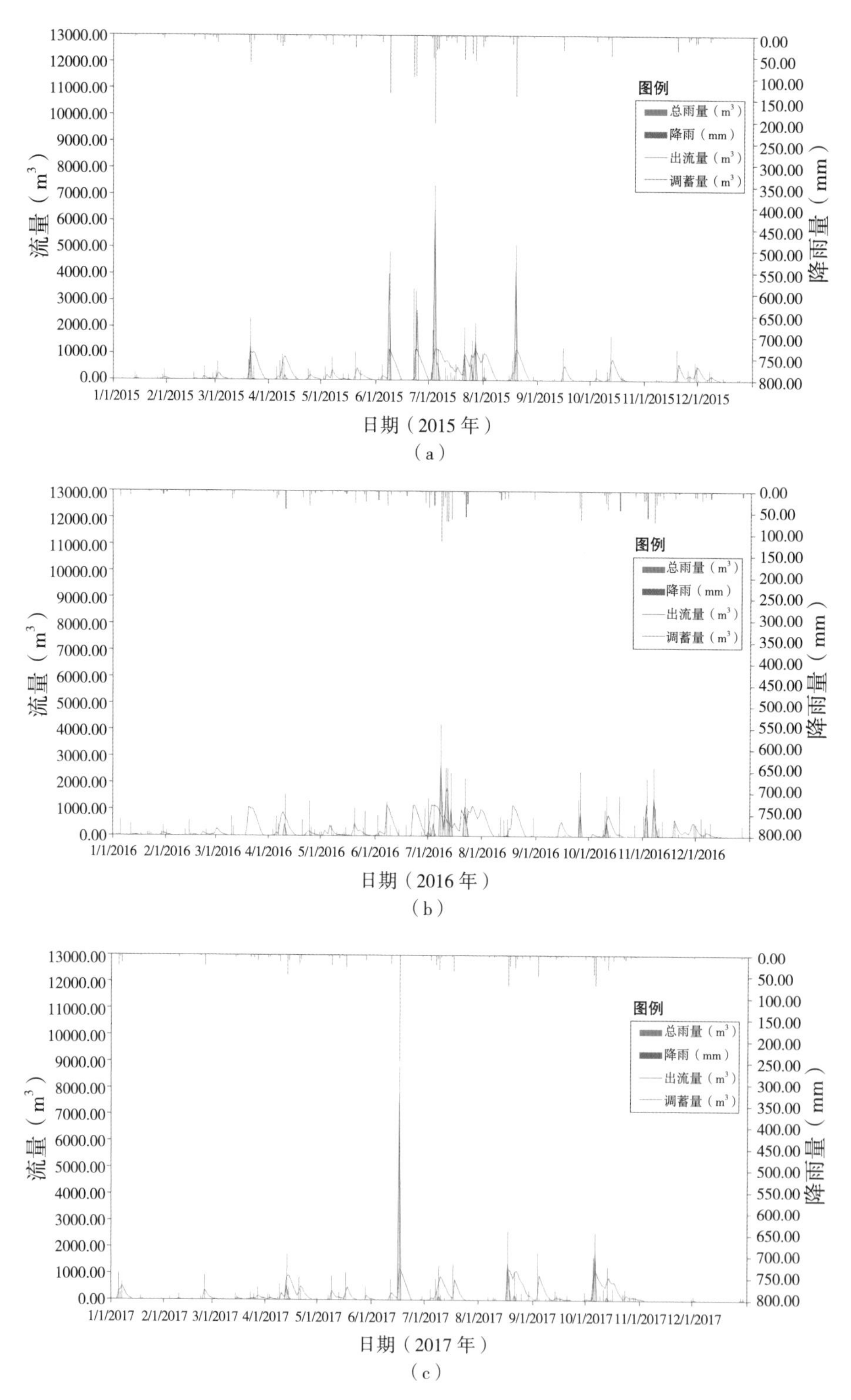


图 4-42　2015~2017 年 CO 地块海绵系统降雨——径流模拟历线图

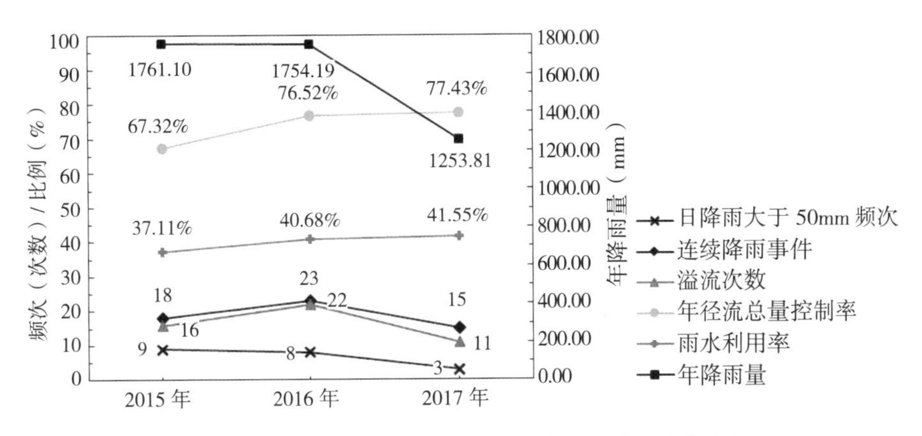


图 4-43　2015~2017 年 CO 地块海绵系统模拟结果对比

## 4.5.4　设计成果

复杂地下空间条件下，景观及低影响开发海绵系统设计主要包括雨水收集、渗排、渗滞、渗蓄、蓄用五部分内容，雨期时通过收集建筑及地表雨水，汇入渗排、渗滞、渗蓄等海绵设施，就地消纳雨水，当雨量较大时，由溢流管将过量雨水排入市政管网，避免场地积涝；非雨期时，设施雨水自然缓释到土壤中，满足绿地植物的日常灌溉要求，也可以用于地面冲洗，充分利用雨水资源，华侨城 CO 商业广场建成实景如图 4-44 所示。

根据地上及地下空间特点，提出四种适应性的海绵系统设计模式：

图 4-44　华侨城 CO 商业广场建成实景

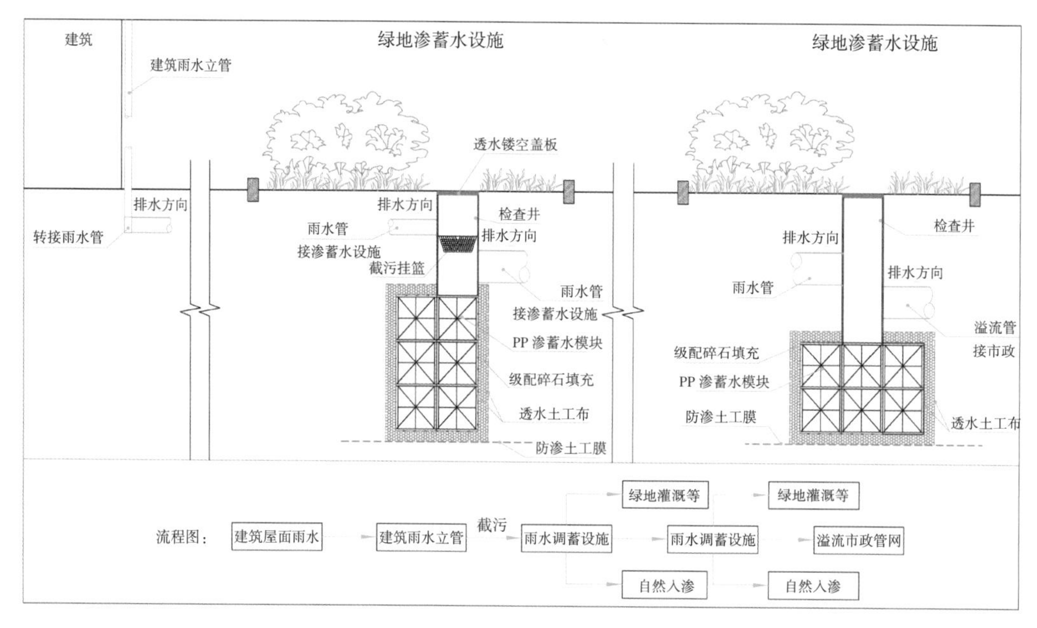


图 4-45　建筑屋面雨水就近接入雨水渗蓄设施流程图

### 1. 建筑屋面雨水就近接入雨水渗蓄设施

建筑屋面雨水径流集中，污染物较少，可通过组织屋面雨水径流，经雨水立管就近接入雨水调蓄设施，实现雨水的存蓄和自然入渗。考虑局部餐饮街区会造成地表径流污染，可通过组织地表径流直接接入雨水管网排入市政管网（图 4–45）。

### 2. 地表雨水经线性渗排设施接入雨水调蓄设施

针对地表径流污染较小的街区广场，根据场地特征设置线性渗透式集水边沟于绿地一侧，通过组织地表径流汇入集水边沟，最终接入雨水调蓄设施，在提高雨水收集效率的同时促进雨水的自然入渗（图 4–46）。

### 3. 地表雨水经绿色雨水设施接入雨水调蓄设施

相似情况下，可以根据场地特征结合绿地进行低影响开发雨水设施设计，通过组织地表径流汇入绿地碎石渗透边沟、透水盲管以及渗透式集水井，最终接入雨水调蓄设施，充分发挥绿地的海绵效应（图 4–47）。

### 4. 地表雨水经点状集水设施接入雨水调蓄设施

如局部地块无法设置线性渗排设施与绿色雨水设施，可以通过组织地表径流汇入集水井，通过雨水管、调配水井等灰色雨水设施最终接入雨水调蓄设施（图 4–48）。

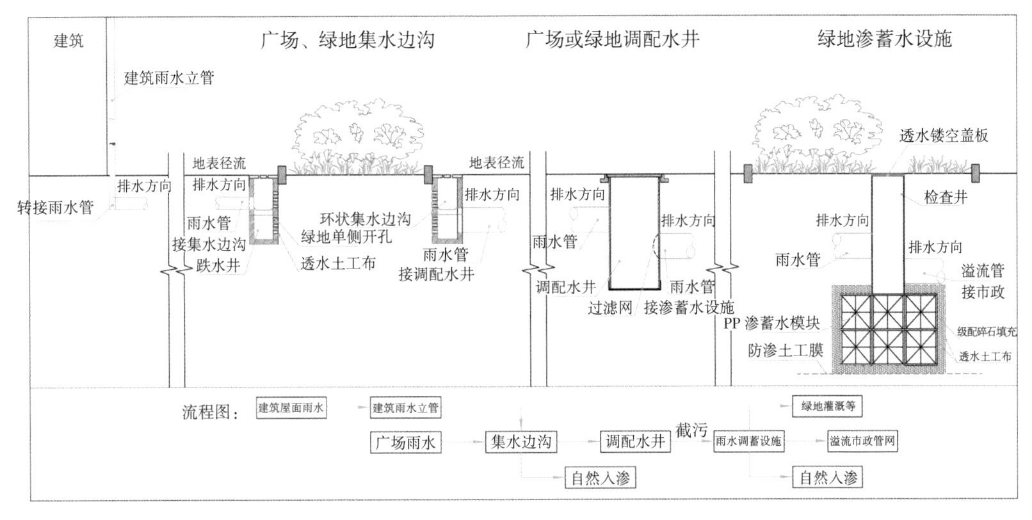


图 4-46 地表雨水经线性渗排设施接入雨水调蓄设施流程图

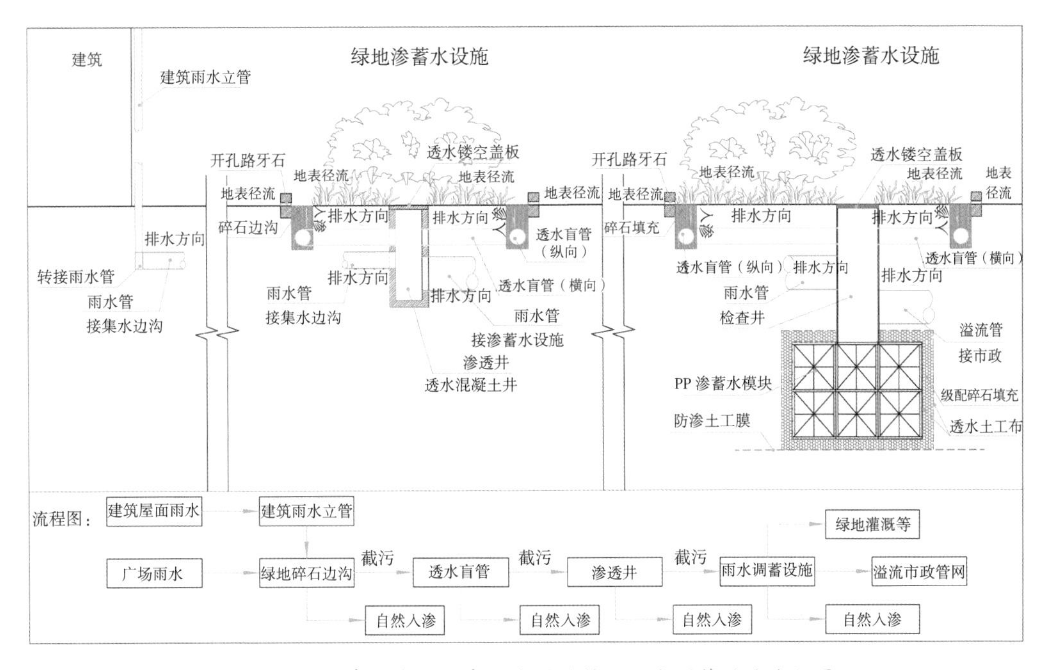


图 4-47 地表雨水经绿色雨水设施接入雨水调蓄设施流程图

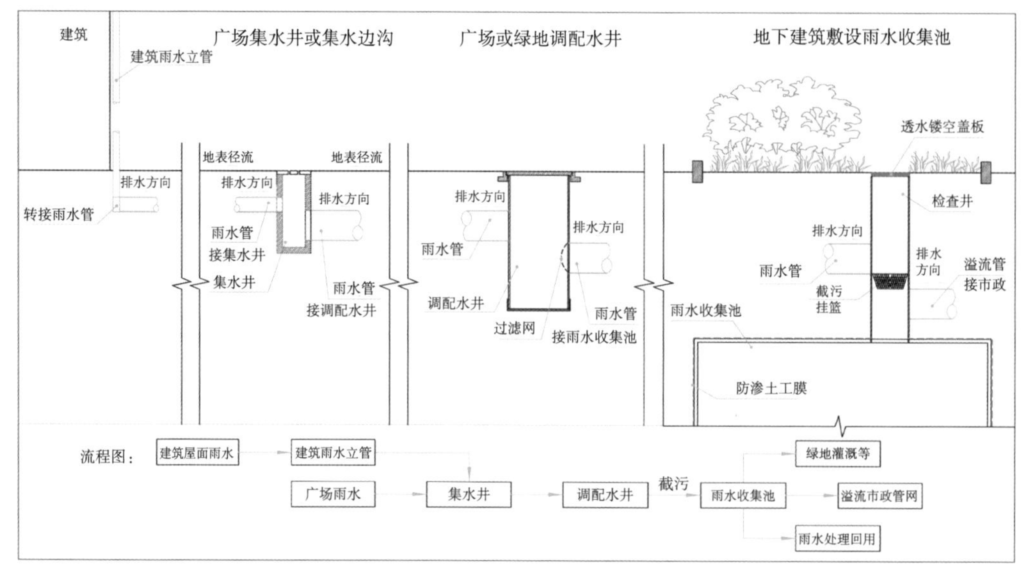


图 4-48　地表雨水经点状集水设施接入雨水调蓄设施流程图

## 4.6　南京市河西天保街生态路系统研究与实践

天保街位于南京河西新城南部地区，北起滨江大道，南至新河路，全长约 1600m。本项目作为生态示范道路的研究及工程实践，是其中扬子江大道至燕山路之间的路段，全长 567.5m（图 4-49）。本项目首创城市道路雨水管理与利用海绵系统，将路面排水、集水和绿化灌溉用水有机结合，构建了一套适用于城市道路的海绵系统，对海绵城市道路建设具有示范作用与实践指导意义。

### 4.6.1　现状条件与问题分析

南京 2015 年、2016 年接连两年，城市多处发生内涝，城市道路成为内涝的重灾区。多处道路积水严重，车辆无法通行，导致交通中断，安全

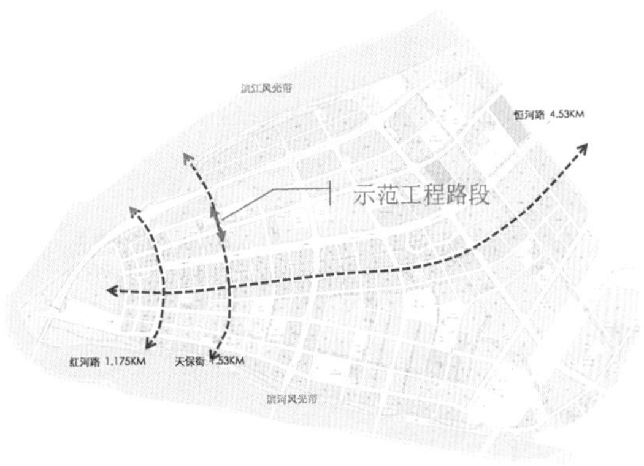


图 4-49　项目区位图

隐患大大提升。南京市河西区因为地势较为低洼，是近几年城市内涝的重灾区。

天保街所属河西南部地区目前属于待开发用地，道路设施也基本为空白，路网不成体系，区域内与之相交的滨江大道已建成，其余相交或平行的道路均处于规划或设计阶段。天保街位于区域内交通动脉红河路与淮河路之间，是这两条主干道之间的唯一次干道，沟通滨江大道、燕山路、江东南路、恒河路、新河路等多条主次干道，区域地理位置十分重要。

示范段呈南北向，东侧有天保西河与道路平行，河宽约 20m，最高水位低于路面标高约 2.5m，可作为过量雨水外排地及系统补水水源。土壤条件方面，道路中侧分带为回填土，以黄棕壤为主，黏性较大，属重壤土，透水率相对较低，适宜采用滤水土工布渗透模式。植被条件方面，中侧分带等道路绿化以南京地区乡土植物为主，具有适应性强、成活率高等特点，种植方式与普通路段一致，保持景观绿化的整体性。

## 4.6.2　设计目标

项目聚焦城市道路水环境旱涝问题及其产生机制，寻求系统解决城市道路水环境问题的策略及设计途径，利用城市道路的海绵实践统筹解决城市的旱涝问题；提倡符合城市特定气候地理环境的“收水 – 用水”一体化雨水管理体系，将地表径流削减与雨水积存利用充分有机结合，形成一套行之有效的包含雨水路面收集处理、集中分配、传输净化、缓释灌溉等功能的雨水系统。

项目旨在构建完整的城市道路雨水管理系统，实现场地地表径流控制、雨水收集及资源化利用、生境优化等多重目标；系统解决城市道路旱涝问题，统筹改善城市道路水环境；实现城市道路“雨水—景观—生态”多目标耦合的设计效果，为因地制宜的海绵城市建设提供良好的范式和参考。

### 4.6.3 关键技术

工程项目基于“水绿耦合”原理，研发针对中国城市道路水环境特征的生态路海绵系统和环境监测系统并应用于天保街示范段的生态路海绵系统规划设计，针对机动车道、非机动车道、人行道分别采取不同设计策略：采用透水路面、集水边沟、自然渗透蓄水模块等系统技术，提出了多目标优化的城市道路海绵系统构建和绩效量化研究方法，并实现了规划设计全过程的科学定量、实时监测，以确保系统运行绩效（图 4-50）。

**1. 定量化生态路示范段设计前期分析**

根据南京地区地理气候基础数据，运用 GIS 与 SWMM 分析竖向、确定海绵设施规模、模拟设计前后道路水环境状况（图 4-51）。

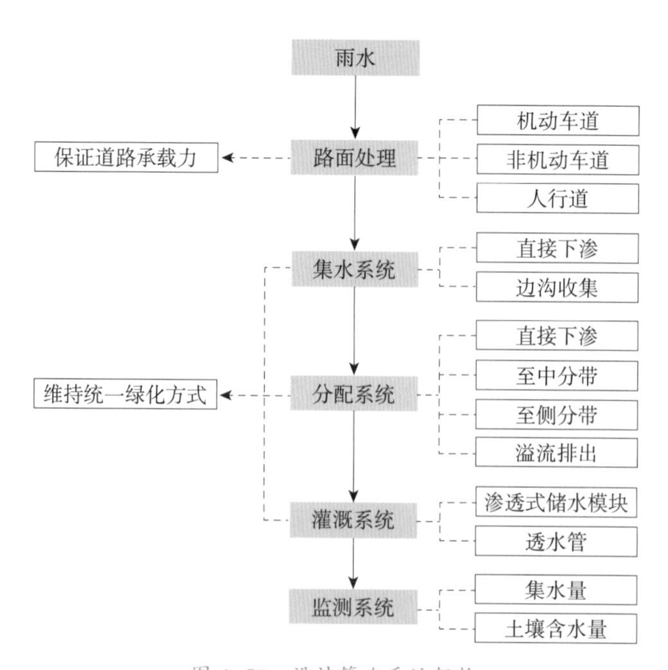


图 4-50 设计策略系统架构

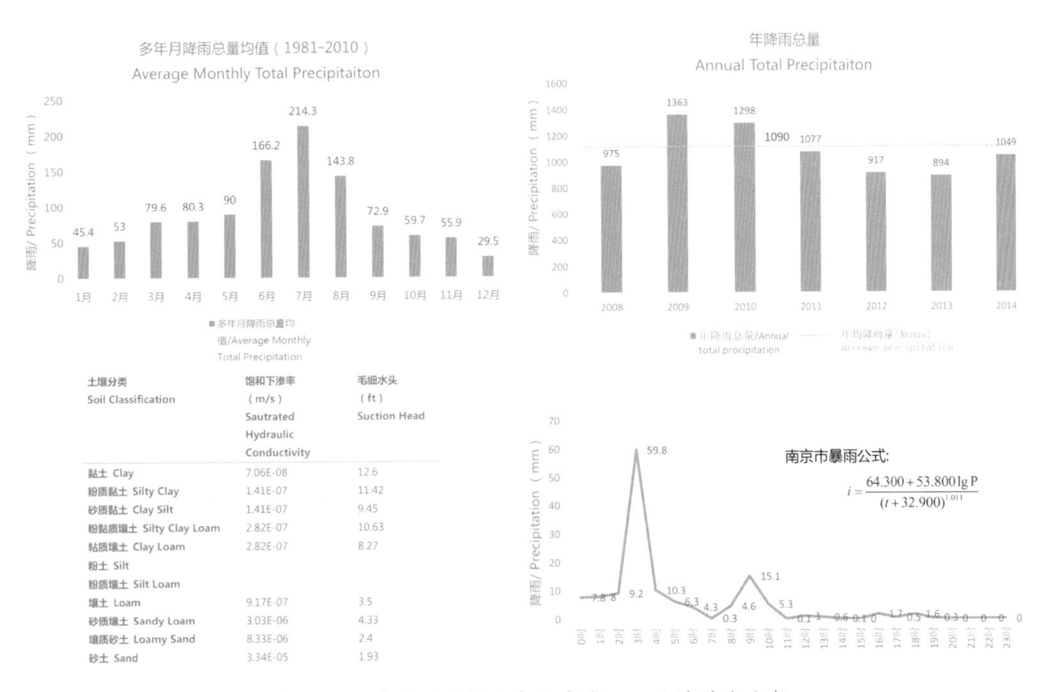


| 土壤分类 Soil Classification | 饱和下渗率（m/s）Sautrated Hydraulic Conductivity | 毛细水头（ft）Suction Head |
|---|---|---|
| 黏土 Clay | 7.06E-08 | 12.6 |
| 粉质黏土 Silty Clay | 1.41E-07 | 11.42 |
| 砂质黏土 Clay Silt | 1.41E-07 | 9.45 |
| 粉黏质壤土 Silty Clay Loam | 2.82E-07 | 10.63 |
| 粘质壤土 Clay Loam | 2.82E-07 | 8.27 |
| 粉土 Silt | | |
| 粉质壤土 Silt Loam | | |
| 壤土 Loam | 9.17E-07 | 3.5 |
| 砂质壤土 Sandy Loam | 3.03E-06 | 4.33 |
| 壤质砂土 Loamy Sand | 8.33E-06 | 2.4 |
| 砂土 Sand | 3.34E-05 | 1.93 |

图 4-51 南京天保街生态路实践——设计前期分析

## 2. 生态路海绵系统构建

南京天保街生态路系统由路面雨水渗透系统、雨水收集分配系统、雨水储存利用系统及海绵绩效监测系统等四部分组成（图 4-52）。

### （1）路面雨水渗透系统

传统城市道路路面主要采用雨水口点式集中排水方式，当降雨量较大时，地表径流若无法及时汇入雨水口并顺利排出，则易于在路面形成积水，

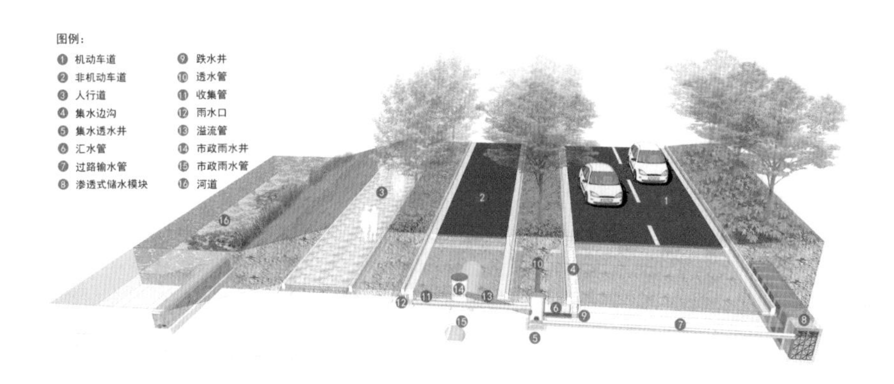


图 4-52 南京天保街生态路实践——生态路海绵系统及道路模型

影响车辆及行人交通安全，且在低洼地段极易形成内涝。南京天保街生态路系统由传统点式收集排水改成面式渗透，极大地提升了路面排水效率。机动车道的整个排水和收水过程均在路面层内完成，不会形成地表积水与径流。非机动车道采用道路面层、基层全透水方式，雨水降落非机动车道后可直接渗透土壤；人行道为保证行人行交通舒适采用面层不透水、基层透水的做法，雨水通过面层露骨料混凝土铺装自然拼缝渗透到垫层及土壤中（图 4–53）。

（2）雨水收集分配系统

雨水收集分配系统由机动车两侧集水边沟及集水井构成，以实现对雨水的高效收集及有序调节（图 4–54）。机动车道集水边沟内每隔 20~30m 设跌水井，再通过汇水管将初步沉淀的雨水导入集水井中。集水井设置在侧分带内，是雨水收集、分配的枢纽，井深约 1.3m，上层为进水管，包括连接集水边沟的汇水管和收集非机动车道下渗水的收集管；底层为出水管，包括预埋在侧分带土壤中的渗透管和向中分带储水模块输水的过路管；中间是与市政排水管网相接的溢流管。集水井收集到的雨水首先分配给渗透管和储水模块，当雨量较大时，储水模块注满，集水井水位上升，可由

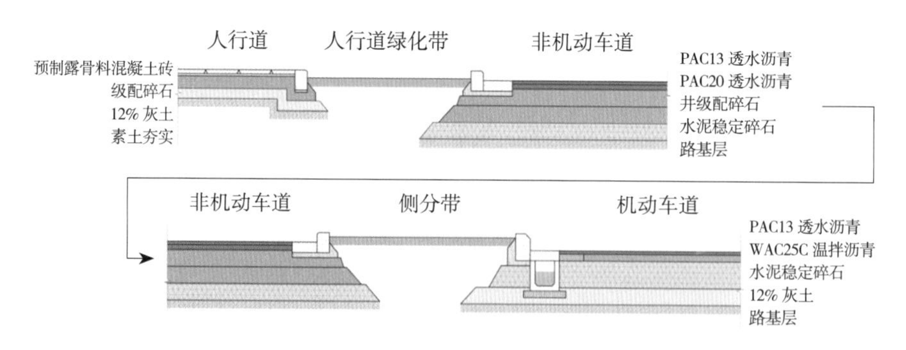


图 4–53　南京天保街生态路实践——雨水渗透系统图示

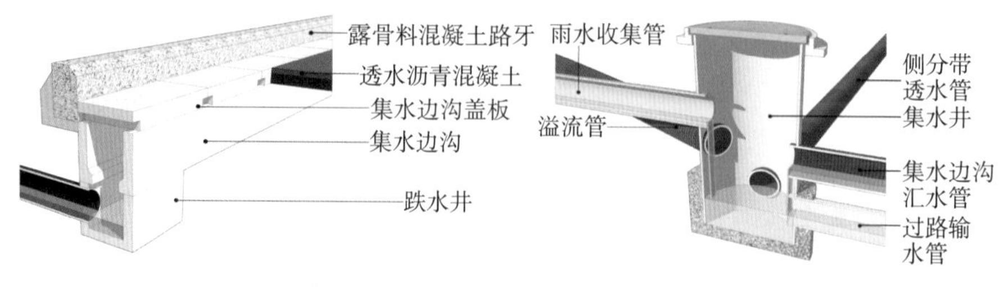


图 4–54　南京天保街生态路实践——雨水收集分配系统图示

溢流管将过量雨水排出。另外，集水井底部打有数个直径10mm的小孔，使一部分收集的雨水直接渗透至土层。

（3）雨水储存利用系统

南京天保街生态路雨水存储空间由3部分构成：道路中分带储水模块，两侧集水边沟、集水井、雨水管道以及路面40mm透水沥青（图4–55）。当场地降雨量较少时，透水沥青及集水边沟和集水井可将雨水收集消纳，当雨量较大时，则通过过路输水管将雨水传输到埋设在中分带内的储水模块进行存储。储水模块外侧包裹有滤水土工布和碎石层，可将储存的雨水缓释至周围土壤，满足中分带植被对水分的需求。另外，预埋在侧分带内的渗透管，外部也用土工布和碎石层包裹，可使部分雨水渗透至侧分带土壤中，同样起到灌溉植被的作用。

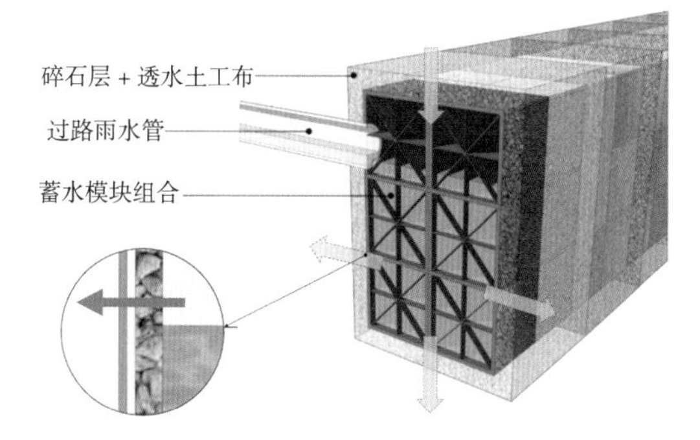

图4–55 南京天保街生态路实践——雨水储存利用系统图示

（4）海绵绩效监测系统

南京天保街生态路绩效监测系统由数据采集存储、数据远程传输及绩效监测平台终端3部分组成。基于物联网及传感器技术，绩效监测系统可实现对生态路海绵绩效24h实时监测，设计及管理人员可通过电脑、手机APP客户端实时掌握区域降雨量、雨水收集量、中侧分带土壤含水量等雨水管理绩效数据。同时，在天保街生态路周边未采用雨水生态系统路段设立绩效监测对照组，对照组采用与生态路相同土壤含水量设备和参数，对其绩效进行实测验证（图4–56）。通过与对比段监测数据的比较，能够客观反映试验段生态路系统对土壤水分变化的影响。

海绵城市绩效监测平台是用于海绵城市系统绩效评价及展示的客户端工具。监测平台基于海绵城市系统绩效数据集及B/S架构（Browser/Server，浏览器/服务器模式）构建，可对海绵项目绩效进行实时监测、评价分析及可视化展示，由移动APP和电脑Web在线客户端构成。移动APP包括地图监测、数据可视化、数据查询、数据分析、报警管理及评价分析等9个工具模块，Web在线客户端则具有更强大的数据管理、分析及智能控制功能（图4–57）。

图 4-56　南京天保街生态路实践——海绵绩效监测系统设备及数据信息

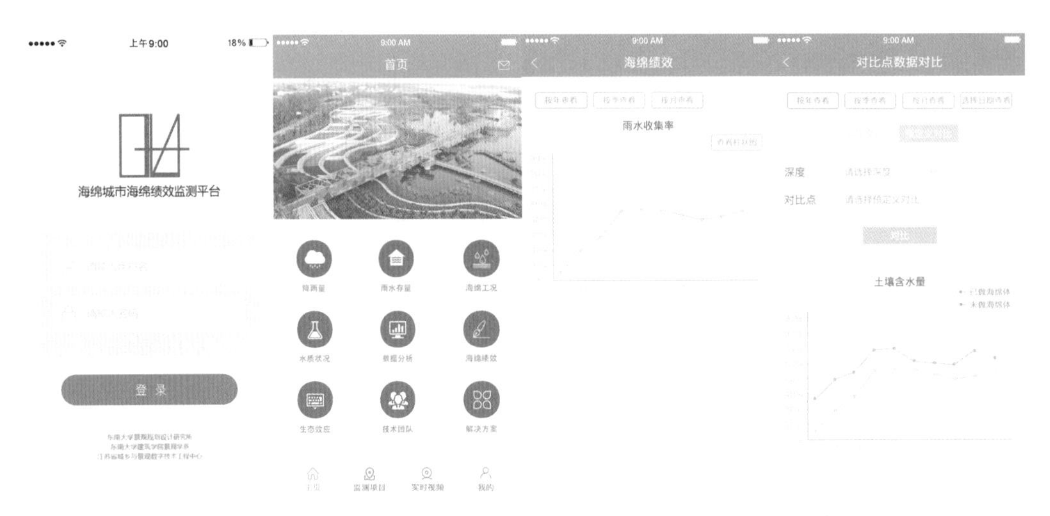


图 4-57　南京天保街生态路实践——海绵城市绩效监测平台移动 APP 客户端界面

## 4.6.4　设计成果

### 1. 生态路建成运营成果

南京天保街生态路具有以下 4 个基本特征：①将路面的排水、集水和绿化灌溉用水有机结合，构建了一套适用于江南高水位、无冻土地区的城市道路海绵系统；②系统具有低成本、免维护、无能耗、易实施推广的特点，通过缓释与渗透技术，实现了对道路绿化自动灌溉；③基于物联网及传感器技术构建海绵绩效监测平台，实现对系统海绵绩效的全天候实时定量监测；④改善道路中侧分带立地条件，优化生境，促进了植物生长，降低了道路绿地约 30%~40% 的管护费用。

结合海绵绩效监测平台对建成后道路地表径流控制、雨水收集利用、生境优化等绩效进行监测，自 2014 年竣工至今，本系统不仅在中等规模降雨条件下具有完整调蓄作用，即使在暴雨、大暴雨等灾害天气下也能发挥较好削峰及减灾作用（图 4–58）。

### 2. 生态路海绵绩效实证研究

#### （1）地表径流控制绩效反馈

对南京天保街生态路海绵绩效监测平台两个完整自然年（2015 年 1 月至 12 月及 2016 年 7 月至 2017 年 7 月）24h 日降雨量、蓄水模块液位变化数据进行统计，结果显示，当天保街设计区域 24h 降雨量≤ 116.6mm

2016 年 7 月 7 日雨后 5h 天保街周边城市道路路面情况

2016 年 7 月 7 日雨后 5h 天保街生态路路面同时段情况

图 4–58 2016 年 7 月 7 日南京突发特大暴雨后 5h 天保街周边道路及生态路路面对比

时，生态路海绵系统能够实现 100% 就地消纳降雨，不生成地表径流。当 24h 降雨量 >116.6mm，结合灰色系统可以迅速将过量雨水排出（图 4–59，图 4–60）。

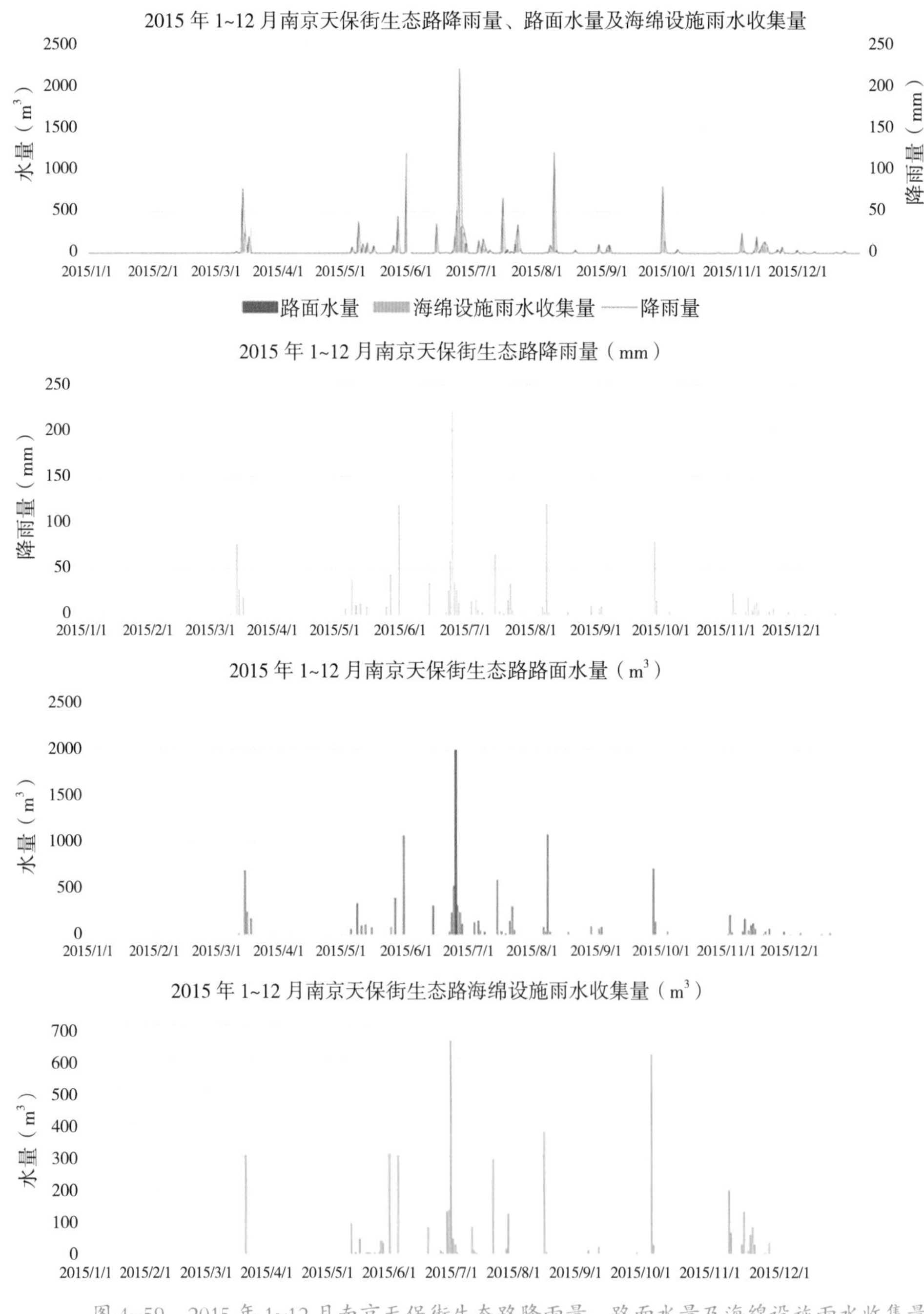


图 4–59　2015 年 1~12 月南京天保街生态路降雨量、路面水量及海绵设施雨水收集量

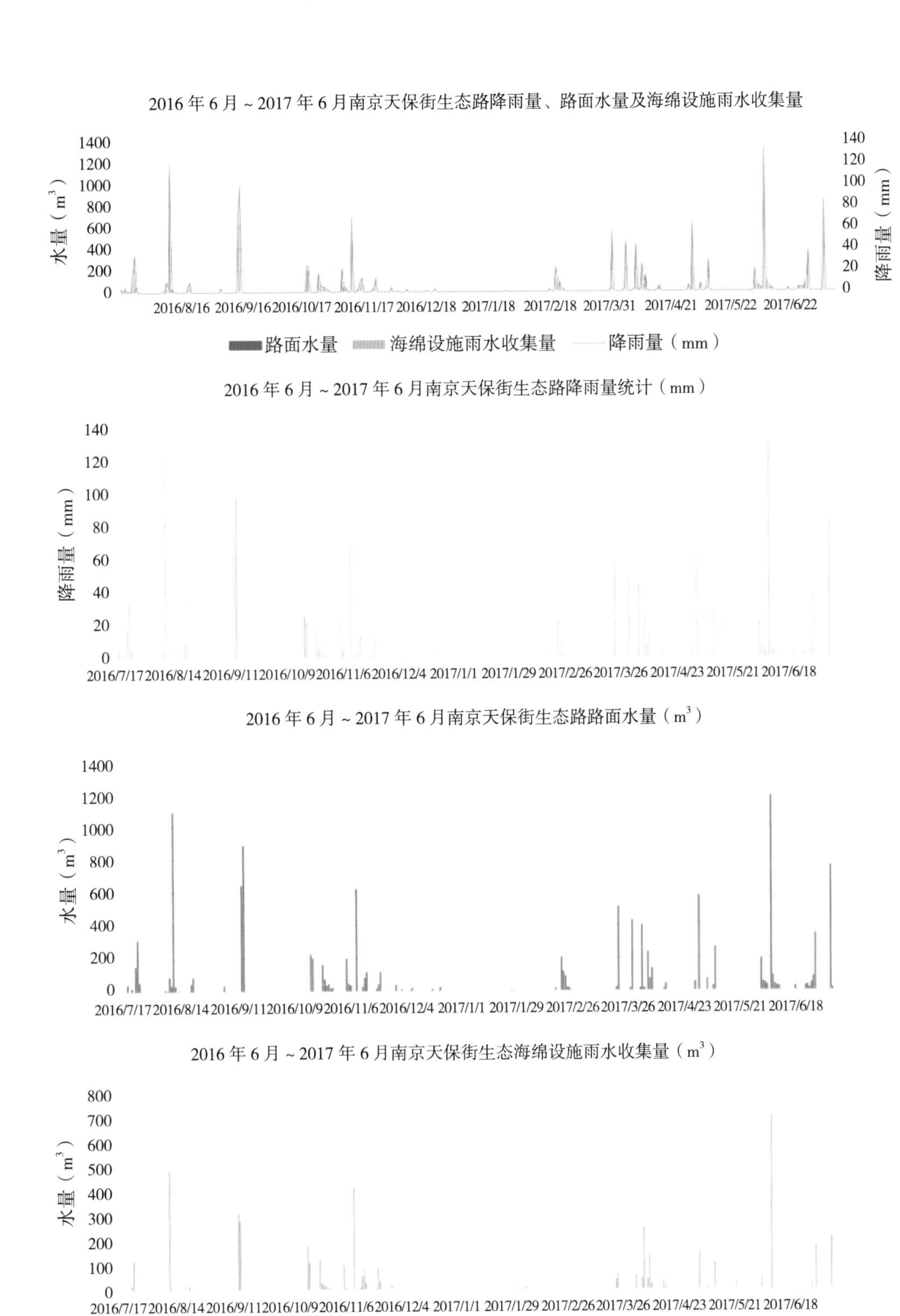


图4-60　2016年6月~2017年6月南京天保街生态路降雨量、路面水量及海绵设施雨水收集量

（2）雨水收集及资源化利用绩效

根据南京天保街生态路建设3年的定量监测数据显示，生态路系统示范段机动车道年均收集利用雨水4836m$^3$，年均雨水资源利用率为46%。南京天保街生态路试验段中分带绿地面积3384.8m$^2$，年灌溉需用水约6768t（2t/m$^2$·年），以南京市年平均降雨量1047mm计算，除去降雨灌溉外，每年仍需3224m$^3$年灌溉用水，生态路海绵系统试验段600m海绵模块年均收水量约为4334m$^3$，基本可满足试验段中侧分带绿化灌溉用水需要（图4-61）。

### 3. 系统生境优化绩效

蓄水模块雨水缓释效应基本能够持续全年，秋季为植物较为缺水季节，试验段2.4m处土壤含水量仍能保持30%以上，在对比段保持人工绿化灌溉情况下，试验段土壤含水率与对比段相比仍平均高出10%以上。

城市道路绿化带乔木的根系主要分布在1~2m深度，灌木根系主要在0.45~0.6m深度，考虑蓄水模块埋设深度，2.4m土层维持较高的含水量对植物根系呼吸作用影响不大，不会形成积水烂根现象，由于毛细作用，当土壤干燥时，一部分水会上升至上层土壤供植物根系吸收。通过蓄水模块雨

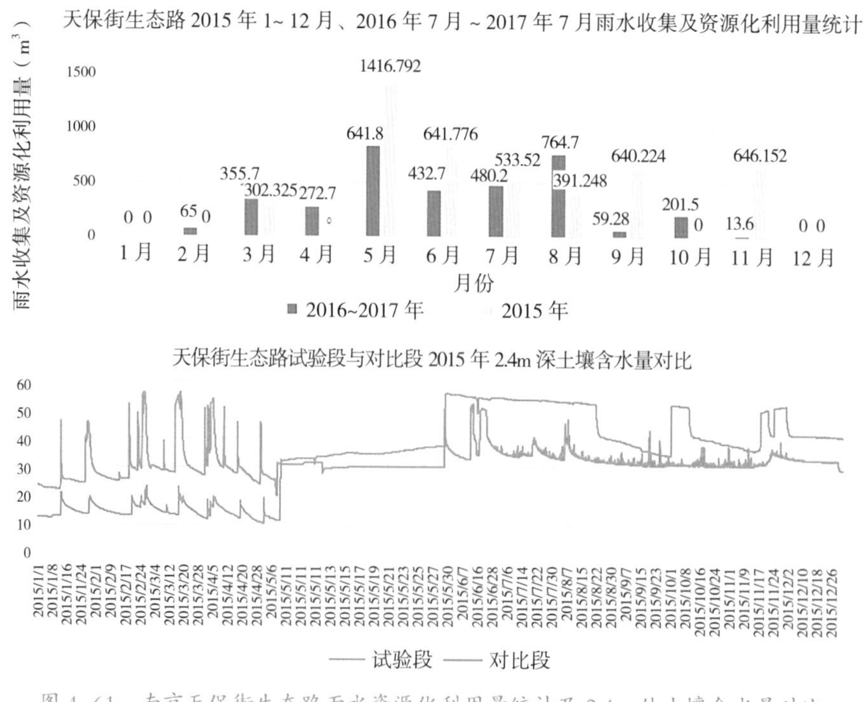


图4-61 南京天保街生态路雨水资源化利用量统计及2.4m处土壤含水量对比

水对土壤的缓释作用，优化了土壤生境，使其更适合植物生长。同时，生态路系统采用传统道路绿化堆栽形式，在满足海绵城市建设要求同时不影响景观绿化效果，植物品种选择及景观绿化种植方式更为多样化。

4. 系统经济绩效

基于 3 年完整实验数据，南京天保街生态路试验段每 600m 给水排水费用每年可节约 8.12 万元，人工及机械费用每年可节约 1.3 万元，总计每年节约 9.42 万元。

南京天保街生态路构建了完整的城市道路雨水管理系统，具有低成本、免维护、无能耗、易实施推广等特点，实现了场地地表径流控制、雨水收集及资源化利用、生境优化等多重目标，系统解决了城市道路旱涝问题。

## 4.7 苏州市城北路海绵系统设计

苏州城北路（长浒大桥—娄江快速路段）位于苏州市中心城区北部，全长约 14.5km，是苏州市重要的交通干线，承担着重要的交通功能。项目设计范围内路线全长 14.117km。本项目响应国家海绵城市建设政策，通过构建城北路海绵系统，优化该段城市道路水环境状况，成为江苏省海绵城市道路建设示范段，为同类项目建设起到良好的示范带头作用（图 4-62、图 4-63）。

### 4.7.1 现状条件与问题分析

项目所在区域属典型的水网化低洼平原区，沟河塘汊极为发育，纵横交织成网，河流密度较大。苏州市城区年均降雨量为 1076mm，雨量多集中于 6 月、7 月、8 月，同时该时间段也是植被需水量最大的时期。城北路沿线潜水层相应稳定水位标高为 1.14~1.66m，城北路海绵系统设计底部标高

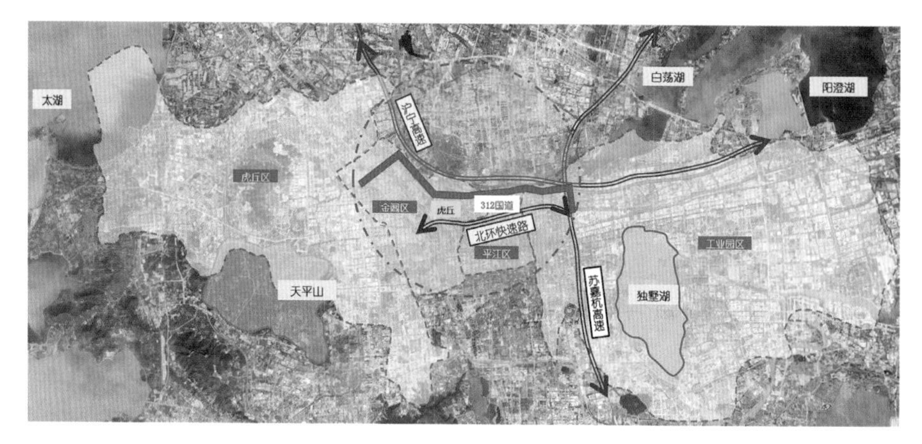


图 4-62　苏州城北路设计范围示意

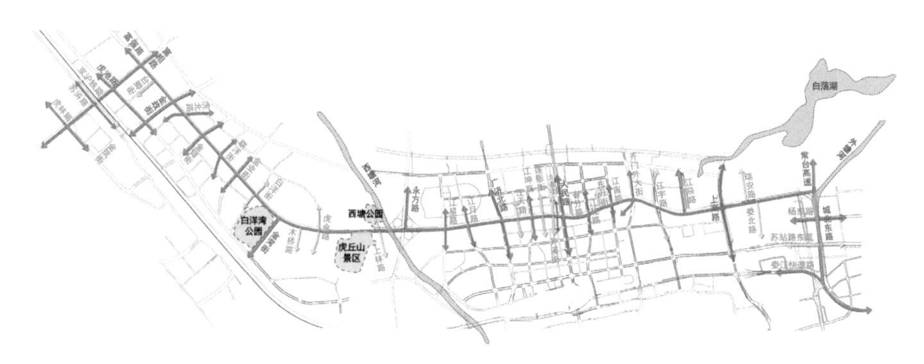


图 4-63　苏州城北路场地沿线情况

范围为 2.5~10m，场地地下潜水层对海绵系统影响较小。沿线地表土层以回填土层、淤质填土层及杂填土层为主，土质状态较为松散，孔隙度及透水率适中，适合采用雨水存储缓释技术。

## 4.7.2 设计目标

针对项目不同路段特征因地制宜采取相应的海绵技术，在径流总量控制、径流污染控制、雨水资源化利用等方面达到国家海绵城市建设要求；将道路绿化与海绵系统相结合，对上跨、平交、下穿、滨水、沿山五种不同道路类型分别制定不同的海绵策略，提升道路绿化景观效果，促进雨水资源的收集和利用；采用“隐形化”的技术措施以实现对道路的最小干预和影响。

## 4.7.3 关键技术

### 1. 多种海绵技术集成的设计策略

苏州城北路海绵系统设计通过高度技术集成，构建了完整的城市道路海绵系统，具有包括路面渗透、雨水收集、雨水存蓄、雨水利用、环境监测、远程信息传输等在内的多种技术措施（图 4-64），能够良好地应对城市道路的内涝与绿化缺水问题。

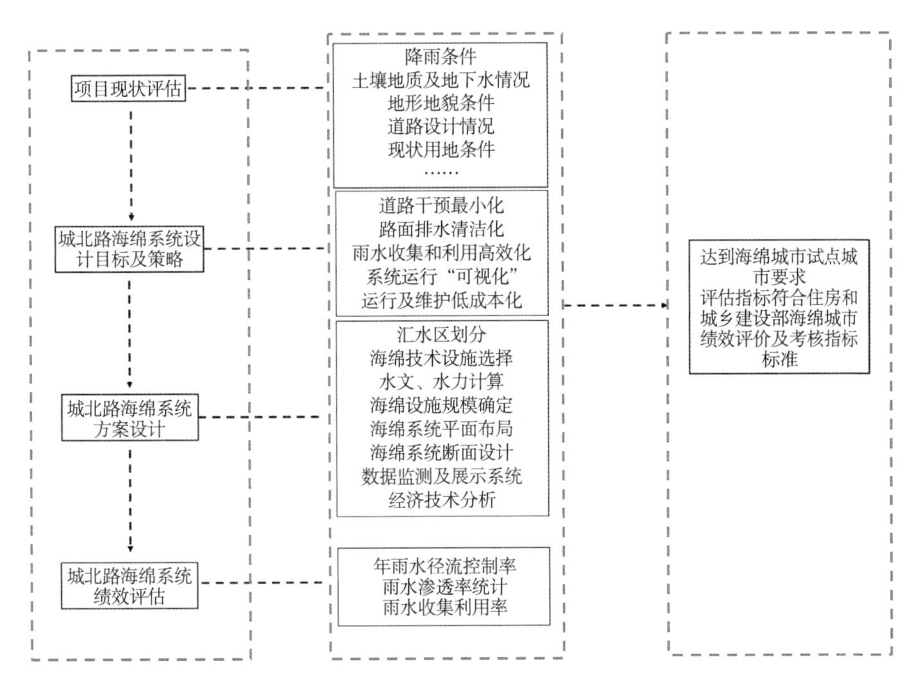


图 4-64　苏州城北路海绵系统设计技术路线框图

### 2. 多功能海绵系统的构建

针对城市道路内涝及绿化缺水问题，本项目根据道路形式及结构特点，在保证道路交通安全的前提下，构建了符合特定气候、地理环境的“收水—储水—用水”一体的雨水管理与控制利用体系，形成了一套融合雨水收集、调配、净化、灌溉利用等多功能的城市道路海绵系统。

城市道路面源污染，具有范围大、区域广和控制难度较大的特点。城北路海绵系统基于对场地现状的定量化评估、相应设计目标及策略的提出，通过采用生态滞留设施及雨水集中收集利用设施，分段分散处理初期雨水。

雨水可通过渗透管道和模块水渠入渗至土壤中，增加土壤湿度，给植物生长提供良好生境。

（1）汇水区划分

综合考虑道路竖向、道路断面设计形式及后期雨水利用方式等因素，城北路全段共划分为 17 个子汇水区，各分区面积及范围如图 4–65 所示。

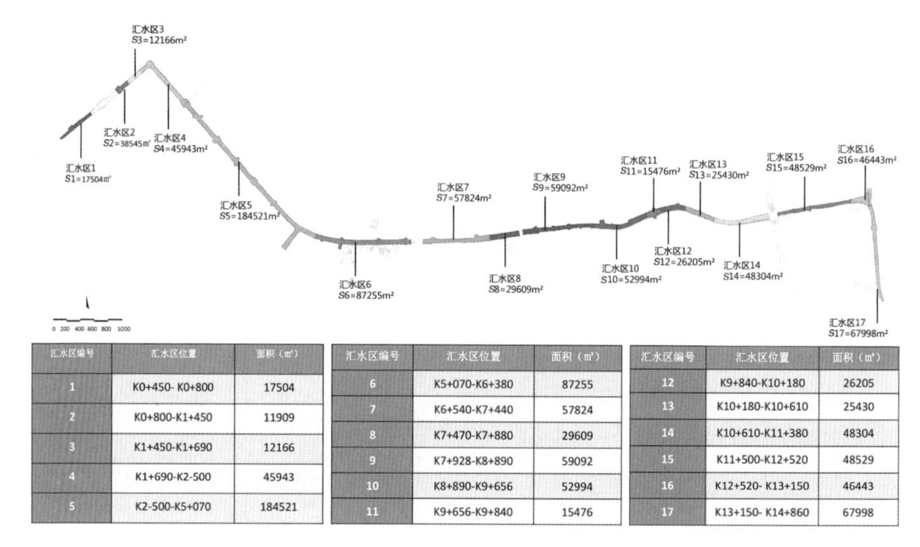


| 汇水区编号 | 汇水区位置 | 面积（m²） |
|---|---|---|
| 1 | K0+450- K0+800 | 17504 |
| 2 | K0+800-K1+450 | 11909 |
| 3 | K1+450-K1+690 | 12166 |
| 4 | K1+690-K2-500 | 45943 |
| 5 | K2-500-K5+070 | 184521 |
| 6 | K5+070-K6+380 | 87255 |
| 7 | K6+540-K7+440 | 57824 |
| 8 | K7+470-K7+880 | 29609 |
| 9 | K7+928-K8+890 | 59092 |
| 10 | K8+890-K9+656 | 52994 |
| 11 | K9+656-K9+840 | 15476 |
| 12 | K9+840-K10+180 | 26205 |
| 13 | K10+180-K10+610 | 25430 |
| 14 | K10+610-K11+380 | 48304 |
| 15 | K11+500-K12+520 | 48529 |
| 16 | K12+520- K13+150 | 46443 |
| 17 | K13+150- K14+860 | 67998 |

图 4–65　苏州城北路海绵系统设计——汇水区划分及面积统计

（2）设计调蓄标准及设施规模确定

依据《海绵城市建设技术指南——低影响开发雨水系统构建（试行）》中我国不同城市年径流总量控制率分区标准，苏州市位于Ⅲ区，年径流总量控制率要求为 75%~85%，取最大值 85% 作为年径流控制率目标。

根据苏州市 30 年（1980~2010 年）日降雨气象数据显示，30 年间苏州市共发生 11276 次降雨事件，总降雨量为 35588mm，按《海绵城市建设技术指南——低影响开发雨水系统构建（试行）》方法统计，苏州市 85% 年径流控制率对应设计降雨量为 33mm。

城北路设计雨水滞留总量为 12555m³，道路径流流向规划如图 4–66 所示。

机动车道及非机动车道雨水通过地面雨水箅子（截污挂篮）汇入排水暗沟，然后通过过路雨水管进入集水弃流井进行收集及初期弃流，随后汇入中分带和侧分带 PP 蓄水模块中储存，溢流雨水排入市政雨水管道。

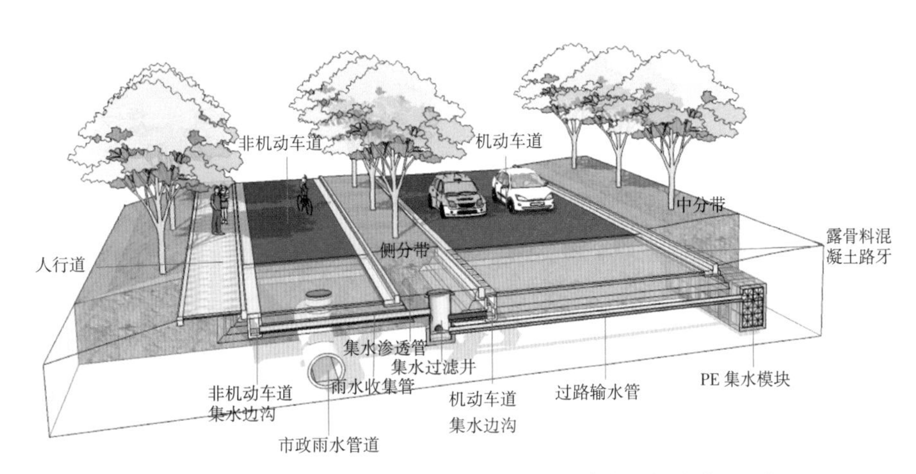


图 4-66　苏州城北路海绵系统设计——海绵系统构造透视图解

（3）海绵系统设计

城北路海绵系统作为兼具实用性与实验性的综合设施，其设计具有高度的技术集成性，采用了包括路面渗透、雨水收集利用、环境监测、远程信息传输等在内的多种已较为成熟的技术措施，可做到排、收、蓄、用、管各层面的相互呼应与协调（图 4–67）。

城北路海绵系统不改变传统道路设计及雨水管渠排放模式，只在雨水排放到雨水管渠之前对径流总量、径流污染进行控制，将城市道路原有功能与针对雨水管理的生态功能充分结合起来（图 4–68）。

根据前期城北路子汇水区划分、汇水量计算、技术措施选择及道路设计结构形式，城北路海绵系统共分为 A、B、C 三个区，共 9 种布置形式，具体分区及海绵系统布置形式如图 4–69、图 4–70 所示。

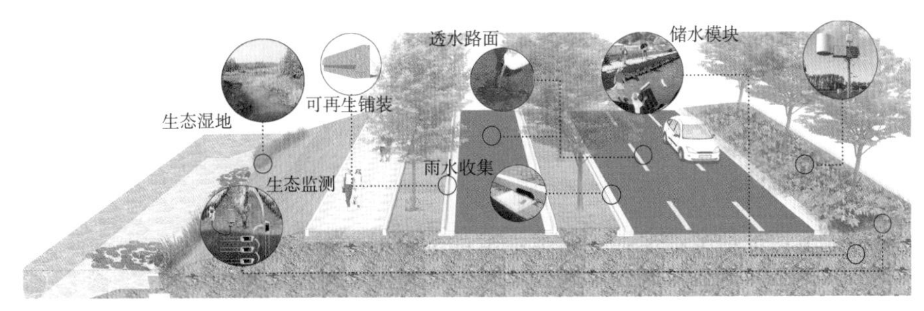


· 路面集水与排水技术
· 可再生铺装
· 雨水储存与利用技术
· 海绵路面构造技术
· 生物滞留技术
· 水质净化技术
· 生态雨水智能监测技术

图 4-67　苏州城北路海绵系统设计——海绵系统采用技术图解

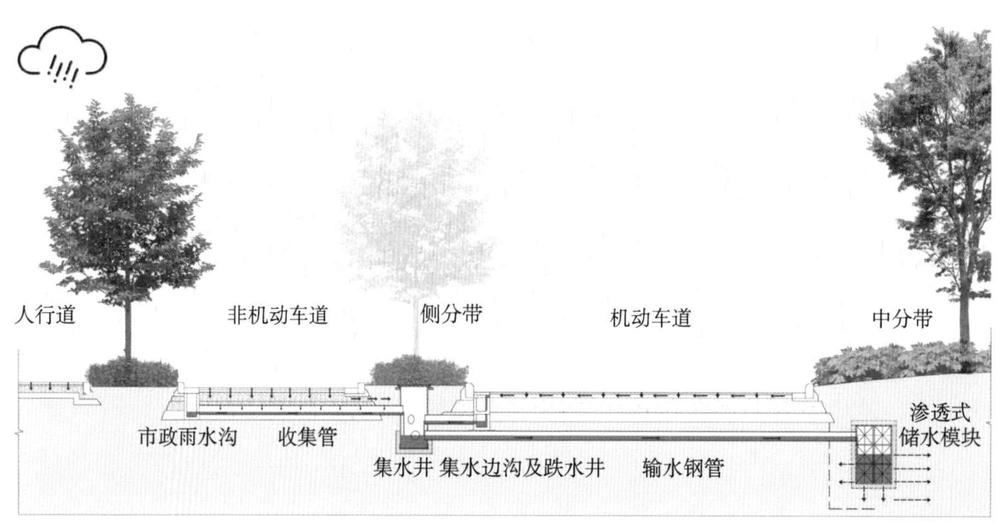


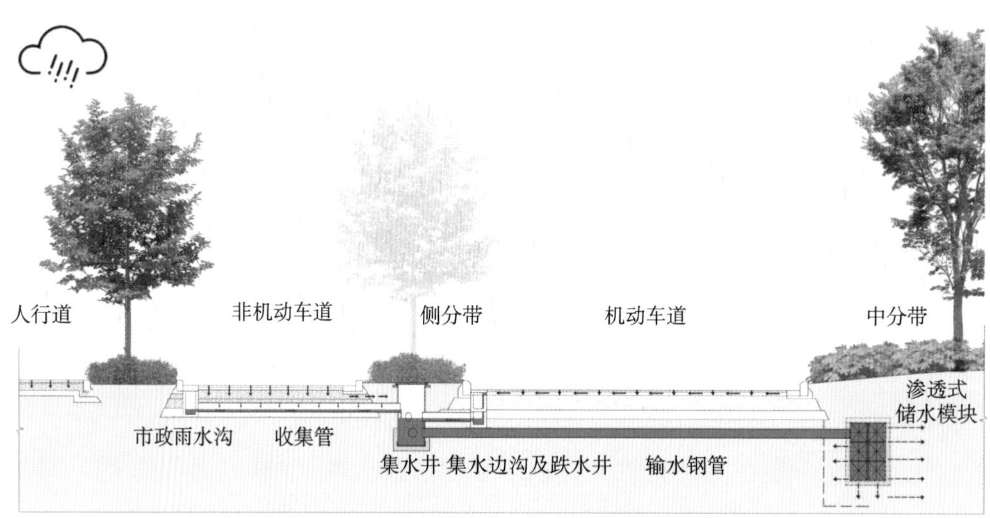


图 4-68 苏州城北路海绵系统设计——海绵系统雨水收、渗、蓄、排过程示意

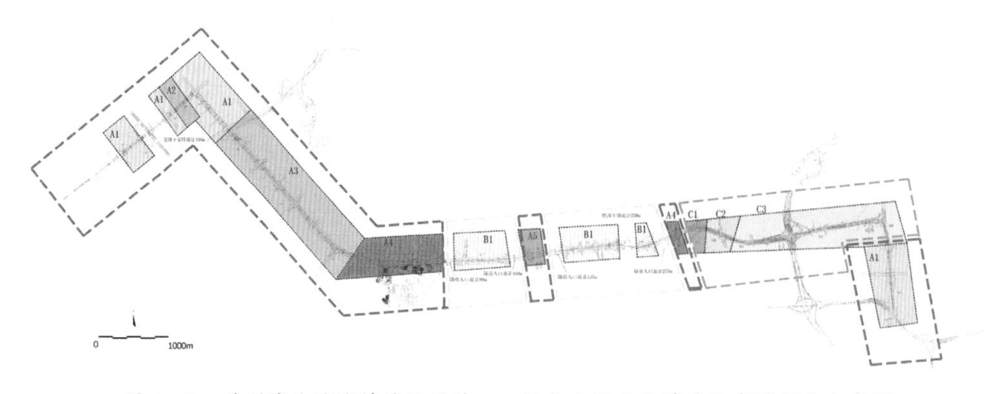


图 4-69 苏州城北路海绵系统设计——具体分区及海绵系统布置形式分布图

| 道路类型 | | 汇水区 | 路面绿化带宽度及海绵系统布置形式 | | | | |
|---|---|---|---|---|---|---|---|
| | | | 侧分带2 | 侧分带1 | 中分带 | 侧分带1 | 侧分带2 |
| A（普通路面） | A1 | S1 S2 S4 S17 | — | 1.5m | 2m/3.25m | 1.5m | — |
| | K0+480–K0+800/ K1+320–K1+450/ K1+690–K2+520/ K13+150–K14+860 | | | 透水管 | 渗透式储水模块连续布置 | 透水管 | |
| | A2 | S3 | — | 1.5m | 9m | 1.5m | — |
| | K1+450–K1+690 | | | 透水管 | 每隔13m布置7m长渗透式储水模块；双侧交错布置 | 透水管 | |
| | A3 | S5 S11 | — | 3m | 2–3m | 3m | — |
| | K2+600–K4+800/ K9+656–K9+840 | | | 每隔5m布置5m长渗水模块；沿中间布置 | 每隔5m布置5m长渗透式储水水模块；沿中间布置 | 每隔5m布置5m长渗水模块；沿中间布置 | |
| | A4 | S6 | — | 1.5m | 2m | 1.5m | — |
| | K5+070–K6+380 | | | 透水管 | 渗透式储水模块连续布置 | 透水管 | |
| | A5 | S8 | — | 3m | 1.5m | 3m | — |
| | K7+470–K7+880 | | | 渗透式储水模块连续布置 | 生物滞留设施连续布置 | 渗透式储水模块连续布置 | |

（a）

| 道路类型 | | 汇水区 | 路面绿化带宽度及海绵系统布置形式 | | | | |
|---|---|---|---|---|---|---|---|
| | | | 侧分带2 | 侧分带1 | 中分带 | 侧分带1 | 侧分带2 |
| B（隧道） | B1 | S7 S9 S10 | — | 3m | 9m | 3m | — |
| | K6+540–K7+440/ K7+928–K8+890/ K8+890–K9+656 | | | 每隔11m布置4m长渗透式储水模块；沿中间布置 | 每隔11m布置4m长渗透式储水模块；双侧布置 | 每隔11m布置4m长渗透式储水模块；沿中间布置 | |
| C（高架） | C1 | S12 | — | 3m | 26.5m | 3m | — |
| | K9+840–K10+180 | | | 每隔10m布置5m长渗透式储水模块；沿中间布置 | 每隔7.5m布置7.5m长渗透式储水模块；双侧布置 | 每隔10m布置5m长渗透式储水模块；沿中间布置 | |
| | C2 | S13 | — | — | 8m | — | — |
| | K10+180–K10+610 | | | | 每隔7.5m布置7.5m长渗透式储水模块；双侧布置 | | |
| | C3 | S14 S15 S16 | — | 4.5m | 8m | 4.5m | — |
| | K10+610–K11+380/ K11+500–K12+520/ K12+520–K13+150 | | | 每隔9m布置6m长渗透式储水模块；沿中间布置 | 每隔9m布置6m长渗透式储水模块；双侧布置 | 每隔9m布置6m长渗透式储水模块；沿中间布置 | |

（b）

图4–70 苏州城北路海绵系统设计——海绵系统不同类型布置形式

3. 全生命周期内集约化控制

在路面一定的情况下，最优化配置集水井、贮水器的数量、容积、分布位置、管线，生成算式，并针对苏州地区道路状况进行土壤、气候、植被进行具有针对性的研究。研究的全过程应选择对照道路作比较。

环境监测系统由水质传感器、水位传感器、土壤养分传感器、土壤含水传感器等监测设备组成，对道路及绿化区的土壤条件进行实时监测，通过传感器探头测量不同土层土壤湿度、温度、储水池水位、径流量、出流量、降雨量，对水文效应的改善、绿化水节省比例与流量、洪峰削减效果进行着重分析。

采集的数据由信息传输平台远程发送至服务器和移动客户端。根据不同气象条件或者不同季节变化，对雨水的储存、回用和灌溉系统进行有针对性的调控，以实现系统的集约化和实效性。

## 4.7.4 设计成果

1. 示范段海绵系统平面与断面设计

设计针对根据苏州地域性降雨及城北路土壤、地形等场地特征以及苏州城市道路特点，针对该工程“普通路段、高架路段、隧道路段、周边绿地”等不同道路类型，在保证城市交通安全的前提下针对不同路段分类、分段处理，因地制宜采取五种不同海绵系统，采取相应海绵适宜性策略，优化道路排水方式，改变路面与绿地竖向关系，充分发挥道路绿地天然海绵体作用（图 4–71）。

2. 道路两侧边坡及周边绿地“海绵化”设计

两侧道路边坡及周边绿地海绵设计中，主要采取植草沟、拟自然溪流、湿地等海绵技术，充分发挥绿地、河湖湿地等自然海绵体作用，达到“自然积存、自然渗透、自然净化”的海绵效应。同时将建筑拆迁中的固态不降解材料（砖、石、混凝土块等）在植草沟及雨水花园建造中作为海绵蓄水腔体填料再利用，实现集约化海绵城市建设（图 4–72、图 4–73）。

3. 节点“海绵化”设计

将互通绿地打造成雨水花园形式，结合景观设计，平日作为景观绿地，暴雨时利用管道将高架桥面雨水引入雨水花园，防止桥底积水，减轻道路下水管道压力，达到雨水滞留、调蓄及净化的目的（图 4–74）。

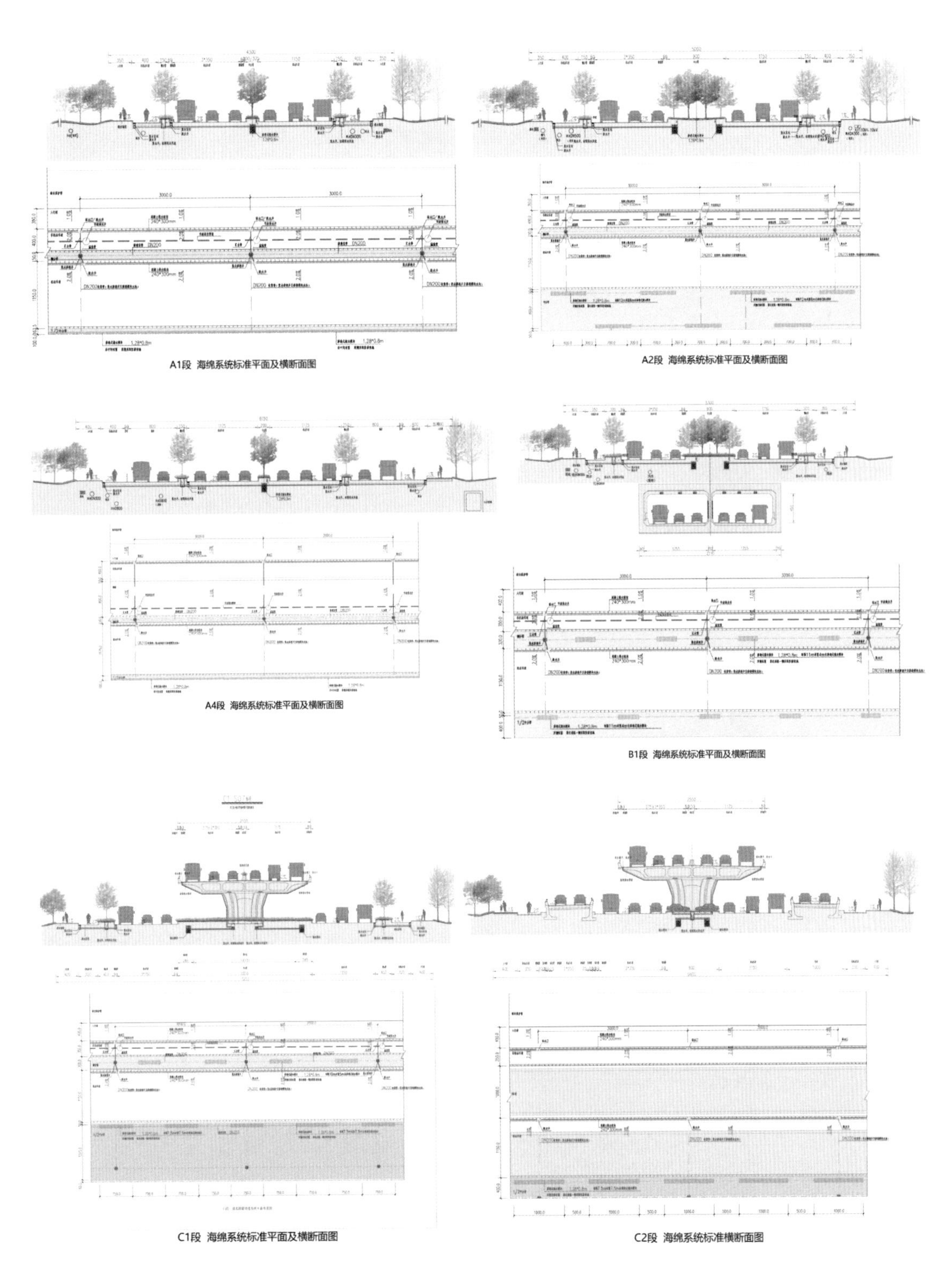


图 4-71　针对不同道路类型的苏州城北路海绵城市设计断面图

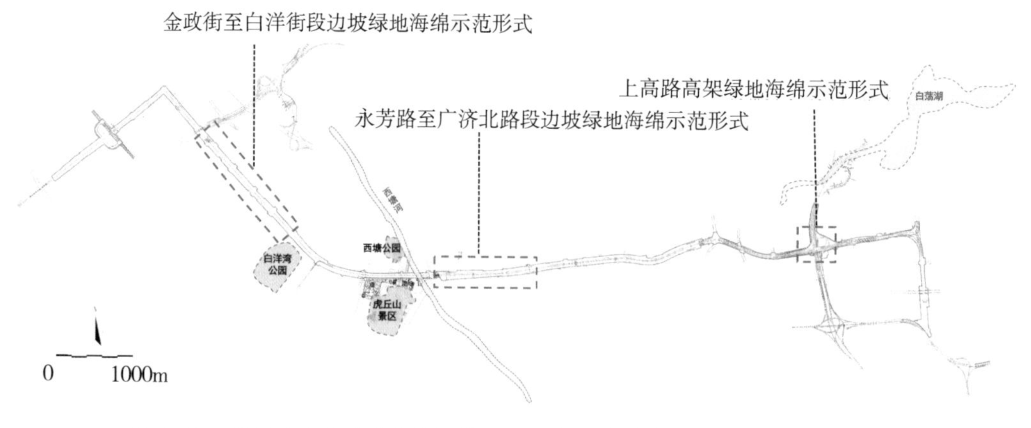


图 4-72　苏州城北路海绵系统设计——示范段海绵系统标准平面及横断面图

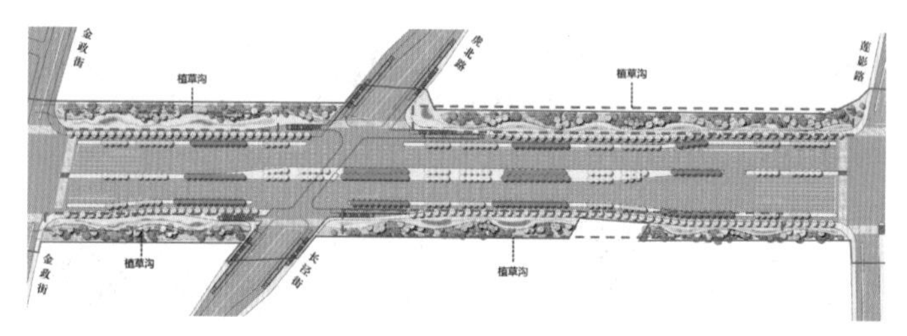


（a）金政街至白洋街段

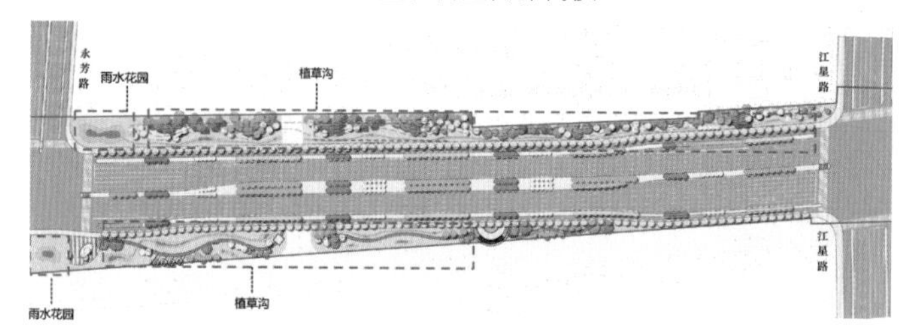


（b）永芳路至广济北路段

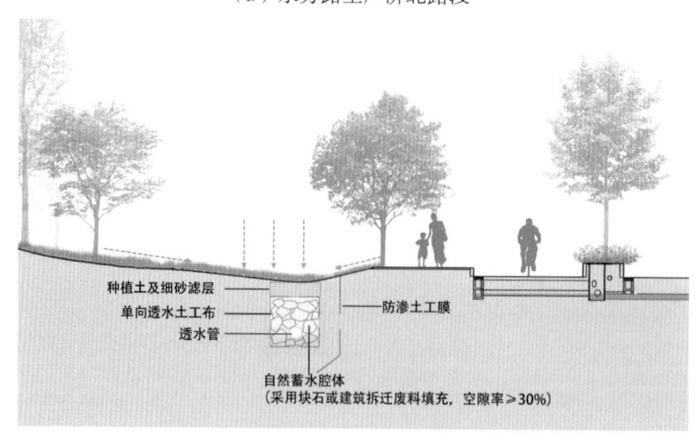


（c）道路边坡海绵系统剖面图

图 4-73　苏州城北路海绵系统设计——示范段道路边坡海绵系统布置平面及剖面图

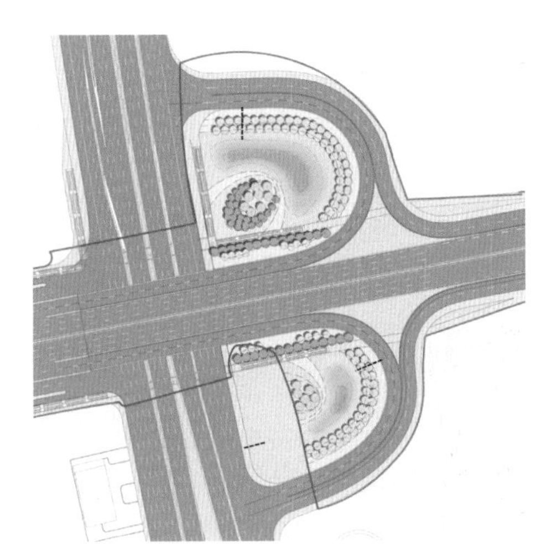

（a）上高路互通雨水花园平面布置形式

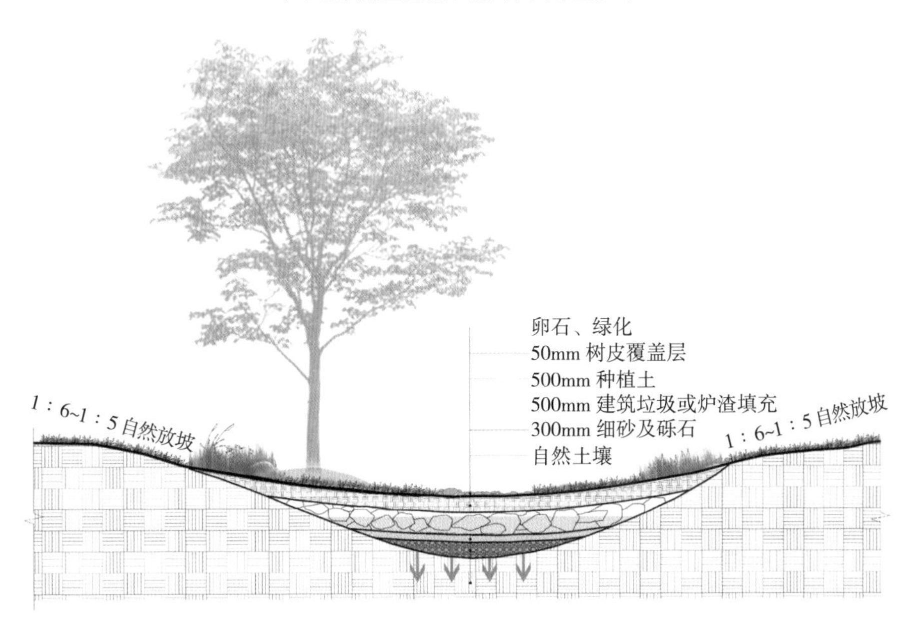


（b）雨水花园系统剖面图

图 4–74　苏州城北路海绵系统设计——节点“上高路互通雨水花园”设计

# 第5章

# 公园城市导向下的海绵城市规划设计展望

改革开放40多年来，中国城市建设历经了园林城市、生态园林城市、海绵城市到公园城市的发展，从深层次、新高度来认知人居环境，在尊重生态本底的基础上构建有机的人居环境可持续发展。公园城市是我国城市化进程的新阶段，以生态文明理念为引领，深入践行“绿水青山就是金山银山”理念，构建山、水、林、田、湖、草、沙生命共同体和高品质绿色空间体系，形成人与自然和谐发展的新格局。

公园城市导向下的海绵城市规划设计也不再是单以解决城市旱涝、污染等水环境问题为目标。践行公园城市建设发展，迫切需要以全尺度、系统性、全过程协同推进的政策导向与实施机制，采取系统化、全局观的理念来推进海绵城市建设。其首要目标是在尊重自然规律的前提下最大限度地保护既有城市自然资源和生态过程，筑牢城市生态本底，全尺度构建人工生态系统与自然生态系统共同作用下的良性循环发展的城市生态系统。其次，公园城市导向下的海绵城市规划设计须聚焦城市蓝绿空间的融合，推动蓝绿空间融合发展是完善城市生态系统、统筹协调城市生态与形态功能的重要抓手，从而构建跨尺度的水生态安全格局，实现基于自然生态系统的海绵城市建设途径。另外，城市是由人工系统与自然系统交织而成的复合生态系统的本质不容忽视，需要蓝绿灰色基础设施共同维持城市生态系统功能稳定和发展。系统论引导蓝绿灰色基础设施协同做工，构建蓝绿灰色基础设施网络系统是践行公园城市、海绵城市建设的有效手段，也是城市发展的必然趋势。

# 5.1 筑牢城市生态本底，全尺度保护和修复城市生态系统功能

城市生态系统具有开放性、复杂性和脆弱性等特征。长期以来粗放型城市发展模式在短期内带来了客观经济效益，同时产生一系列不利甚至不可逆的后果：不可再生资源的绝对减少，可再生资源表现出明显衰弱态势，生态平衡遭到不同程度的破坏，制约了社会经济的可持续发展和人居环境的改善。公园城市、海绵城市等前瞻性理念均倡导通过生态智慧引导城市健康发展，核心在于保护人工环境与生态环境的生态本底，是当代及未来城市可持续的基本保障，多系统协同与修复城市生态本底是判断城市可持续发展潜能的主要准则之一。公园城市导向下的海绵城市建设必须具备生态环境系统化、城里城外一体化，从而实现城市的生态本底与人工营造的生态环境对城市功能区块有效的补充和支撑，真正发挥城市生态系统服务功能（图 5–1）。

## 5.1.1 生态保护与利用优先，全方位共建城市生命共同体

可持续发展观是科学发展观的核心内容，可持续发展是指既满足当代人的需要，又不损害后代人满足需要的能力的发展。人类来自于大自然，也

图 5–1　城市生态本底保护与修复框架

生存于大自然，人类和大自然构成了一个复合系统。然而由于人类在城市内对地表的过度改造，城市的生态环境与自然生态环境已经割裂。因此，公园城市、海绵城市建设需要牢固树立生态环境保护底线思维，强化自然生态环境，锚固全域发展的生态空间底线，最大限度地保护生态环境和生命系统，最大限度地利用自然力和生态过程。

公园城市导向下的海绵城市建设将城市从早期的地域共同体概念升华到命运共同体理念。宜居的城市是自然生态与人类共生的复合生态系统，是自然生态要素（山、水、林、田、湖、沙）、生命系统（鸟、虫、鱼、草、兽）和人类共生互生的生命系统，是融合生态、地域、社会经济、生命于一体的多目标集合的生态系统。任何尺度的规划和设计都应以自然生态为本底为优先，最大化利用客观生态环境，保护和利用现状自然条件，而不是改变既有环境；须减少一味地盲从和人为过度干预，使得全生命周期内人居环境的投入产出比最优化，以实现城市的生态可持续发展；须以生态环境学相关学科理论为指导，在尊重自然客观规律的前提下进行海绵城市规划与设计实践；须根据场地自然特性进行拟自然规划与设计，尽可能不干扰自然过程，将人工消减到最低点；须重新认识自然力（自然资源），以一种全面、系统、可持续的观点来考虑资源的利用效率。综合考虑经济效益、社会效益、生态效益，使三者相互协调，合理利用自然资源，使其最大限度发挥综合效益，最终使人工的城市环境具有拟自然生态环境的特征与功能，塑造“生态与形态相融、城乡一体”的城市总体格局，从而提升城市环境的运作效率与持续发展能力，重现绿水青山的锦绣画卷。

### 5.1.2　坚持因地制宜、因势利导、因时制宜，尊重生态过程与自然形态

对于公园城市、海绵城市规划的工作而言，不管是总体规划、分区规划还是详细规划，落实到每一处细节时，都需要综合考虑所有的因素，合理考虑现状生态本底、自然生态过程和不同地区及用地类型。针对不同地理区位的城市在气候、水文、土壤、地形地貌等方面的显著差别，充分考虑这些南北差异与东西区别，根据城市自然条件来决定公园城市、海绵城市规划方法的运用范畴与适宜技术的选择，实事求是、因地制宜地进行海绵城市实践（图 5–2）。

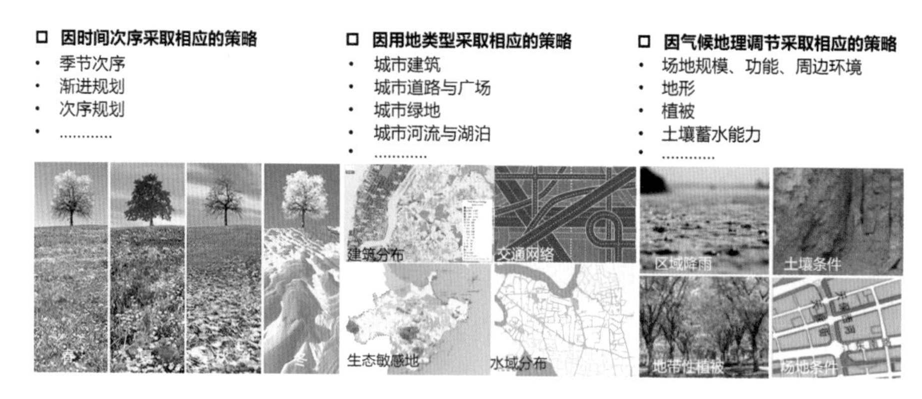


图 5-2　因地制宜策略内容

## 5.1.3　依托生态敏感性和建设适宜性进行拟自然规划设计

任何规划设计都应以对环境的生态敏感性、建设适宜性评价为前提，把可作为的部分提炼出来，把不可作为的部分充分保护好，把人的行为约束在特定范围内。依据场地现状及规划设计生态保护要求，通过加权叠加得到生态敏感性评价图。生态敏感性越高，越需要保护、尽量避免人工的扰动，生态敏感性越低，可适当开展活动及适度进行景观营建。通过对生态敏感区域的分级划定，将其作为土地规划设计的基本依据，体现了生态优先原则（图 5–3）。

建设适宜性划定的是土地中需要通过人工干预加以优化的区域，包括了景观的优化营建，以及与建筑和构筑物的营造。在场地生态敏感性评价基础上，从景观营建的角度出发，对地形地貌、植被情况、水体缓冲、现状用地、现状交通等建设适宜性影响因子进行加权叠加分析，同时排除高

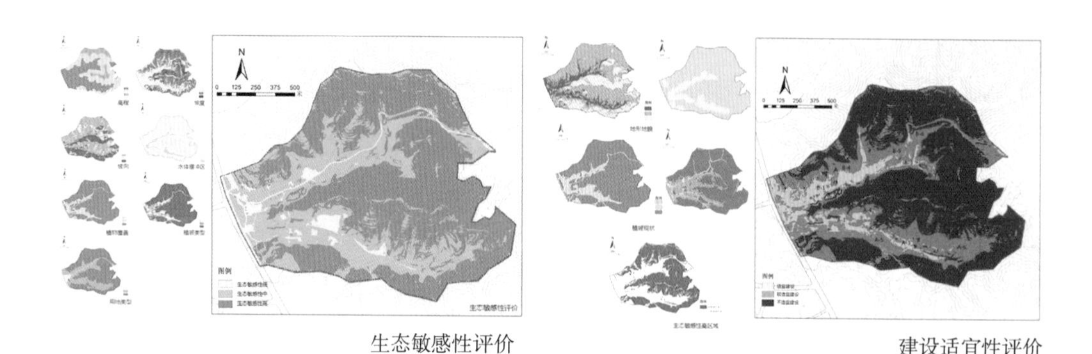


图 5–3　生态敏感性和建设适宜性评价示意图

生态敏感的限制性特殊因子，对场地中适宜建设区域进行分级，得到适宜建设区域、较适宜建设区域、不适宜建设区域，以此作为规划设计的依据。依托生态敏感性和建设适宜性分析规划，可以最大限度利用现存条件生成拟自然城市景观，实现城市景观形态与生态保护、工程合理与经济的多赢，具有满足城市生态系统功能提升的多目标意义。

## 5.2 推动蓝绿空间融合发展，构建城市蓝绿生态系统格局

城市生态系统除包括客观存在的山林草地、河湖水系等 30%~40% 的自然属性土地之外，还包括 60%~70% 的拟自然的人工建成环境。以南京市为例，南京具有良好的自然生态环境基础：山丘、平原、江河、护坡、湿地交错分布，建成区绿地率 39.96%，水面率 11.4%，超过 50% 的土地具有自然生态属性。从规划建设和管理的视角来看，以河流、湖泊、坑塘等地表水域空间和人工建设形成的水文过程为主要组成的城市蓝色空间系统涉及降水、径流与排水的组织，城乡环境湖泊、河流、人工水体、海绵设施等规划建设以及各类水资源合理保护利用。以山林草地、人工绿地为主的城市绿色空间系统涉及城乡环境生态空间的保护保育，绿地规划设计建设及生境营造与修复等。“蓝”与“绿”具有各自的体系，但在空间格局构成、生态功能效益和过程影响等方面却联系紧密、相互影响，具有强关联性和整体性，共同构成人居环境生态可持续发展的本底。

在城市建设过程中，为了满足生活与生产功能，大量蓝绿空间自然的下垫面被人为地改造，不仅造成了城市水环境问题，还带来城市热岛、空气污染、碳排放增加等一系列城市问题。因此，公园城市导向下的海绵城市建设在因地制宜地解决城市水环境问题目标的前提下，同时应着眼于推动城市蓝绿空间的融合发展和蓝绿生态系统格局的构建，协同缓解城市系

列问题。通过蓝绿统筹，系统优化城市生态本底结构，充分发挥蓝绿系统协同的生态功能和生态效益，为城市生态环境结构性蓝绿空间布局提供支撑骨架，引导城市蓝绿大海绵的布局和建设。

蓝绿空间具有显著的伴生关系。从蓝绿系统本身来说，蓝色空间系统包括了城乡环境地表水域水系、降水等多种形式的水资源，是城乡环境至关重要的生命系统构成要素，如何在建成环境下优化水文循环、让自然做功从而实现水资源的合理分配、高效利用，是城乡生态环境优化的根本内容。绿色空间系统则是城乡环境生态系统中唯一具备碳汇效应的生态要素，也是人居环境生态系统最主要的贡献者，蓝绿两大生命系统共同构成城乡人居环境的生态网络（图 5–4）。

从蓝绿系统的伴生关系来说，蓝绿在空间上相互依存，绿地系统依靠蓝色系统滋润，蓝色系统依靠绿地系统涵养，二者的生态作用机制决定了蓝绿系统之间紧密的供需依存关系。在大尺度的流域、区域城乡环境中，良好的山水格局、生态结构均是蓝绿紧密耦合的表现。在中小尺度，城乡环境中各类生境是由不同形式蓝绿空间组合而成的，具有特定功能的生态系统，如健全的“河流—河漫滩”生态系统、“湖泊—岸线”生态系统、湿地生态系统等，都是基于蓝与绿的有机耦合发挥作用。

从蓝绿融合的作用价值来说，蓝绿融合是城乡环境生态本底保育的抓手，是城乡环境土地开发建设的前提。蓝绿资源的针对性保护是实现低影响开发的基础。蓝绿融合可以作为城乡环境生态红线划定的基本依据，可用以引导城乡环境有序、集约、高效地开发。

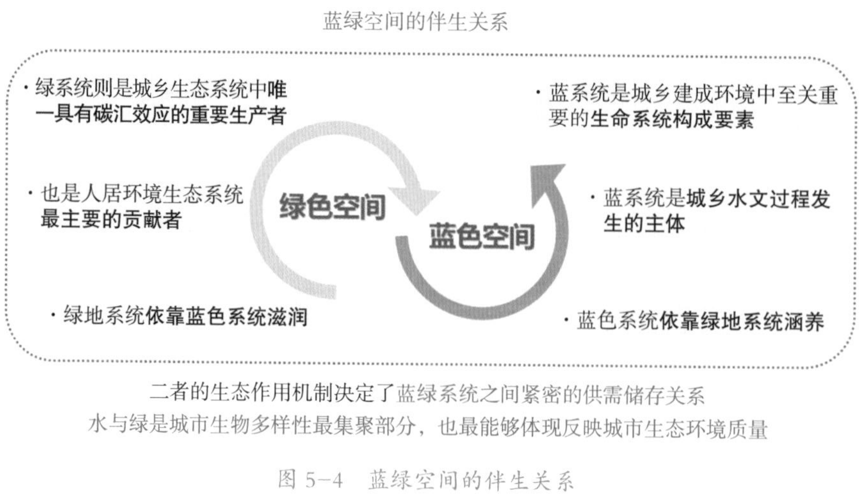

图 5–4　蓝绿空间的伴生关系

（1）蓝绿融合发展优化城市生态本底，促进城市生态系统的健康发展

城市蓝绿空间本身具有系统的结构性作用，通过生态源地、生态廊道的高效结构组合能够优化蓝绿系统的生态效能。蓝绿本底结构的连通度、聚集度、均匀度均影响生态系统的物质能量传递效率，基于生态效益最大化的结构优化，通过蓝绿耦合，发展为生态作用传递效率最高的格局状态。基于生态系统服务的供需匹配，考虑蓝绿空间生态系统服间的权衡与协同关系，实现蓝绿本底的结构性优化，促进城市生态系统的完善与发育。

（2）统筹蓝绿空间，构建城市蓝绿生态系统格局

在蓝绿本底优化的基础上，自上而下建立完整的城市蓝绿空间格局。一方面，通过梳理城市的结构性蓝绿空间，建立蓝绿生态本底与城市空间形态的对应关系，形成以蓝绿空间格局为主体的结构脉络。从生态系统支撑、城市服务需求两方面完善城市蓝绿骨架结构，统调蓝绿空间作为指引城市缓解治理、优化城市规划设计、推动城市生态系统更新主要抓手。另一方面，从公园城市的目标和视角出发，统筹蓝绿空间，构建多目标、全尺度的蓝绿空间格局。结合各区域资源禀赋与功能特色，按照“园中建城、城中有园、城园相融、人城和谐”的理念，构建全域公园体系，以提升城市大海绵的雨洪调蓄能力，优化城市蓝绿空间可达性和可游性、缓解热岛效应、调节小气候等。

（3）以人为本，营造高品质的城市蓝绿开放空间

基于以人民为中心的发展思想，以生态为底，综合考虑、评价分析既有蓝绿空间、城市开放空间的综合服务效能，针对各类型的蓝绿空间提出针对性策略及方案，实现高品质的发展建设目标。充分发挥绿网、水网的串联作用，连通林盘、景点、园区、企业、学校等所有城乡节点，形成全民共享、覆盖全域、蓝绿交织的网络，实现全域景观化、景区化，让市民可进入、可参与，创造满足人民群众美好生活需求的生活场景。以人居活动为导向，拓展游憩休闲、健身运动、文化科普、园事节庆、防灾避险等多元服务，发展以人为本的城市蓝绿网络复合功能，构建布局合理、功能完善、开放便民的城市蓝绿开放空间体系，为公众生活提供工作、休闲场景，营造特色化、本土化、园林化的优质外部空间和多元服务功能。

（4）科学指导蓝绿空间规划、设计与运维

蓝绿空间融合规划在数字技术的支持下，通过科学的分析评价，可以更加清晰、系统地理解、认知自然规律，为准确地理解客观现象、表达人

对外部空间的诉求提供了多元化的技术手段。深化蓝绿耦合发展的研究与实践，要发展并创新数据采集分析、数字模拟与建模、虚拟现实与表达、参数化设与建造、物联传感与数字测控等各个环节流程。基于数字技术开启创新的智慧蓝绿时代，实现城市蓝绿空间的科学规划、设计与运维管控。

## 5.3 系统论引导蓝绿灰基础设施协同规划与设计

城市基础设施系统是由蓝色、绿色、灰色基础设施子系统相互联系，并按特定结构方式组合而成的具有某种功能作用的有机整体。对于我国城市发展存在的诸多水环境问题，传统的“灰色”城市雨洪基础设施面临各种挑战。海绵城市建设中灰色雨洪基础设施和蓝绿基础设施结合的重要性和必然性不言而喻。各子系统彼此协同，必将产生大于各子系统功能总和的作用，并不断推动系统的健康可持续发展（图 5–5）。

城市蓝绿基础设施由可以发挥调节空气质量、热岛效应、微气候以及管理能量资源等功能的自然及人工系统和元素组成，这些系统和元素发挥着类似于自然过程和功能的作用。灰色基础设施是城市生存和发展所必须具备的工程性基础设施和社会性基础设施，是在城市中满足能量的供给、废弃物的排放以及维护城市运作和基本功能的给排水系统、市政管网、路

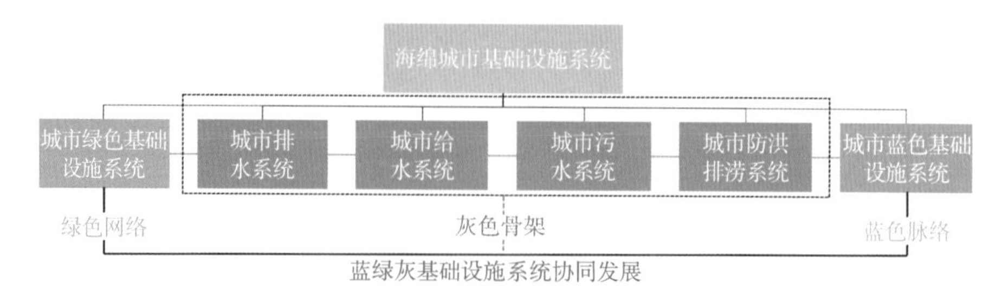


图 5–5　蓝绿灰基础设施系统协同发展框架

网等，这些设施具有一个有机体不可或缺的代谢、传输和调节等功能。因此，构建蓝绿灰基础设施网络系统，以灰色骨架为城市支撑，以绿色和蓝色纽带为贯穿手段是公园城市、海绵城市建设的有效手段，也是城市发展的必然趋势。

### 5.3.1　蓝绿灰基础设施系统协同做工，共建多元化的海绵城市

长期来看，我国城市雨水系统建设模式必然向低影响开发的海绵城市建设模式转变。无论是工程界、学术界还是政府管理者都已经清晰认识到原有的目标单一、高碳排放、高污染、粗放型的雨水排放模式已经难以为继。从中国当前的发展阶段、发展速度和所承载的人口规模以及问题的复杂程度来看，面对土地资源过度消耗、生态系统平衡破坏等问题，仅仅依赖灰色基础设施，即传统意义上的管网、处理厂等公共设施可以实现排涝、污染物的转移和治理，但并不能解决旱涝和污染的根本问题，也不能有效指导土地利用和经济发展模式往更可持续的方向发展。公园城市导向下的海绵城市建设重点应在注重绿色的、生态化的蓝绿基础设施的同时，同样注意对灰色基础设施的完善。目前我国多数城市排水基础设施仍然存在许多问题，管网覆盖率不足、雨污合流制管网仍大面积存在、雨水管网设计标准偏低、抗风险能力低下等问题。仅仅依靠绿色基础设施的建设是无法补足短板。正如《海绵城市建设技术指南——低影响开发雨水系统构建（试行）》所说，海绵城市建设应当统筹低影响开发雨水系统、城市雨水管渠系统及城市蓝色水系统三大系统，以蓝绿基础设施为主，用以弥补灰色基础设施所无法达到的自然、生态的过程，探索、催生和协调人与自然的关系模式。

绿色雨水基础设施系统（微排水系统）包括生物滞留池、绿色屋顶、透水铺装、植草沟等相对小型分散的源头绿色基础设施，可以通过对雨水的渗透、储存、调节、转输与截污净化等功能有效控制径流总量、径流峰值和径流污染，主要应对 1 年一遇以下的大概率小降雨事件。城市雨水管渠系统（小排水系统）即传统排水系统，包括管渠、泵站等灰色雨水设施，与绿色雨水基础设施系统共同组织径流雨水的收集、转输与排放，主要应对 1~10 年一遇的中、暴雨事件。排涝除险系统（大排水系统）用来应对超过雨水管渠系统设计标准的雨水径流，一般通过综合选择自然水

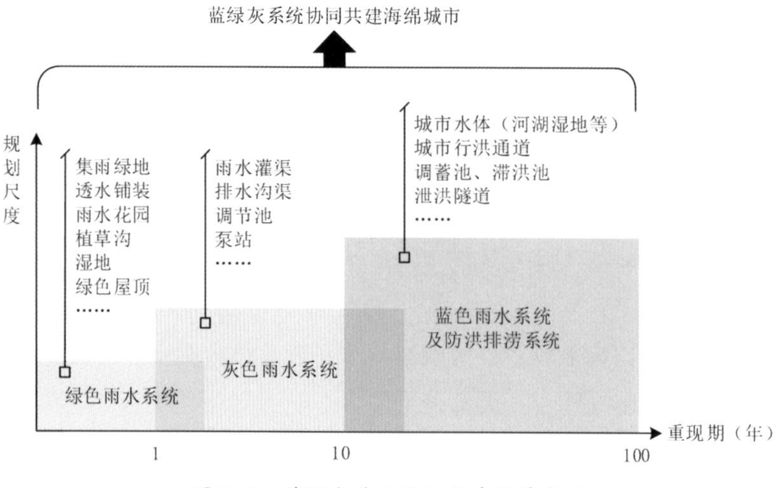


图 5-6　蓝绿灰系统协同共建海绵城市

体、河道、多功能调蓄水体等蓝色基础设施和绿色基础设施，以及行泄通道、调蓄池、深层隧道等大型人工灰色设施构建，主要应对 10~100 年一遇的小概率暴雨事件。由于造价、地形还有各种限制，排水系统的标准一般很难提高，所以超标洪水发生时，允许路面存在一定的积水和表面径流，只是努力将洪水损失降到最小。不同等级的道路，允许淹没的高度和范围也不同。

蓝绿灰基础设施系统并不是孤立的，也没有严格的界限，三者相互补充、相互依存，是海绵城市建设的重要基础元素。“绿色”作为“灰色”系统的补充，相互融合，实现互补，不能顾此失彼；“灰色”与“蓝色”系统协同实现排水与防洪安全；同时，“绿色”与“蓝色”系统相互交融，维持城市蓝绿生态系统。通过科学的“源头—中途—终端”结合和“绿色—灰色—蓝色”基础设施的结合，才能很好地发挥净化、调蓄和安全排放等多功能，实现径流污染控制、排水防涝等海绵城市的综合控制目标（图 5-6）。

## 5.3.2　依托现代科学技术，完善城市蓝绿灰基础设施系统管理信息平台的建设，共创智慧海绵城市建设与管理模式

随着现代科学技术的不断发展，海绵城市建设开始向着满足数据化、可视化、模型化、智慧化分析、模拟、规划设计、数字化管理的智慧海绵

城市建设方向发展。基于先进的模型模拟技术、传感监测技术和物联网技术，可实现实时模拟和监测城市蓝绿灰基础设施水文信息。结合住房和城乡建设部颁布执行的《海绵城市建设绩效评价与考核办法》，建立综合的考核评估指标体系，支持海绵城市建设全方位、可视化、精细化评估，实现海绵城市建设各项指标的逐级追溯、实时更新，并通过多种展示方式进行考核评估指标的综合展示和分析等（图 5-7）。

与此同时，经过多年的海绵城市建设与发展，海绵城市项目已从前期的大建设阶段转变为建设与维护管理共存的阶段。海绵城市建设不仅要不断革新海绵城市建设新技术，同时也要注重以往建设项目的维护和管理，更需要借助数字技术发展智慧海绵城市的维护管理模式。基于物联网技术，依托城市各类雨洪基础设施信息和设施监测数据，综合已有规划和已建成的信息系统，查漏补缺，完善城市蓝绿灰基础设施管理信息平台的建设，将各类信息进行储存、分析和评估，为不断完善海绵城市建设方案提供未来的提升策略的同时，也为后续的维护管理提供实时的指导与决策，同时在应对突发事件提供实时的监测数据和解决策略，以减轻突发事件造成的损失。

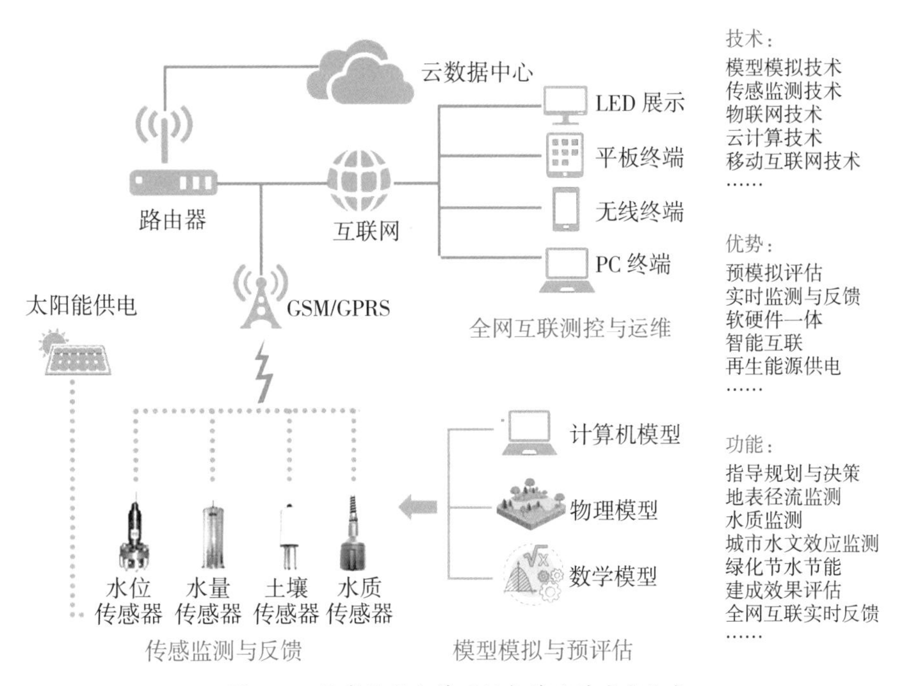


图 5-7　数字技术支持下的智慧海绵城市技术

在数字技术的支持下，通过科学的分析评价，可以更加清晰、系统地理解、认知自然规律，为准确地理解客观现象，表达人对外部空间的诉求提供多元化的技术手段。基于数字技术开启创新的智慧海绵城市时代，应深化蓝绿灰基础设施协同发展的研究与实践，全过程发展集数据采集分析、数字模拟与建模、虚拟现实与表达、参数化设计与建造、物联传感与数字测控为一体的智慧海绵系统，以实现城市基础设施系统的前瞻规划、精准设计与数字化运维和管控。

### 5.3.3 系统引导完善海绵城市建设的实施保障机制

城市的水环境体系由地表水系统、排水系统与绿色基础设施所构成，因此海绵城市建设须有系统观，避免“头痛医头，脚痛医脚”。如福州海绵城市建设综合考虑整个城区的山水格局与地形地貌，实现内涝治理、水体黑臭治理、污染源治理、水系周边环境治理、水系智慧管理的一体化。

通过绿色基础设施的空间规划从源头削减暴雨径流和污染物，提升城市的渗蓄能力，综合城市河湖调蓄、城市堤防和地下蓄水空间等基础设施建设，共同增强城市对雨涝的应对能力。同时，结合非工程措施的建设，如暴雨洪涝的监测预警、科学调度及城市应急管理，实现“蓝绿灰”系统协同做功。此外，海绵城市建设须考虑全生命周期的效益，从全尺度出发，处理好约束性目标与鼓励性目标、工程性目标与制度性目标等的相互关系，建立涵盖设计标准、审批过程、设计评估、成果要求等多环节的实施保障体系。

海绵城市建设基于系统的规划，通过相关部门组织、专家论证、专业技术人员设计、城市居民参与、可行性评估论证等环节，建立海绵城市实施体系，以确保海绵城市建设规划的整体性、科学性和可操作性。海绵城市建成后的运行维护阶段须以各项工程技术措施为支撑、各种规章制度为保障，宜逐步构建完善的监管体制，设立职责明确的监管机构，确定组织和负责部门，在海绵城市建设实施的每个过程和每个环节，按照具体的规定和严谨的程序接受各方面的审查和监督。加强公众参与，采用示范教育、多渠道项目宣传等方式，增强公众对海绵城市的认知，以此建立规范化和制度化的公众监督。

# 参考文献


[1] 成玉宁 . 数字景观——逻辑、结构、方法与运用 [M]. 南京：东南大学出版社，2019.

[2] 成玉宁、杨锐 . 数字景观——中国第四届数字景观国际论坛 [M]. 南京：东南大学出版社，2019.

[3] 成玉宁、杨锐 . 数字景观——中国第五届数字景观国际论坛 [M]. 南京：东南大学出版社，2021.

[4] 袁旸洋 . 参数化风景园林规划设计 [M]. 南京：东南大学出版社，2019.

[5] 任心欣，俞露 . 海绵城市建设规划与管理 [M]. 北京：中国建筑工业出版社，2017.

[6] 住房和城乡建设部 . 海绵城市建设技术指南——低影响开发雨水系统建设（试行）[R]. 北京：住房和城乡建设部，2014.

[7] 拜存有，高建峰 . 城市水文学 [M]. 郑州：黄河水利出版社，2009.

[8] 陈吉宁 . 城市二元水循环系统演化与安全高效用水机制 [M]. 北京：科学出版社，2014.

[9] 高由禧，徐淑英等 . 东亚季风的若干问题 [M]. 北京：科学出版社，1962.

[10] 黄光宇，陈勇 . 生态城市理论与规划设计方法 [M]. 北京：科学出版社，2002.

[11] 贾仰文，王浩 . 分布式流域水文模型原理与实践 [M]. 北京：中国水利水电出版社，2005.

[12] 杨大文，杨汉波，雷慧闽 . 流域水文学 [M]. 北京：清华大学出版社，2014.

[13] 张家诚 . 中国气候总论 [M]. 北京：气象出版社，1991，257–274.

[14] 中华人民共和国水利部 . 中国水旱灾害公报 2018[M]. 北京：中国水利水电出版社，2019：33.

[15] 郑连第 . 古代城市水利 [M]. 北京：水利水电出版社，1985：31.

[16] 吴庆洲 . 中国古城防洪研究 [M]. 北京：中国建筑工业出版社，2009.

[17] 黄昆，著 . 韩汝琦，编 . 固体物理学 [M]. 北京：高等教育出版社，1998.

[18] 成玉宁，袁旸洋 . 让自然做功事半功倍：正确理解“自然积存、自然渗透、自然净化”[J]. 生态学报，2016，36（16）：4943–4945.

[19] 成玉宁，袁旸洋 . 山地环境中拟自然水景参数化设计研究 [J]. 中国园林，2015，31（7）：10–14.

[20] 成玉宁，袁旸洋，成实 . 基于耦合法的风景园林减量设计策略 [J]. 中国园林，2013，29（8）：9–12.

[21] 成玉宁，侯庆贺，谢明坤 . 低影响开发下的城市绿地规划方法——基于数字景观技术的规划机制研究 [J]. 中国园林，2019，35（10）：5–12.

[22] 成玉宁，王雪原 . 拟自然化：城市湖泊水环境治理的生态智慧与途径——以南京玄武湖为例 [J]. 中国园林，2021，37（7）：19–24.

[23] 成玉宁 . 中国风景园林学的发端（1920s—1940s）[J]. 中国园林，2021，37（1）：22–25.

[24] 成玉宁 . 数字景观开启风景园林 4.0 时代 [J]. 江苏建筑，2021（2）：5–8+17.

[25] 成玉宁，李哲，周聪惠，等 . 数字技术助力风景园林艺术 [J]. 国际学术动态，2016（3）：13–14.

[26] 袁旸洋，朱辰昊，成玉宁 . 城市湖泊景观水体形态定量研究 [J]. 风景园林，2018，25（8）：6.

[27] 袁旸洋，成玉宁，李哲 . 山地公园景观建筑参数化选址研究 [J]. 中国园林，2020，12.

[28] 袁旸洋，陈宇龙，成玉宁 . 基于逻辑构建与算法实现的拟自然水景参数化设计 [J]. 风景园

林，2018，25（6）：6.

[29] 成实，成玉宁 . 从园林城市到公园城市设计——城市生态与形态辨证 [J]. 中国园林，2018，34（12）：5.

[30] 成实，成玉宁 . 生态与生存智慧思辨——兼论海绵城市的生态智慧 [J]. 中国园林，2020，36（6）：13-16.

[31] 成实，张潇涵，成玉宁 . 数字景观技术在中国风景园林领域的运用前瞻 [J]. 风景园林，2021，28（1）：46-52.

[32] 成实 . 结合雨洪管理的城市设计探析 [J]. 中国园林，2016，32（11）：3.

[33] 侯庆贺，袁旸洋，刘润，程雪 . 城市山地公园水环境优化设计方法研究 [J]. 风景园林，2020，27（12）：98-103.

[34] 侯庆贺，林开泰，徐炜等 . 城市蓄洪公园蓄洪安全分析与适应性景观规划策略 [J]. 生态经济，2017，33（12）：232-236.

[35] 汪瑞军，成玉宁 . 建成环境绿地空间特征对土壤水分的影响 [J]. 建筑与文化，2019（11）：190-193.

[36] 汪瑞军，成玉宁 . 城市山体公园地形对生境条件的影响——以南京市为例 [J]. 亚热带资源与环境学报，2020，15（3）：24-31+38.

[37] 成玉宁，谢明坤 . 相反相成：基于数字技术的城市道路海绵系统实践——以南京天保街生态路为例 [J]. 中国园林，2017，33（10）：5-13.

[38] 成玉宁，周盼，谢明坤 . 因地制宜的海绵城市理论与实践 [J]. 江苏建设，2016，（4）：83-100.

[39] 刘昌明，张永勇，王中根，王月玲，白鹏 . 维护良性水循环的城镇化 LID 模式：海绵城市规划方法与技术初步探讨 [J]. 自然资源学报，2016，31（5）：719-731.

[40] 李奕成，张薇，王墨，兰思仁 . 品不够的风景——都江堰水利工程系统的生态智慧及人居意义 [J]. 现代城市研究，2018（5）：124-132.

[41] 徐卫民 . 汉长安城对周边水环境的改造与利用 [J]. 河南科技大学学报（社会科学版），2007（6）：5-10.

[42] 李奕成，成玉宁，刘梦兰，刘翔 . 论先秦时期的人居涉水实践智慧 [J]. 中国园林，2021，37（01）：139-144.

[43] 吴庆洲 . 汉魏洛阳城市防洪的历史经验及措施 [J]. 中国名城，2012（1）：67-72.

[44] 李晓江，吴承照，王红扬，等 . 公园城市，城市建设的新模式 [J]. 城市规划，2019，43（3）：9.

[45] 仇保兴 . 海绵城市（LID）的内涵、途径与展望 [J]. 给水排水，2015，51（3）：1-7.

[46] 王文亮，李俊奇，车伍等 . 城市低影响开发雨水控制利用系统设计方法研究 [J]. 中国给水排水，2014，30（24）：12-17.

[47] 刘颂，章亭亭 . 西方国家可持续雨水系统设计的技术进展及启示 [J]. 中国园林，2010，26（8）：44-48.

[48] 张建云，王银堂，胡庆芳，贺瑞敏 . 海绵城市建设有关问题讨论 [J]. 水科学进展，2016，27（6）：793-799.

[49] 蔡凌豪 . 适用于“海绵城市”的水文水力模型概述 [J]. 风景园林，2016（2）：33-43.

[50] 刘兴坡 . 基于径流系数的城市降雨径流模型参数校准方法 [J]. 给水排水，2009，45（11）：213-217.

[51] 陈浩，洪林，梅超，等 . 基于 D8 算法的分布式城市雨洪模拟 [J]. 武汉大学学报（工学版），2016（49）：335-340.

[52] 戴丽 . 建设海绵城市需因地制宜 [J]. 节能与环保，2016，262（4）：38-39.

[53] 黄奕龙，傅伯杰，陈利顶 . 生态水文过程研究进展 [J]. 生态学报，2003，23（3）：580-587.

[54] 贾进凤，宋佳 . 海绵城市建设要点简析 [J]. 科研，2015（21）：203-203.

[55] 康宏志，郭祺忠，练继建等 . 海绵城市建设全生命周期效果模拟模型研究进展 [J]. 水力发电学报，2017，36（11）：82-93.

[56] 李慧莉，程一航，赵红花，等 . 基于 BIM 技术的城市管网改造工程应用分析 [J]. 给水排水，2016（5）：122-126.

[57] 李兰，李锋 .“海绵城市”建设的关键科学问

题与思考 [J]. 生态学报，2018，38（7）：2599–2606.
[58] 刘昌明，张永勇，王中根，王月玲，白鹏 . 维护良性水循环的城镇化 LID 模式：海绵城市规划方法与技术初步探讨 [J]. 自然资源学报，2016，31（5）：719–731.
[59] 刘家宏，梅超，向晨瑶，等 . 城市水文模型原理 [J]. 水利水电技术，2017，48（5）.
[60] 刘文，陈卫平，彭驰 . 社区尺度绿色基础设施暴雨径流消减模拟研究 [J]. 生态学报，2016（6）：1686–1697.
[61] 吕一河，胡健，孙飞翔，等 . 水源涵养与水文调节：和而不同的陆地生态系统水文服务 [J]. 生态学报，2015（15）：5191–5196.
[62] 毛齐正，黄甘霖，邬建国 . 城市生态系统服务研究综述 [J]. 应用生态学报，2015，26（4）：1023–1033.
[63] 宁吉才，刘高焕，刘庆生，等 . 水文响应单元空间离散化及 SWAT 模型改进 [J]. 水科学进展，2012（1）：14–20.
[64] 钱纪良，林之光 . 关于中国干湿气候区划的初步研究 [J]. 地理学报，1965，31（1）：17–19.
[65] 秦爱民，钱维宏 . 近 41 年中国不同季节降水气候分区及趋势 [J]. 高原气象，2006，25（3）：495–502.
[66] 仇保兴 . 海绵城市（LID）的内涵、途径与展望 [J]. 建设科技，2015，7：11–18.
[67] 任海，王俊，陆宏芳 . 恢复生态学的理论与研究进展 [J]. 生态学报，2013，34（15）：4117–4124.
[68] 芮孝芳 . 单元嵌套网格产汇流理论 [J]. 水利水电科技进展，2017，37（2）：1–6.
[69] 申红彬，徐宗学，张书函 . 流域坡面汇流研究现状述评 [J]. 水科学进展，2016（3）：467–475.
[70] 舒栋才，程根伟，林三益 . 基于 DEM 的岷江上游数字流域的离散化 [J]. 四川大学学报（工程科学版），2004，36（6）：6–11.
[71] 宋利祥，徐宗学 . 城市暴雨内涝水文水动力耦合模型研究进展 [J]. 北京师范大学学报：自然科学版，2019（5）：581–587.
[72] 宋晓猛，张建云，王国庆，等 . 变化环境下城市水文学的发展与挑战——Ⅱ . 城市雨洪模拟与管理 [J]. 水科学进展，2014，25（5）：752–764.
[73] 唐强，闫红伟 . 基于图论的大洼县西安镇水禽生境绿道网络规划 [J]. 广东农业科学，2012，39（9）：158–161.
[74] 陶涛，颜合想，李树平，等 . 城市雨水管理模型关键问题探讨（一）——汇流模型 [J]. 给水排水，2017，（3）：36–40.
[75] 陶涛，颜合想，信昆仑，等 . 城市雨水管理模型中关键问题探讨（三）——低影响开发模拟 [J]. 给水排水，2018，44（3）：131–135.
[76] 王国荣，李正兆，张文中 . 海绵城市理论及其在城市规划中的实践构想 [J]. 山西建筑，2014，40（36）：5–7.
[77] 王浩，梅超，刘家宏 . 海绵城市系统构建模式 [J]. 水利学报，2017（9）.
[78] 熊立华，闫磊，李凌琪，江聪，杜涛 . 变化环境对城市暴雨及排水系统影响研究进展 [J]. 水科学进展，2017，28（6）：133–145.
[79] 徐宗学，程涛，任梅芳 ."城市看海"何时休：兼论海绵城市功能与作用 [J]. 中国防汛抗旱，2017，27（5）：64.
[80] 薛丽芳，谭海樵 . 城市的水循环与水文效应 [J]. 城市问题，2009（11）：22–26+54.
[81] 严登华，王浩，杨舒媛，等 . 干旱区流域生态水文耦合模拟与调控的若干思考 [J]. 地球科学进展，2008，23（7）：773–778.
[82] 杨芬，王忠静，赵建世 . 作为流域山坡单元离散控制参数的河网阈值 [J]. 清华大学学报（自然科学版），2010（3）：380–382.
[83] 曾志强，杨明祥，雷晓辉，等 . 流域河流系统水文–水动力耦合模型研究综述 [J]. 中国农村水利水电，2017（9）：72–76.
[84] 张方利，周启鸣 . 地形分析在流域水文建模中的应用进展 [J]. 地理与地理信息科学，2017，33（4）：8–15.
[85] 张建云，宋晓猛，王国庆，等 . 变化环境下城市水文学的发展与挑战——I. 城市水文效应 [J]. 水科学进展，2014，25（4）：594–605.

[86] 张建云，王银堂，贺瑞敏，胡庆芳，宋晓猛. 城市洪涝问题及成因分析 [J]. 水科学进展，2016，27（4）：485–491.

[87] 张年国，王娜，殷健. 国土空间规划“三条控制线”划定的沈阳实践与优化探索 [J]. 自然资源学报，2019（10）.

[88] 赵银兵，蔡婷婷，孙然好，倪忠云，张婷婷. 海绵城市研究进展综述：从水文过程到生态恢复 [J]. 生态学报，2019，39（13）.

[89] 郑艳，翟建青，武占云，等. 基于适应性周期的韧性城市分类评价——以我国海绵城市与气候适应型城市试点为例 [J]. 中国人口・资源与环境，2018，28（3）：31–38.

[90] 周干峙. 城市及其区域——一个典型的开放的复杂巨系统 [J]. 交通运输系统工程与信息，2002，1：7–9.

[91] 刘世庆，许英明. 中国快速城市化进程中的城市水问题及应对战略探讨 [J]. 经济体制改革，2012（5）：57–61.

[92] 刘建芬，王慧敏，张行南. 快速城市化背景下的防洪减灾对策研究 [J]. 中国人口・资源与环境，2011，21（S1）：371–373.

[93] 车伍，吕放放，李俊奇，等. 发达国家典型雨洪管理体系及启示 [J]. 中国给水排水，2009，25（20）：12–17.

[94] 车生泉，谢长坤，陈丹，于冰沁. 海绵城市理论与技术发展沿革及构建途径 [J]. 中国园林，2015，31（6）：11–15.

[95] 赵晶. 城市化背景下的可持续雨洪管理 [J]. 国际城市规划，2012，27（2）：114–119.

[96] 刘家琳，张建林. 波特兰雨洪管理景观基础设施实践调查研究 [J]. 中国园林，2015，31（8）：94–99.

[97] 张园，于冰沁，车生泉. 绿色基础设施和低冲击开发的比较及融合 [J]. 中国园林，2014，（3）：49–53.

[98] 车伍，赵杨，李俊奇，王文亮，王建龙，王思思，宫永伟. 海绵城市建设指南解读之基本概念与综合目标 [J]. 中国给水排水，2015，31（8）：1–5.

[99] 孙秀锋，秦华，卢雯韬. 澳大利亚水敏城市设计（WSUD）演进及对海绵城市建设的启示. 中国园林，2019，35（9）：67–71.

[100] 刘颂，李春晖. 澳大利亚水敏性城市转型历程及其启示 [J]. 风景园林，2016（6）：104–111.

[101] 白伟岚，王媛媛. 风景园林行业在海绵城市构建中的担当 [J]. 北京园林，2015（4）：3–6.

[102] 谢映霞. 从城市内涝灾害频发看排水规划的发展趋势 [J]. 城市规划，2013，37（2）：45–50.

[103] 杜懿，王大洋，阮俞理，莫崇勋，王大刚. 中国地区近40年降水结构时空变化特征研究 [J]. 水力发电，2020，46（8）：19–23.

[104] 刘睿颖，张俊玉，方舟. 超大城市极端天气灾害的统计分析——以广州市为例 [J]. 统计与决策，2012（12）：103–105.

[105] 顾孝天，李宁，周扬，吴吉东. 北京“7・21”暴雨引发的城市内涝灾害防御思考 [J]. 自然灾害学报，2013，22（2）：1–6.

[106] 仇保兴. 海绵城市（LID）的内涵、途径与展望 [J]. 建设科技，2015（1）：11–18.

[107] 周聪惠. 复合职能导向下城区蓝绿空间一体调控方法——以东营市河口城区为例. 中国园林，2019，35（11）：30–35.

[108] Wang M，Zhang D，Cheng Y，et al. Assessing performance of porous pavements and bioretention cells for stormwater management in response to probable climatic changes[J]. Journal of environmental management，2019，243：157–167.

[109] Wang M，Zhang D，Lou S，et al. Assessing hydrological effects of bioretention cells for urban stormwater runoff in response to climatic changes[J]. Water，2019，11（5）：997.

[110] Hou Q，Cheng Y，et al. Assessing Hydrological Cost–Effectiveness of Stormwater Multi–Level Control Strategies in Mountain Park[J]. Water，2022，14（10）：1524.

[111] Cheng Y，Wang R. A novel stormwater management system for urban roads in China based on local conditions[J]. Sustainable cities and society，2018，39：163–171.

[112] Xie M，Cheng Y，et al. A Monitoring and

Control System for Stormwater Management of Urban Green Infrastructure[J]. Water，2021，13（11）：1438.

[113] Deng S，Zhang X，Shao Z，et al. An integrated urban stormwater model system supporting the whole life cycle of sponge city construction programs in China[J]. Journal of Water and Climate Change，2018.

[114] Rauch W，Bertrand-Krajewski J L，Krebs P，Mark O，Schilling W，Schütze M，Vanrolleghem P A. Deterministic modelling of integrated urban drainage systems[J]. Water Sci. Technol. 2002，45，81–94.

[115] Bach P M，Rauch W，Mikkelsen P S，et al. A critical review of integrated urban water modelling–Urban drainage and beyond[J]. Environmental Modelling & Software，2014，54（apr.）：88–107.

[116] Bonoli A，DiFusco E，Zanni S，et al. Green Smart Technology for Water（GST4Water）：Life Cycle Analysis of Urban Water Consumption[J]. Water，2019，11（2）.

[117] Byrne D，Lohman H，Cook S，et al. Life cycle assessment（LCA）of urban water infrastructure：emerging approaches to balance objectives and inform comprehensive decision-making[J]. Environmental ence Water Research & Technology，2017：10.1039.C7EW00175D.

[118] Chidammodzi C L，Muhandiki V S. Water resources management and Integrated Water Resources Management implementation in Malawi：Status and implications for lake basin management[J]. Lakes & Reservoirs Research & Management，2017，22（2）：101–114.

[119] Determining potential rainwater harvesting sites using a continuous runoff potential accounting procedure and GIS techniques in central Italy[J]. Agricultural Water Management，2014，141：55–65.

[120] Djordjević S，Prodanović D，Maksimović Č. An approach to simulation of dual drainage[J]. Water Science & Technology，1999，39（9）：95–103.

[121] Dokulil M，Chen W，Cai Q. Anthropogenic impacts to Large Lakes in China：the Tai Hu example[J]. Aquatic Ecosystem Health and Management，2000，3（1），81–94.

[122] Farrugia S，Hudson M D，Mcculloch L. An evaluation of flood control and urban cooling ecosystem services delivered by urban green infrastructure[J]. International Journal of Biodiversity ence Ecosystem Services & Management，2013，9（2）：136–145.

[123] Feng S，Li L X，Duan Z G，Zhang J L. Assessing the impacts of South-to North water transfer project with decision support systems[J]. Decision Support Systems，2007，42（4），1989–2003.

[124] Graymore M L M，Wallis A M，Richards A J. An Index of Regional Sustainability：A GIS-based multiple criteria analysis decision support system for progressing sustainability[J]. Ecological Complexity，2009，6（4）：453–462.

[125] Kabisch N，Stadler J，Korn H，Bonn A. Nature-based solutions to climate change mitigation and adaptation in urban areas[J]. Ecol. Soc. 2016，21（2），39.

[126] Kao H M，Chang T J. Numerical modeling of dambreak-induced flood and inundation using smoothed particle hydrodynamics[J]. Journal of Hydrology，2012，448–449（none）：232–244.

[127] Kim B，Sanders B F，Famiglietti J S，et al. Urban flood modeling with porous shallow-water equations：a case study of model errors in the presence of anisotropic porosity[J]. Journal of Hydrology，2015，523：680–692.

[128] Leandro J，Chen A S，Djordjevic S，et al. Comparison of 1D/1D and 1D/2D Coupled（Sewer/Surface）Hydraulic Models for Urban Flood Simulation[J]. Journal of Hydraulic Engineering，2009，135（6）：495–504.

[129] Li H，Zhou Y，Wang X，et al.，Quantifying

urban heat island intensity and its physical mechanism using WRF/UCM[J]. The Science of the total environment，2018. 3110–3119.

[130] Liang Q，Xia X，Hou J. Catchment-scale High-resolution Flash Flood Simulation Using the GPU-based Technology[J]. Procedia Engineering，2016，154: 975–981.

[131] Maier H R，Kapelan Z，Kasprzyk J. Evolutionary algorithms and other metaheuristics in water resources: Current status，research challenges and future directions[J]. Environmental Modelling & Software，2014，62（dec.）: 271–299.e 62，271–299.

[132] Neal J，Dunne T，Sampson C，et al. Optimisation of the two-dimensional hydraulic model LISFOOD-FP for CPU architecture[J]. Environmental Modelling & Software，2018，107: 148–157.

[133] Nicklow J，Asce F，Reed P，et al. State of the art for genetic algorithms and beyond in water resources planning and management[J]. J. Water Resour. Plann. Manage.，2010，412–432.

[134] Noto L，Tucciarelli T. DORA Algorithm for Network Flow Models with Improved Stability and Convergence Properties[J]. Journal of Hydraulic Engineering，2001，127（5）: 380–391.

[135] O'Donnell E C，Lamond J E，Thorne C R. Recognising barriers to implementation of Blue-Green Infrastructure: a Newcastle case study[J]. Urban Water J. 2017，14（9），964–971.

[136] Peter K，Leonidas L. A conservative discretization of the shallow-water equations on triangular grids[J]. Journal of Computational Physics，2018，375: 871–900.

[137] Plummer R，de Lofe R，Armitage D. A systematic review of water vulnerability assessment tools[J]. Water Resour. Manag. 2012，26（15），4327–4346.

[138] Qiao X J. Kristoffersson A. Randrup T B. Challenges to implementing urban sustainable stormwater management from a governance perspective: a literature review[J]. J. Cleaner Prod. 2018，196，943–952.

[139] Rahmstorf S. Bifurcations of the Atlantic thermohaline circulation in response to changes in the hydrological cycle[J]. Nature，1995，378（6553）: 145.

[140] Saagi R，lores-Alsina X，Kroll S，Gernaey K V，Jeppsson U. A model library for simulation and benchmarking of integrated urban wastewater systems[J]. Environ. Model. Softw. 2017 93，282–295.

[141] Sanzana P，Gironas J，Braud I，et al. A GIS-based Urban and Peri-urban Landscape Representation Toolbox for Hydrological Distributed Modeling[J]. Environmental Modelling & Software，2017，91（MAY）: 168–185.

[142] Shen L，Lin G F，Tan J W. Shen J.H. 2000. Genotoxicity of surface water samples from Meiliang Bay，Taihu Lake，Eastern China[J]. Chemosphere，2000，41，129–132.

[143] Simons F，Busse T，Hou J，et al. A model for overland flow and associated processes within the Hydroinformatics Modelling System[J]. Journal of Hydroinformatics，2014，16（2）: 375–391.

[144] Wang M，Zhang D，Li Y，et al. Effect of a submerged zone and carbon source on nutrient and metal removal for stormwater by bioretention cells[J]. Water，2018，10，1629.

[145] Willuweit L，O'Sullivan J J. A decision support tool for sustainable planning of urban water systems: presenting the Dynamic Urban Water Simulation Model[J]. Water Res. 2013，47（20），7206–7220.

[146] Xu M Q，Cao H，Xie P，Deng D G，Feng W S，Xu J. The temporal and spatial distribution，composition and abundance of Protozoa in Chaohu Lake，China: Relationship with Eutrophication[J]. European Journal of Protistology，2005，41（3），183–192.

[147] Xu W，Yu J. A novel approach to information fusion in multi-source datasets: A granular

computing viewpoint[J]. Inf. Sci. 2017，378，410-423.

[148] Yi L I，Xue F，Jing R，et al. Study on Water-City Pattern strategies of ShenShan Special Cooperation Zone，China with Sponge City Construction at the Watershed Scale[J]. Landscape Architecture Frontiers，2019，7（4）.

[149] Zhang S，Pan B. An urban storm-inundation simulation method based on GIS[J]. Journal of Hydrology，2014，517：260-268.

[150] Zhang K，Chui T F M. 2017. A comprehensive review of spatial allocation of LID-BMP-GI practices：Strategies and optimization tools[J]. Sci. Total Environ. 2017，621：915-929.

[151] Zhang K，Chui T F M. 2019. Linking hydrological and bioecological benefits of green infrastructures across spatial scales-a literature review[J]. Sci. Total Environ. 2019，646，1219-1231.

[152] SANSALONE J J，BUCHBERGER S G. Partitioning and first flush of metals in urban roadway storm water [J]. Journal of Environmental Engineering，1997，123（2）：134-143.

[153] DELETIC A. The first flush load of urban surface runoff [J]. Water Research，1998，32（8）：2462-2470.

[154] Dietz M E. Low impact development practices：A review of current research and recommendations for future directions[J]. Water，air and soil pollution，2007，186（1-4）：351-363.

[155] Wong T H F. Water sensitive urban design-the journey thus far[J]. Australian Journal of Water Resources，2006，10（3）：213-222.

[156] 袁旸洋 . 基于耦合原理的参数化风景园林规划设计机制研究 [D]. 南京：东南大学，2016.

[157] 柏禄海 . 浅水方程高分辨率算法的研究 [D]. 大连：大连理工大学，2013.

[158] 阁超成 . 海绵城市评价体系构建及应用 [D]. 南京：东南大学，2017.

[159] 关洁茹 . 基于景观格局分析的城市绿基雨洪管理系统耦合评价研究 [D]. 广州：华南理工大学，2018.

[160] 黄玉新 . 多功能浅水模型的建立及其应用研究 [D]. 大连：大连理工大学，2014.

[161] 马立山 . 水信息技术在城市雨洪系统中的应用研究 [D]. 天津：天津大学，2011.

[162] 梅超 . 城市水文水动力耦合模型及其应用研究 [D]. 北京：中国水利水电科学研究院，2019.

[163] 沈计 . 基于空间信息多级网格的城市雨洪计算模型与方法研究 [D]. 武汉：华中科技大学，2015.

[164] 王磊 . 基于模型的城市排水管网积水灾害评价与防治研究 [D]. 北京：北京工业大学 . 2010.

[165] 喻海军 . 城市洪涝数值模拟技术研究 [D]. 广州：华南理工大学，2015.

[166] 成玉宁 . 城市双修辩证 [C].2018 世界人居环境科学发展论坛 . 2018.

[167] 袁旸洋，侯庆贺，成玉宁 . 低影响开发下的山地环境海绵系统研究——以南京官窑山李家山公园为例 [C]. 数字景观——中国第五届数字景观国际论坛，2019，04：34-45.

[168] 王墨，侯庆贺，成玉宁 . 因应气候变化的场地尺度低影响开发策略绩效评估 [C]. 数字景观——中国第五届数字景观国际论坛，2019，04：73-85.

[169] 王墨，张宇，郑颖生，成玉宁 . 耦合叶贝斯学习和长期效度分析的低影响开发投资策略 [C]. 数字景观——中国第五届数字景观国际论坛，2021，05：12-22.

[170] 侯庆贺、成玉宁 . 复杂地下空间条件下景观及低影响开发设计实践 [C]. 数字景观——中国第五届数字景观国际论坛，2019，04：110-122.

[171] 谢明坤、成玉宁 . 基于物联传感技术的低影响开发测控系统构建 [C]. 数字景观——中国第五届数字景观国际论坛，2019，04：92-101.

[172] 王雪原，成玉宁 . 城市绿地格局优化模型与算法及其低影响效应 [C]. 数字景观——中国第五届数字景观国际论坛，2021，05：1-11.

[173] VORREITER L，HICKEY C. Incidence of the first flush phenomenon in catchments of the Sydney region [C]// Proceedings of the National Conference Publication—Institution of Engineers 3，1994：359-364.

**图书在版编目（CIP）数据**

公园城市导向下的海绵城市规划设计与实践 / 成玉宁主编 . —北京：中国城市出版社，2023.9
（新时代公园城市建设探索与实践系列丛书）
ISBN 978-7-5074-3647-1

Ⅰ . ①公… Ⅱ . ①成… Ⅲ . ①城市规划—建筑设计—研究—中国 Ⅳ . ① TU984.2

中国国家版本馆 CIP 数据核字（2023）第 178459 号

丛书策划：李　杰　王香春
责任编辑：李　杰
书籍设计：张悟静
责任校对：姜小莲
校对整理：李辰馨

新时代公园城市建设探索与实践系列丛书
公园城市导向下的海绵城市规划设计与实践
成玉宁　主编
*
中国城市出版社出版、发行（北京海淀三里河路 9 号）
各地新华书店、建筑书店经销
北京雅盈中佳图文设计公司制版
建工社（河北）印刷有限公司印刷
*
开本：787 毫米 ×1092 毫米　1/16　印张：$16^3/_4$　字数：283 千字
2024 年 1 月第一版　2024 年 1 月第一次印刷
定价：168.00 元
ISBN 978-7-5074-3647-1
（904621）